高等职业教育教学改革精品教材

金属材料焊接工艺

主　编　乌日根
副主编　安普光
参　编　蔚　红　刘桂荣
主　审　曹朝霞

机械工业出版社

本教材的主要内容包括金属材料的焊接性、焊接工艺制订及实施三个部分。全书除绪论外共6章，第1章讲述金属材料焊接基础知识，包括金属材料焊接性、焊接性试验和焊接工艺规程等；第2~6章分别讲述了碳钢、合金结构钢、不锈钢、铸铁和常用非铁金属的焊接工艺。另外，每章最后均附有综合练习。

本教材以"任务驱动"为主线，力求体现"理论够用，突出实践"，培养学生金属材料焊接工艺制订和实施所需的知识、能力和素质，使学生掌握焊接工艺的制订与实施方法。全书图文并茂，实用性强，便于组织"工学结合、理实一体化"教学。

本教材根据教育部高职高专教育的指导思想和高等职业教育教学改革和培养目标编写，适合高职院校焊接技术与自动化专业学生、教师及工程人员使用，也可供生产一线从事焊接技术工作的人员使用。

为方便教学，本教材配备电子课件等教学资源。凡选用本教材的教师均可登录机械工业出版社教育服务网 www.cmpedu.com 注册后免费下载。如有问题请致电 010-88379375 联系营销人员。

图书在版编目（CIP）数据

金属材料焊接工艺/乌日根主编. —北京：机械工业出版社，2018.12
（2025.1重印）
高等职业教育教学改革精品教材
ISBN 978-7-111-61283-4

Ⅰ.①金… Ⅱ.①乌… Ⅲ.①金属材料-焊接工艺-高等职业教育-教材 Ⅳ.①TG457.1

中国版本图书馆 CIP 数据核字（2018）第 249809 号

机械工业出版社（北京市百万庄大街22号　邮政编码100037）
策划编辑：边　萌　　责任编辑：邹云鹏　王海霞
责任校对：樊钟英　　封面设计：马精明
责任印制：邓　博
北京盛通数码印刷有限公司印刷
2025年1月第1版第5次印刷
184mm×260mm · 11.5印张 · 279千字
标准书号：ISBN 978-7-111-61283-4
定价：39.80元

电话服务　　　　　　　　　网络服务
客服电话：010-88361066　　机 工 官 网：www.cmpbook.com
　　　　　010-88379833　　机 工 官 博：weibo.com/cmp1952
　　　　　010-68326294　　金 书 网：www.golden-book.com
封底无防伪标均为盗版　　机工教育服务网：www.cmpedu.com

前言

本教材是根据国家示范性院校焊接技术与自动化专业的优质核心课程建设要求编写的,适合高职院校焊接技术与自动化专业的学生使用,也可供生产一线从事焊接技术工作的人员使用。

本教材除绪论外共6章,第1章讲述金属材料焊接基础知识,包括金属材料焊接性、焊接性试验和焊接工艺规程等;第2~6章分别讲述碳钢、合金结构钢、不锈钢、铸铁和常用非铁金属的焊接工艺。每章最后均附有综合练习,书后附有部分综合练习答案。

本教材的编写具有以下特点:

1)在编写过程中,注重培养学生金属材料焊接工艺制订和实施所需的知识、能力和素质,使学生熟悉和掌握常用金属材料的焊接性,具备制订与实施常用金属材料焊接工艺的能力。

2)引入"焊接工艺实例"和"焊接实训",凸显实践环节,以满足理实一体化教学的需要和高职院校的"双证制"教学要求。

3)"综合练习"的编写兼顾当前国家焊工考试大纲及理论试卷格式要求,强化学生对金属材料焊接工艺知识和能力的综合掌握。

4)增加焊接工艺规程和焊接工艺评定内容,适当删减焊接性试验相关内容,以突出应知应会知识能力点。

主编乌日根(包头职业技术学院)负责全书统稿,并编写了绪论、第1章、综合练习、焊接工艺实例和焊接实训部分;副主编安普光编写了第3章、第4章;参编蔚红编写了第5章,刘桂荣编写了第2章和第6章。全书由包头职业技术学院曹朝霞教授任主审。

在编写过程中,编者参阅了国内外出版的金属材料焊接工艺相关教材、资料及一些网络文献,在此谨对相关作者表示衷心感谢!

由于编者水平有限,教材中漏误之处在所难免,恳请广大读者批评指正。

编 者

目录

前言
绪论 ·· 1
  0.1 金属材料 ······························ 1
  0.2 金属材料的焊接性 ···················· 2
  0.3 焊接技术的发展及应用 ··············· 3
  0.4 本教材的主要内容和要求 ············ 5
    0.4.1 本教材的主要内容 ··············· 5
    0.4.2 课程要求 ·························· 5
综合练习 ····································· 6

第1章 金属材料焊接基础知识
1.1 焊接性 ·································· 7
  1.1.1 焊接性的概念 ···················· 7
  1.1.2 影响焊接性的因素 ··············· 8
  1.1.3 金属焊接性的研究方法 ·········· 9
1.2 焊接性试验 ···························· 11
  1.2.1 焊接性试验的内容 ·············· 11
  1.2.2 焊接性试验方法分类 ··········· 11
  1.2.3 焊接性试验方法的选择原则 ··· 12
1.3 常用焊接性试验方法 ················· 13
  1.3.1 工艺焊接性的间接估算法 ····· 13
  1.3.2 工艺焊接性的直接试验法 ····· 15
1.4 焊接工艺 ······························ 17
  1.4.1 焊接工艺概述 ··················· 17
  1.4.2 焊接工艺规程 ··················· 19
  1.4.3 焊接工艺评定 ··················· 22
1.5 焊接工艺卡片填写实例 ·············· 24
综合练习 ···································· 25

第2章 碳钢的焊接工艺
2.1 概述 ···································· 28
  2.1.1 碳钢的分类 ······················ 28
  2.1.2 碳钢的焊接性 ··················· 29
2.2 低碳钢的焊接工艺 ··················· 29

  2.2.1 低碳钢的焊接特点 ·············· 29
  2.2.2 低碳钢的焊接材料 ·············· 30
  2.2.3 低碳钢的焊接工艺要点 ········ 32
2.3 中碳钢的焊接工艺 ··················· 34
  2.3.1 中碳钢的焊接特点 ·············· 34
  2.3.2 中碳钢的焊接材料 ·············· 34
  2.3.3 中碳钢的焊接工艺要点 ········ 35
2.4 高碳钢的焊接工艺 ··················· 35
  2.4.1 高碳钢的焊接特点 ·············· 35
  2.4.2 高碳钢的焊接材料 ·············· 36
  2.4.3 高碳钢的焊接工艺要点 ········ 36
2.5 碳钢焊接工艺实例 ··················· 36
2.6 Q235钢焊接实训 ····················· 39
综合练习 ···································· 42

第3章 合金结构钢的焊接工艺
3.1 概述 ···································· 44
  3.1.1 合金结构钢及其分类 ··········· 44
  3.1.2 强度用钢 ························ 44
  3.1.3 特殊用途钢 ······················ 45
  3.1.4 合金结构钢的组织与性能 ····· 45
3.2 热轧及正火钢的焊接 ················ 46
  3.2.1 热轧及正火钢的成分及性能 ··· 46
  3.2.2 热轧及正火钢的焊接性 ········ 48
  3.2.3 热轧及正火钢的焊接工艺 ····· 50
3.3 低碳调质钢的焊接 ··················· 53
  3.3.1 低碳调质钢的成分与性能 ····· 53
  3.3.2 低碳调质钢的焊接性 ··········· 54
  3.3.3 低碳调质钢的焊接工艺 ········ 54
3.4 中碳调质钢的焊接 ··················· 57
  3.4.1 中碳调质钢的成分与性能 ····· 57
  3.4.2 中碳调质钢的焊接性 ··········· 59
  3.4.3 中碳调质钢的焊接工艺 ········ 60
3.5 特殊用途钢的焊接 ··················· 62

3.5.1 珠光体耐热钢的焊接 …………… 62
3.5.2 低温钢的焊接 …………………… 66
3.6 合金结构钢焊接工艺实例 …………… 69
3.7 Q345 钢焊接实训 …………………… 70
综合练习 …………………………………… 72

第4章 不锈钢的焊接工艺 75
4.1 概述 …………………………………… 75
4.1.1 不锈钢中的合金元素 …………… 75
4.1.2 不锈钢的基本特性 ……………… 77
4.2 奥氏体型不锈钢的焊接 ……………… 81
4.2.1 奥氏体型不锈钢的化学成分与力学性能 …………………………… 81
4.2.2 奥氏体型不锈钢的焊接性 ……… 82
4.2.3 奥氏体型不锈钢的焊接工艺 …… 87
4.3 铁素体型不锈钢的焊接 ……………… 94
4.3.1 概述 ……………………………… 94
4.3.2 铁素体型不锈钢的焊接性 ……… 94
4.3.3 铁素体型不锈钢的焊接工艺 …… 94
4.4 马氏体型不锈钢的焊接 ……………… 95
4.4.1 概述 ……………………………… 95
4.4.2 马氏体型不锈钢的焊接性 ……… 96
4.4.3 马氏体型不锈钢的焊接工艺 …… 96
4.5 双相不锈钢的焊接 …………………… 97
4.6 低合金钢与奥氏体型不锈钢的焊接 … 98
4.6.1 概述 ……………………………… 98
4.6.2 低合金钢与奥氏体型不锈钢的焊接性 …………………………… 99
4.6.3 低合金钢与奥氏体型不锈钢的焊接工艺 ………………………… 102
4.6.4 复合钢板的焊接工艺 …………… 104
4.7 不锈钢焊接工艺实例 ………………… 105
4.8 06Cr19Ni10 钢焊接实训 ……………… 109
综合练习 …………………………………… 112

第5章 铸铁的焊接工艺 115
5.1 概述 …………………………………… 115
5.1.1 铸铁焊接概况 …………………… 115

5.1.2 铸铁的种类及其组织 …………… 115
5.1.3 铸铁的牌号及力学性能 ………… 117
5.2 灰铸铁的焊接 ………………………… 118
5.2.1 灰铸铁的基本特性 ……………… 118
5.2.2 灰铸铁的焊接性 ………………… 118
5.2.3 灰铸铁的焊接工艺 ……………… 121
5.3 球墨铸铁的焊接 ……………………… 130
5.3.1 球墨铸铁的焊接特点 …………… 130
5.3.2 球墨铸铁的焊接工艺 …………… 130
5.4 铸铁焊接工艺实例 …………………… 131
5.5 灰铸铁焊接实训 ……………………… 132
综合练习 …………………………………… 134

第6章 常用非铁金属的焊接 136
6.1 铝及铝合金的焊接 …………………… 136
6.1.1 概述 ……………………………… 136
6.1.2 铝及铝合金的焊接性 …………… 137
6.1.3 铝及铝合金焊接方法的选择 …… 138
6.1.4 铝及铝合金的焊接材料 ………… 139
6.1.5 焊前准备及焊后清理 …………… 140
6.1.6 铝及铝合金的焊接工艺 ………… 141
6.2 铜及铜合金的焊接 …………………… 148
6.2.1 概述 ……………………………… 148
6.2.2 铜及铜合金的焊接性 …………… 149
6.2.3 焊接方法与焊接材料 …………… 151
6.2.4 纯铜的熔焊工艺 ………………… 152
6.2.5 黄铜的熔焊工艺 ………………… 156
6.2.6 铜及铜合金的钎焊 ……………… 157
6.3 钛及钛合金的焊接 …………………… 158
6.3.1 概述 ……………………………… 158
6.3.2 钛及钛合金的焊接性 …………… 161
6.3.3 钛及钛合金的焊接工艺 ………… 161
6.4 非铁金属焊接工艺实例 ……………… 167
6.5 铝及铝合金焊接实训 ………………… 169
综合练习 …………………………………… 171

部分综合练习答案 …………………………… 174
参考文献 …………………………………… 177

绪论

随着国民经济与科学技术的发展进步，焊接技术对现代制造业的作用和贡献越来越显著。焊接工艺作为一种金属材料的重要加工工艺，被广泛应用于能源、交通、航空航天、建筑工程、电气工程、微电子等几乎所有现代制造业，并对国民经济、国防建设及劳动就业等诸多方面产生了重大影响。

0.1 金属材料

材料是可以用来制造有用的构件、器件或物品的物质。人类社会发展历程的划分，是以材料为主要标志的。历史上，材料被视为人类社会进步的里程碑。对材料的认识和利用的能力，决定着社会的形态和人类生活的质量。历史学家也把材料及其制成器具作为划分时代的标志，如石器时代、青铜器时代、铁器时代、高分子材料时代等。19世纪中叶，现代平炉和转炉炼钢技术的出现，使人类真正进入了钢铁时代。与此同时，铜、铅、锌也得到大量应用，铝、镁、钛等金属相继问世并得到应用。

材料的分类方法有多种，例如：

1）根据材料的物理化学属性，可以将其分为金属材料、非金属材料和复合材料。金属材料又可分为钢铁材料（旧称黑色金属）和非铁金属（旧称有色金属）；非金属材料又可分为陶瓷材料和高分子材料。

2）根据材料的用途，可以将其分为建筑材料、航空材料、能源材料、电子材料等。

3）根据材料的性能特征，可以将其分为功能材料和结构材料。功能材料是以物理、化学特性为主要性能的材料，如磁性材料、光学材料、敏感材料、信息记录材料等；结构材料是以力学性能为主要性能的材料，主要用于制造各种工程结构（如桥梁、锅炉、压力容器、船舶、大型结构等）、机械零件（如轴、齿轮、各种连接件等）以及加工工具、模具等。

图0-1所示为金属材料的一种常见分类方法。

由于金属材料已形成了庞大的生产能力，并且质量稳定，性价比具有一定的优势，所以金属材料占据工程材料领域的主导地位。目前，金属材料不断推陈出新，许多新型金属材料应运而生。例如，传统的钢铁材料正在提高质量，降低成本，扩大品种规格等，在冶炼、浇注、加工和热处理等工艺上不断革新；又如在非铁金属及其合金方面出现了高纯高韧铝合金、先进的镍基高温合金等。此外，还涌现出了其他新型高性能金属材料，如快速冷凝金属非晶和微晶材料、纳米金属材料、超导材料和单晶合金等。新型金属功能材料，如形状记忆合金、超细金属隐身材料和活性生物医用材料等也正在向着高功能化和多功能化发展。

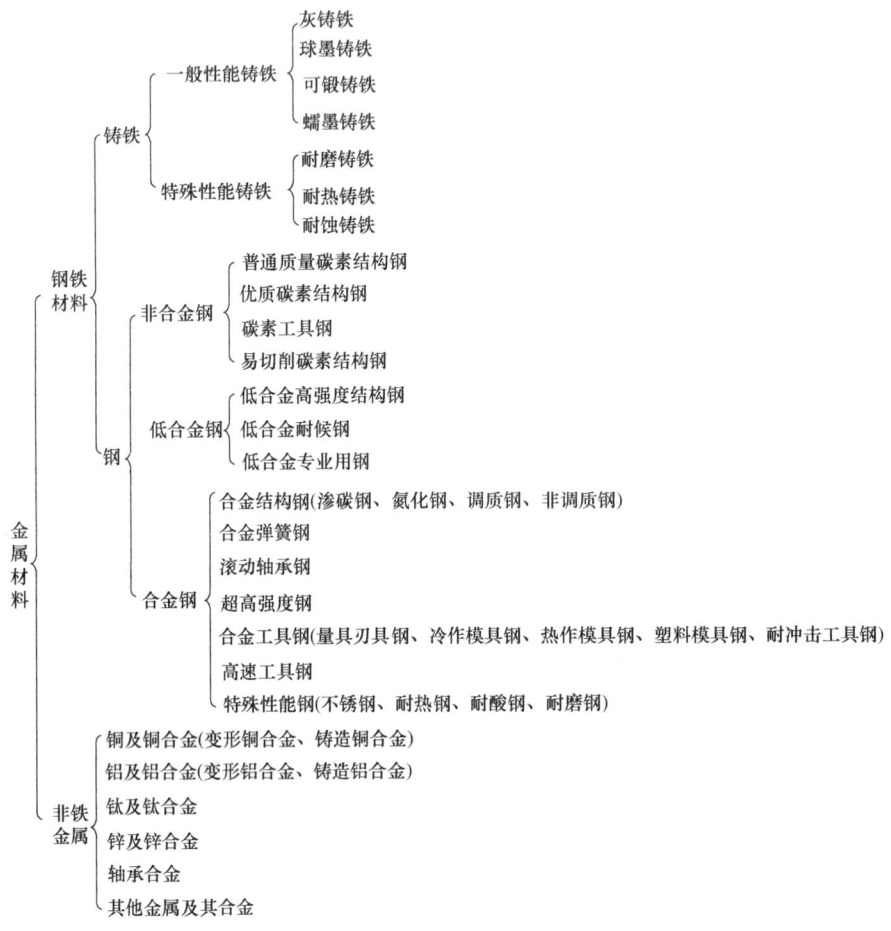

图 0-1 金属材料分类

0.2 金属材料的焊接性

金属材料的焊接性是指材料在限定的施工条件下焊接成按规定设计要求的构件,并满足预定服役要求的能力。换句话说,焊接性是指被焊材料在焊接加工中形成完整焊接接头的能力,以及已焊成的接头在使用条件下安全运行的能力。

在焊接生产实践中不难发现,不同的被焊材料因其成分与状态不同,焊接后将对其性能产生不同的影响。例如,普通低碳钢几乎可以用任何焊接方法焊接,并且能够保证焊缝质量,热影响区也无明显变化。但对于 $w(C)>0.3\%$ 的碳钢或某些合金钢来说,为了获得优质的焊接接头必须采用特殊的工艺措施。对某些金属,防止焊接缺陷并不十分困难,但为了满足母材的性能要求,仍需辅以专门的工艺措施。这些都表明不同的金属获得优质焊接接头的难易程度不同,或者说各种金属对焊接工艺的适应性不同。因此,了解和掌握金属的焊接性,是能否合理制订焊接工艺的先决条件。

金属的焊接性与铸造性、可加工性一样,同属于金属材料的工艺性能。实践证明,金属材料的焊接性与材料成分、焊接方法、构件类型、使用要求等因素都有密切的关系,所以焊接性并不是金属材料的固有性能，而是随焊接技术的发展而变化的，不能脱离这些因素而从材料本身的性能来评价焊接性。因此，很难找到某一项技术指标来概括材料的焊接性，只有综合多方面的因素，才能分析焊接性问题。

0.3 焊接技术的发展及应用

现代意义的焊接技术出现在 19 世纪初的西方国家，从 1885 年碳弧焊出现开始，直到 20 世纪 40 年代才形成较完整的焊接工艺体系，特别是 20 世纪 40 年代初期出现了优质电焊条后，焊接技术得到了一次飞跃。焊接技术的重要发展阶段见表 0-1。

表 0-1 焊接技术的重要发展阶段

时间	发明国家	焊接方法	时间	发明国家	焊接方法
1802	俄罗斯	电弧焊	1936	美国	熔化极惰性气体保护焊（MIG）
1867	美国	电阻焊	1939	美国	等离子喷涂
1885	俄罗斯	碳弧焊	1948	苏联	摩擦焊
1888	俄罗斯	金属电极电弧焊	1948	德国	电子束焊
1890	法国	氧乙炔焊	1951	苏联	电渣焊
1895	德国	热剂焊	1953	苏联、日本等国的企业	CO_2 气体保护焊
1908	瑞典	药皮电弧焊	1957	苏联	扩散焊
1930	苏联	埋弧焊	约 1962	美国	激光焊

随着工业和科学技术的发展，焊接技术也在不断进步，焊接已从单一的加工工艺发展成为综合性的先进工艺技术。焊接技术的新发展主要体现在以下几个方面。

(1) 计算机在焊接中的应用　弧焊设备微计算机控制系统，可对焊接电流、焊接速度、弧长等多项参数进行分析和控制，对焊接操作程序和参数变化等进行显示和数据保留，从而给出焊接质量的确切信息。目前，以计算机为核心建立的各种控制系统包括焊接顺序控制系统、PID 调节系统、最佳控制及自适应控制系统等。这些系统均在电弧焊、压焊和钎焊等不同的焊接方法中得到应用。计算机软件技术在焊接中的应用也越来越得到人们的重视。目前，计算机模拟技术已用于焊接热过程、焊接冶金过程、焊接应力和变形等的模拟；数据库技术被用于建立焊工档案管理数据库、焊接符号检索数据库、焊接工艺评定数据库、焊接材料检索数据库等；在焊接领域中，CAD/CAM 的应用正处于不断开发阶段，焊接的柔性制造系统也已出现。

(2) 能源方面的应用　当今，焊接热源已非常丰富，如火焰、电弧、电阻、超声波、摩擦、等离子弧、电子束、激光束、微波等。但人们对焊接热源的研究与开发并未终止，其新的发展可概括为三个方面：首先是对现有热源的改善，使它更为有效、方便、经济适用，在这方面，电子束和激光束焊接的发展较显著；其次是开发更好、更有效的热源，采用两种热源叠加以求获得更大的能量密度，例如，在电子束焊中加入激光束等；第三是节能技术，由于焊接所消耗的能源很大，所以出现了不少以节能为目标的新技术，如太阳能焊、电阻点焊中利用电子技术的发展来提高焊机的功率因数等。

(3) 提高焊接生产率　提高焊接生产率是推动焊接技术发展的重要驱动力。提高生产率的途径有两个方面。其一，是提高焊接熔敷率。焊条电弧焊中的铁粉焊、重力焊、躺焊等工艺，埋弧焊中的多丝焊、热丝焊均属此类，其效果显著。其二，是减小坡口截面及减少熔敷金属量，近年来最突出的成就是窄间隙焊接。窄间隙焊接采用气体保护焊作为基础，利用单丝、双丝或三丝进行焊接。无论接头厚度如何，均可采用对接形式。窄间隙焊接的技术关键是保证两侧熔透和电弧中心自动跟踪处于坡口中心线上。为解决这两个问题，世界各国开发出多种不同方案，因而出现了种类多样的窄间隙焊接法。进行电子束焊、激光束焊及等离子弧焊时，可采用对接接头，且不用开坡口，是理想的窄间隙焊接法，这是它们受到人们广泛重视的重要原因之一。

（4）焊接机器人和智能化焊接　焊接机器人是焊接自动化的革命性进步，它突破了焊接刚性自动化的传统方式，开拓了一种柔性自动化的新方式。焊接机器人的主要优点：稳定和提高焊接质量，保证焊接产品的均一性；提高生产率，一天可24h连续生产；可在有害环境下长期工作，改善了工人的劳动条件；降低了对工人操作技术的要求；可实现小批量产品焊接自动化；为焊接柔性生产线提供了技术基础。为提高焊接过程的自动化程度，除了控制电弧对焊缝的自动跟踪外，还应实时控制焊接质量，为此，需要在焊接过程中检测焊接坡口的状况，如熔宽、熔深和背面焊道成形等，以便能及时地调整焊接参数，保证良好的焊接质量，这就是智能化焊接。智能化焊接的第一个发展重点在于视觉系统，它的关键技术是传感技术。虽然目前智能化焊接还处在初级阶段，但它有着广阔前景，是一个重要的发展方向。近年来，国内外对焊接工程的专家系统已有较深入的研究，并已推出或准备推出某些商品化焊接专家系统。焊接专家系统是具有相当于专家的知识和经验水平，以及具有解决焊接专门问题能力的计算机软件系统。在此基础上发展起来的焊接质量计算机综合管理系统在焊接中也得到了应用，其内容包括对产品的初始试验资料和数据的分析、产品质量检验、销售监督等，其软件包括数据库、专家系统等技术的具体应用。

我国2012年钢产量为7.16亿t，占世界总产量的46.3%，钢材消费量非常大。制造业的整体能力和水平，直接关系到国家的经济实力、国防实力、综合国力和在全球经济中的竞争与合作能力，也决定着国家的现代化进程。经过几代人的前仆后继，数亿人的奋发努力，我国已拥有相当规模和较高水平的制造体系，能够为国民经济和社会发展提供先进的产品和装备。这些成绩的取得均离不开焊接技术的发展和应用，如图0-2~图0-4所示。

图0-2　西气东输中卫黄河跨越工程

图0-3　建筑钢结构——鸟巢

图0-4　大型空间环境模拟舱

目前，焊接方法的分类方法很多，通常情况下，按其焊接过程特点将焊接分为熔焊、压焊和钎焊三大类，每大类又按不同的方法细分为若干小类，如图0-5所示。

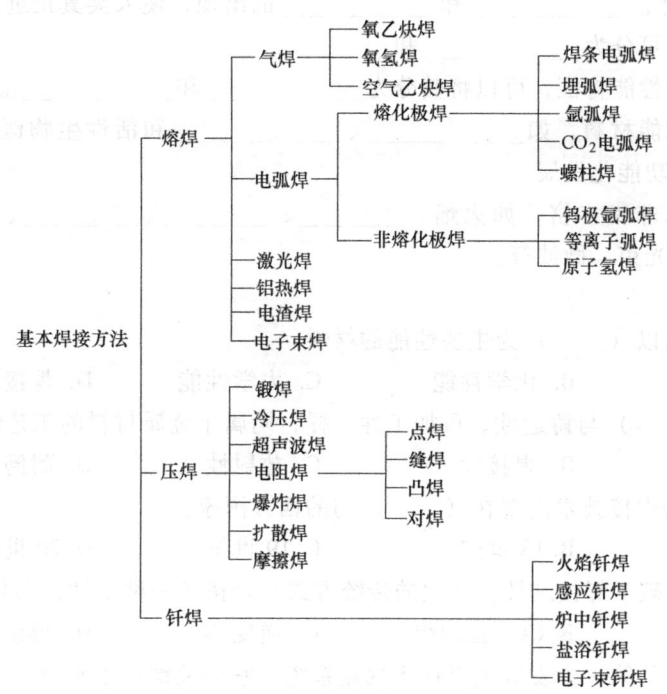

图0-5 焊接方法分类

0.4 本教材的主要内容和要求

0.4.1 本教材的主要内容

"金属材料焊接工艺"是高职高专焊接技术与自动化专业的一门主干课程。本教材介绍金属焊接性的概念、常用焊接性试验方法、焊接工艺的编制和评定，重点介绍常用金属材料，如碳钢、低合金高强度钢、不锈钢、铸铁、非铁金属材料的成分、组织及焊接性特点，进而制订其焊接工艺。

0.4.2 课程要求

通过完成本课程的学习任务，学习者应达到如下专业能力目标：
1）熟悉金属材料的焊接性及其影响因素和常规分析方法。
2）熟练掌握常用金属材料的牌号、成分、性能及焊接性等。
3）具备制订与实施常用金属材料焊接工艺的能力。
4）具有分析和解决常见焊接工艺问题的能力。

同时，通过本课程的学习，学生的社会能力（如职业道德、团队合作、人际沟通能力等）和方法能力（信息收集、决策评价、自学拓展能力等）也将得到拓展和提升。

【综合练习】
一、填空题
1. 19 世纪中叶，_____和_____的出现，使人类真正进入了钢铁时代。
2. 金属材料又可分为_____和_____。
3. 根据材料的性能特征，可以将其分为_____和_____。
4. 新型金属功能材料，如_____、_____和活性生物医用材料等也正在向着高功能化和多功能化发展。
5. 焊接热源已非常丰富，如火焰、_____、_____、_____、_____、等离子弧、电子束、激光束、微波等。

二、选择题
1. 结构材料是以（　　）为主要性能的材料。
 A. 物理性能　　　　B. 化学性能　　　　C. 力学性能　　　　D. 焊接性能
2. 金属的（　　）与铸造性、可加工性一样，同属于金属材料的工艺性能。
 A. 耐蚀性　　　　B. 焊接性　　　　C. 放射性　　　　D. 耐磨性
3. 现代意义的焊接技术出现在（　　）初的西方国家。
 A. 17 世纪　　　　B. 18 世纪　　　　C. 19 世纪　　　　D. 20 世纪
4. （　　）突破了焊接刚性自动化的传统方式，开拓了一种柔性自动化的新方式。
 A. 埋弧自动焊　　B. CO_2 自动焊　　C. 逆变器　　　　D. 焊接机器人
5. 智能化焊接的第一个发展重点在于视觉系统，它的关键技术是（　　）技术。
 A. 传感器　　　　B. 逆变器　　　　C. 自控　　　　　D. 鉴别
6. （　　）是具有相当于专家的知识和经验水平，以及具有解决焊接专门问题能力的计算机软件系统。
 A. 焊接控制系统　B. 焊接专家系统　C. 焊接送丝系统　D. 焊接送气系统

三、判断题（正确的打√，错误的打×）
（　　）1. 材料是可以用来制造有用的构件、器件或物品的物质。
（　　）2. 提高焊接质量的途径有两个方面，即提高焊接熔敷率、减小坡口截面及减少熔敷金属量。
（　　）3. 焊接方法按其焊接过程特点分为熔焊、压焊和钎焊三大类。

四、简答题
1. 说一说金属材料的种类及其特点。
2. 简述现代焊接技术的发展及应用。

第1章 金属材料焊接基础知识

1.1 焊接性

1.1.1 焊接性的概念

金属材料在焊接时要经受加热、熔化、冶金反应、结晶、冷却、固态相变等一系列复杂的过程，这些过程又都是在温度、成分及应力极不平衡的条件下发生的，有时可能在焊接区造成缺陷，或者使金属的性能下降而不能满足使用时的要求。因而金属材料的焊接性是一项非常重要的性能指标。为了确保焊接质量，必须研究金属材料的焊接性，采用合理、有效的工艺措施，以保证获得优质的焊接接头。实践证明，不同的金属材料获得优质焊接接头的难易程度不同，或者说，各种金属材料对焊接工艺的适应性不同。这种适应性就是通常所说的焊接性，用以衡量金属材料在一定的焊接工艺条件下获得优质焊接接头的难易程度和该接头能否在使用条件下可靠地运行。

根据国家标准 GB/T 3375—1994（《焊接术语》），金属焊接性的定义为：金属材料在限定的施工条件下，焊接成按规定设计要求的构件，并满足预定服役要求的能力。即金属材料对焊接加工的适应性和使用的可靠性。根据这两方面内容，优质的焊接接头应具备两个条件：第一，接头中不允许存在超过质量标准规定的缺陷；第二，具有预期的使用性能。因此，焊接性的具体内容可分为工艺焊接性和使用焊接性。

（1）工艺焊接性　工艺焊接性是指在一定焊接工艺条件下，能否获得优良、致密、无缺陷焊接接头的能力。它不是金属本身所固有的性能，而是根据某种焊接方法和所采用的具体工艺措施来进行评定的。所以金属材料的工艺焊接性与焊接过程密切相关。对于熔焊，一般都要经历传热过程和冶金反应过程，因而又可把工艺焊接性分为"热焊接性"和"冶金焊接性"。

热焊接性是指焊接热循环对焊接热影响区组织性能及产生缺陷的影响程度。用以评定被焊金属对热的敏感性，如晶粒长大、组织性能变化等。它主要与被焊材质及焊接工艺有关。

冶金焊接性是指在一定冶金过程的条件下，物理、化学变化对焊缝性能和产生缺陷的影响程度。它包括合金元素的氧化、还原、氮化、蒸发、氢、氧、氮的溶解等对形成气孔、夹杂、裂纹等缺陷的影响，用以评定被焊材料对冶金缺陷的敏感性。

（2）使用焊接性　使用焊接性是指焊接接头或整体结构满足技术条件中所规定的使用性能的程度。使用性能取决于焊接结构的工作条件和设计上提出的技术要求。通常包括常规力学性能、低温韧性、抗脆断性能、高温蠕变性能、疲劳性能、持久强度、耐蚀性能和耐磨性能等。

从理论上，凡是在熔化状态下相互能形成固溶体或共晶的两种金属或合金，原则上都可以实现焊接，即具有所谓原则焊接性，又叫物理焊接性，然而这种原则焊接性仅仅为材料实现焊接提供理论依据，并不等于该材料用任何焊接方法都能获得满足使用性能要求的优质焊接接头。同种金属或合金之间是具有原则焊接性的，但是，它们在不同的焊接工艺条件下的焊接性却表现出很大的差异。例如，铝合金 2A16 之间在采用氧乙炔火焰焊接时，就容易出现裂纹或严重降低其强度和塑性，很难获得优质的焊接接头；但当采用氩弧焊时，其效果却很好。这说明铝合金 2A16 对气焊的适应性较差，而对氩弧焊的适应性较好。

因此，金属材料的焊接性不仅与材料本身的固有性能有关，也与许多焊接工艺条件有关。在不同的焊接工艺条件下，同一材料具有不同的焊接性。而且随着新的焊接方法、焊接材料或焊接工艺的开发和完善，一些原来焊接性差的金属材料，也会变成焊接性好的材料。

1.1.2　影响焊接性的因素

焊接性是金属材料的一种工艺性能，除了受材料本身性质影响外，还受到工艺因素、结构因素和使用条件因素的影响。

1. 材料因素

材料包括母材和焊接材料。在相同焊接条件下，决定母材焊接性的主要因素是其本身的物理、化学性能。

物理性能方面，如金属的熔点、热导率、线膨胀系数、密度、热容量等因素，都对热循环、熔化、结晶、相变等过程有影响，从而影响焊接性。纯铜的热导率高，焊接时热量散失迅速，升温的范围很宽，坡口不易熔化，焊接时需要较强烈地加热，如果热源功率不足，就会产生熔透不足的缺陷。铜、铝等热导率高的材料，熔池结晶快，易产生气孔。钛、不锈钢等热导率低的材料，焊接时温度梯度大，残余应力高，变形大。而且由于高温停留时间长，热影响区晶粒长大，对接头性能不利。铝和奥氏体型不锈钢的线膨胀系数大、接头的变形和应力较为严重。铝及其合金的密度小，焊接时熔池中的气泡和非金属夹杂物不易上浮逸出，就会在焊缝中残留气孔和夹渣等。

化学性能方面，主要看金属与氧的亲和力的强弱。例如，铝、钛及其合金的化学活泼性很强，在高温焊接条件下极易氧化。有些金属对氢、氮等气体很敏感，焊接时，就必须有可靠的保护措施，如采用惰性气体保护焊或在真空中焊接，否则焊接就难以实现。

如果是异种金属，也只有理化性能和晶体结构接近的金属才比较容易实现焊接。

对于钢材的焊接，影响焊接性的主要因素是其化学成分。其中影响最大的元素有碳、硫、磷、氢、氧和氮等，它们容易引起焊接工艺缺陷和降低接头的使用性能。其他合金元素，如锰、硅、铬、镍、铝、钛、钒、铌、铜、硼等都可在不同程度上增加焊接接头的淬硬倾向和裂纹敏感性。所以，钢材的焊接性总是随着含碳量和合金元素含量的增加而恶化。

此外，钢材的冶炼轧制状态、热处理状态、组织状态等，都在不同程度上对焊接性产生影响，所以近年来研制和发展了各种 CF 钢（抗裂钢）、Z 向钢（抗层状撕裂钢）、TMCP 钢

（控轧钢）等，就是通过精炼提纯或细化晶粒和控轧工艺等手段，来改善钢材的焊接性。

焊接材料直接参与焊接过程中的一系列化学冶金反应，决定着焊缝金属的成分、组织、性能及缺陷的形成。如果焊接材料选择不当，与母材不匹配，不仅不能获得满足使用要求的接头，还会引起裂纹等缺陷的产生和组织性能的变化。因此，正确选用焊接材料也是保证获得优质焊接接头的重要冶金条件。

2. 工艺因素

工艺因素包括焊接方法、焊接参数、装焊顺序、预热、后热及焊后热处理等。焊接方法对焊接性影响很大，主要表现在热源特性和保护条件两个方面。

不同的焊接方法，其热源在功率、能量密度、最高加热温度等方面存在很大差别。金属在不同热源下焊接，将显示出不同的焊接性能。例如，电渣焊功率很大，但能量密度很低，最高加热温度也不高，焊接时加热缓慢，高温停留时间长，使得热影响区晶粒粗大，冲击韧度显著降低，必须经正火处理才能得到改善。与此相反，电子束焊、激光焊等方法的功率不大，但能量密度很高，加热迅速，高温停留时间短，热影响区很窄，没有晶粒长大的危险。

调整焊接参数，采用预热多层焊和控制层间温度等其他工艺措施，可以调节和控制焊接热循环，从而可改变金属的焊接性。例如，焊接某些有淬硬倾向的高强度钢时，材料本身具有一定的冷裂敏感性。当工艺选择不当时，焊接接头可能产生冷裂纹或降低接头的塑性和韧性。如果选择合适的填充材料、合理的焊接热循环，并采取焊前预热或焊后热处理等措施，则完全可以获得没有裂纹缺陷、满足使用性能要求的焊接接头。

3. 结构因素

结构因素主要是指焊接结构和焊接接头的设计形式，如结构形状、尺寸、厚度、接头坡口形式、焊缝布置及其截面形状等因素，其影响主要表现在热的传递和力的状态方面。不同板厚、不同接头形式或坡口形状，其传热方向和传热速度不一样，从而对熔池结晶方向和晶粒成长产生影响。结构的形状、板厚和焊缝的布置等，决定接头的刚度和拘束度，对接头的应力状态产生影响。不良的结晶形态、严重的应力集中和过大的焊接应力等是形成焊接裂纹的基本条件。设计中减小接头的刚度，减少交叉焊缝，避免焊缝过于密集以及减少造成应力集中的各种因素，都是改善焊接性的重要措施。

4. 使用条件因素

使用条件因素是指焊接结构的工作温度（高温、低温）、负载条件（静载荷、动载荷、冲击载荷、交变载荷）和工作介质（酸碱性）等工作环境和运行条件要求焊接结构具有相应的使用性能。例如，在高温下工作时，有可能发生蠕变；在低温或冲击载荷下工作时，会发生脆性破坏；在酸、碱或盐类等腐蚀介质中工作时，焊接接头要考虑耐各种腐蚀破坏的可能性。总之，使用条件越苛刻，对焊接接头的质量要求越高，焊接性就越不容易得到保证。

综上所述，金属的焊接性与材料、工艺、结构及使用条件等密切相关，所以不应脱离开这些因素而单纯从材料本身的性能来评价焊接性。因此，很难找到一项技术指标可以概括金属材料的焊接性，只能通过多方面的研究对其进行综合评定。

1.1.3 金属焊接性的研究方法

在正式投产之前，如遇到新材料、新结构或新的工艺方法，通常必须开展焊接性研究工作，以确保所采用的新材料、新结构或新工艺方法能获得优质的焊接接头。研究的基本方法是先分析后试验,即在焊接性理论分析的基础上再进行必要的焊接性试验。焊接性分析可以避免试验的盲目性,焊接性试验可以验证理论分析的结果。

1. 焊接性分析

焊接性分析就是运用现代焊接科学技术的理论知识和实践经验,对金属材料焊接的难易程度作出判断或预测,估计焊接过程中可能出现的技术问题,分析产生问题的原因和寻找解决问题的办法。通常焊接性分析是从工艺焊接性和使用焊接性两个方面去考察该材料对焊接的适应能力。前者是要解决该材料能不能焊的问题,后者是要解决焊后能不能使用的问题。

对工艺焊接性的分析,主要是考察金属材料在给定的工艺条件下(主要指用某种焊接方法焊接时),产生焊接缺陷的倾向性和严重性。首先应结合研究对象的特点,从影响焊接性的材料因素、工艺因素和结构因素等方面入手,分析和估计焊接过程中可能会产生什么缺陷,对材料的工艺焊接性做出科学的预测。焊接缺陷很多,其中以裂纹的危害性最大,其产生的原因多而复杂,故分析的重点通常放在材料的抗裂性能上。按材料中的合金元素及其含量间接地评估合金结构钢的焊接性是最常用的分析方法,如碳当量法和裂纹敏感系(指)数法等。此外,也可利用合金相图或焊接CCT图(连续冷却组织转变图)等进行分析,合金相图可以判断热裂倾向,焊接CCT图用于估计有无冷裂的危险和焊后接头的大致性能(硬度值)。

对使用焊接性的分析,主要是考察金属材料在给定的焊接工艺条件下,焊成的接头或整个焊接结构是否满足使用要求。这些要求是由结构的工作条件所决定并由设计者提出的,如强度、韧性、塑性、疲劳强度、抗蠕变性、耐蚀性或耐磨性等。对于以等性能原则设计的焊接接头,则以母材的性能为依据,分别考察焊缝金属和焊接热影响区在焊接热的作用下可能引起哪些不利于使用性能的变化。对于已经建立焊接CCT图的金属材料,利用该图来预测或判断焊缝或热影响区熔合线附近的组织与性能的变化极为方便。

对金属进行焊接性分析时,要有重点和针对性,表1-1所列为不同金属材料做焊接性分析时应特别关注的问题。对于那些尚无把握或难以判断其焊接性的金属材料,应把可能出现的问题提出来,再通过焊接性试验方法来研究解决。

表1-1 常用金属材料焊接性分析重点问题

金属材料		焊接性重点分析内容
低碳钢		1)厚板的刚性拘束裂纹;2)硫致热裂纹
中、高碳钢		1)冷裂纹;2)焊接热影响区(HAZ)淬硬
低合金钢	热轧及正火钢	1)冷裂纹;2)热裂纹;3)再热裂纹;4)层状撕裂(厚大件);5)HAZ脆化(正火钢)
	低碳调质钢	1)冷裂纹、根部裂纹;2)热裂纹(含Ni钢);3)HAZ脆化;4)HAZ软化
	中碳调质钢	1)热裂纹;2)冷裂纹;3)HAZ脆化;4)HAZ回火软化
	珠光体耐热钢	1)冷裂纹;2)HAZ硬化;3)再热裂纹;4)持久强度
	低温钢	1)低温缺口韧性;2)冷裂纹
不锈钢	奥氏体型不锈钢	1)晶间腐蚀;2)应力腐蚀开裂;3)热裂纹
	铁素体型不锈钢	1)475℃脆化;2)σ相脆化;3)热裂纹
	马氏体型不锈钢	1)冷裂纹;2)HAZ硬化
P-A异种钢		1)焊缝成分的控制(稀释率);2)熔合区过渡层;3)熔合区扩散层;4)残余应力
铸铁		1)焊缝及熔合区"白口";2)热裂纹;3)热应力裂纹;4)冷裂纹
铝及其合金		1)氧化;2)气孔;3)热裂纹;4)HAZ软化

2. 焊接性试验

焊接性分析是以理论知识和生产经验为依据进行的，分析的结果难免与生产实际有出入。因此，对于重大工程，一般应在焊接性理论分析的基础上有针对性地做些焊接性试验加以验证。特别是对于一些尚未接触过的新金属材料、新的产品结构或新的工艺方法，更应进行较为全面的焊接性试验，以获取第一手资料。这样既可以对材料的焊接性做出更为准确和全面的评价，也为制订焊接工艺提供可靠的依据。冶金部门每发展一种用于焊接结构的新材料，一般都应进行全面的焊接性试验。

总之，焊接性的分析与试验是焊接性研究中的两个工作环节，二者相辅相成。根据研究对象的复杂性和重要性，可简可繁。有时分析与试验交叉平行进行。

1.2 焊接性试验

1.2.1 焊接性试验的内容

针对材料的不同性能特点和不同使用要求，焊接性试验包括以下内容。

1. 测定焊缝金属抗热裂纹的能力

热裂纹是一种较常发生又危害严重的焊接缺陷，它是熔池金属结晶过程中，由于存在一些有害元素（如低熔点共晶物）并受热应力的作用而在结晶末期发生的。热裂纹既和母材有关，又和焊接材料有关。所以测定焊缝金属抵抗热裂纹的能力是焊接性试验的一项重要内容。

2. 测定焊缝及热影响区金属抗冷裂纹的能力

冷裂纹在低合金高强钢焊接中是最为常见的缺陷，由于这种缺陷的发生具有延迟性，其危害更大。它是焊缝及热影响区金属在焊接热循环作用下，由于组织及性能变化，加之受焊接应力和扩散氢的共同作用而产生的。所以测定焊缝及热影响区金属抗冷裂纹的能力是焊接性试验中很重要又最经常做的一项试验。

3. 测定焊接接头抗脆性断裂的能力

对于在低温条件下工作的焊接结构和承受冲击载荷的焊接结构，可能经过焊接的冶金反应、结晶、固态相变等一系列过程，焊接接头会出现粗晶脆化、组织脆化、热应变时效脆化等现象，使接头韧性严重下降，即焊接接头发生脆性转变。因此，对这类焊接结构用材料，需要做抗脆断能力（或抗脆性转变能力）的试验。

4. 测定焊接接头的使用性能

根据焊接结构的使用条件对焊接性提出的性能要求来确定试验内容。使用要求是多方面的，例如，在腐蚀介质中工作的焊接结构要求具有耐蚀性，就可以确定做焊接接头的耐晶间腐蚀或耐应力腐蚀能力等试验；厚板结构要求具有抗层状撕裂性能时，就应做Z向拉伸或窗口试验，以测定该钢材抗层状撕裂的能力。此外，还有如焊接接头的耐磨性、低温冲击韧度、蠕变强度、疲劳强度试验以及产品技术条件要求的其他特殊性能试验。

1.2.2 焊接性试验方法分类

研究与评定金属材料焊接性的试验方法很多，根据试验的内容和特点主要分为工艺焊接性和使用焊接性两大方面的试验,每一方面又分为直接法和间接法两种类型,如图 1-1 所示。

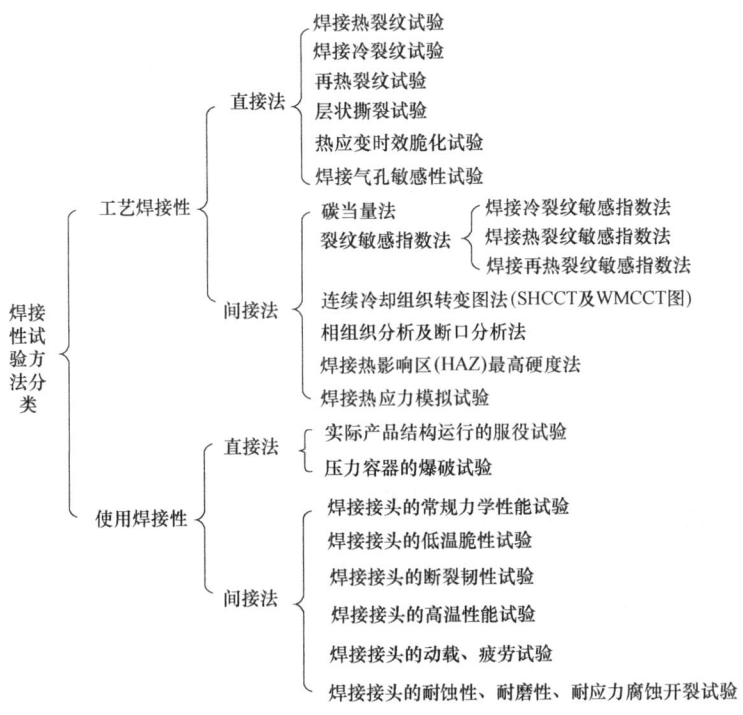

图 1-1　焊接性试验方法的分类

1. 直接法试验

直接法有两种情况:一种是仿照实际焊接的条件,通过焊接过程考察是否发生某种焊接缺陷,或发生缺陷的严重程度,直接去评价焊接性的优劣(即焊接性对比试验),也可以通过试验确定出所需的焊接条件(即工艺适应性试验),这种情况多在工艺焊接性试验中使用;另一种是直接在实际产品上进行测定其焊接性能的试验,这种情况主要用于使用焊接性方面的试验。使用焊接性试验主要是根据焊接产品使用条件对焊接接头提出的要求而进行的试验,其试验用的焊接接头通常是由相关标准规定的或与产品生产相同的焊接工艺在规定的试板上焊成。

2. 间接法试验

间接法一般不需要焊出焊缝,只需对产品实际使用的材料进行化学成分、金相组织或力学性能等的试验分析与测定,然后根据分析与测定的结果,对该材料的焊接性进行推测与评估。例如,碳当量法,只需从产品用的材料中测定出其化学成分,代入碳当量计算公式,利用算出的碳当量大小去判断该材料的焊接性。

1.2.3　焊接性试验方法的选择原则

现有的焊接性试验方法很多,随着技术的进步、要求的提高,焊接性试验方法还会不断增加。选择焊接性试验方法时一般应遵循下列原则。

1. 针对性

所选择的试验方法，其试验条件要尽量与实际焊接时的条件相一致，这些条件包括母材、焊接材料、接头形式、接头受力状态、焊接参数等。而且试验条件还应考虑到产品的使用条件，尽量使之接近。只有这样才能使焊接性试验具有良好的针对性，其试验结果才能够较准确地显示出实际生产时可能发生的问题或可能出现的现象。

2. 可比性

只有试验条件完全相同时，两个试验的结果才具有可比性。因此，应优先选择国家或国际上已经颁布的标准试验方法，并严格按照标准的规定进行试验。尚未建立标准的，应选择国内外同行业中较为通用或公认的试验方法进行试验。

3. 可靠性

焊接性试验的结果要稳定可靠，具有较好的再现性；试验数据不可过于分散，否则难以找出变化规律和导出正确的结论。为此，试验方法应尽量减少或避免人为因素的影响，多采用自动化、机械化操作，少用人工操作。试验条件和试验程序要规定得严格，防止随意性。

4. 经济性

在符合上述原则并可获得可靠结果的前提下，力求减少材料消耗，避免复杂、昂贵的加工工序，节省试验费用。

1.3 常用焊接性试验方法

1.3.1 工艺焊接性的间接估算法

1. 碳当量法

钢材的化学成分对焊接热影响区的淬硬及冷裂倾向有直接影响，因此，可以利用钢材的化学成分来间接地评估其冷裂纹敏感性。由于在钢材的各种合金元素中，碳对冷裂纹敏感性影响最显著，人们就将钢中合金元素都按相当于若干含碳量折合并叠加起来求得碳当量。所谓"碳当量"，就是把钢中包括碳在内的合金元素对淬硬、冷裂及脆化等的影响折合成碳的相当含量（以碳的作用系数为1）。

碳当量法是一种粗略评价冷裂纹敏感性的方法。碳当量值越高，钢的淬硬倾向就越大，钢的冷裂纹敏感性也就越大，焊接性就越差。可见，通过碳当量的大小可以评定钢材焊接性的优劣，并按焊接性的优劣提出防止产生焊接裂纹的最佳焊接条件。目前用于评定钢材焊接性的碳当量计算公式很多，其中以国际焊接学会推荐的 CE（IIW）、日本 JIS 标准规定的 CE（JIS）和美国焊接学会推荐的 CE（AWS）应用较为广泛，见表 1-2。

表 1-2 常用碳当量公式及其适用范围

碳当量公式	适 用 范 围
国际焊接学会（IIW）推荐 $CE(IIW) = C + \dfrac{Mn}{6} + \dfrac{Cr+Mo+V}{5} + \dfrac{Cu+Ni}{15}$	钢材：中高强度（$R_m = 500 \sim 900 MPa$）的非调质低合金高强钢 化学成分（质量分数）：$C \geqslant 0.18\%$

(续)

碳当量公式	适用范围
日本 JIS 标准规定 $CE(JIS) = C + \dfrac{Mn}{6} + \dfrac{Si}{24} + \dfrac{Ni}{40} + \dfrac{Cr}{5} + \dfrac{Mo}{4} + \dfrac{V}{14}$	钢材：低碳调质低合金高强度钢（R_m = 500 ~ 1000MPa） 化学成分（质量分数）：C ≤ 0.2%；Si ≤ 0.55%；Mn ≤ 1.5%；Cu ≤ 0.5%；Ni ≤ 2.5%；Cr ≤ 1.25%；Mo ≤ 0.7%；V ≤ 0.1%；B ≤ 0.006%
美国焊接学会（AWS）推荐 $CE(AWS) = C + \dfrac{Mn}{6} + \dfrac{Si}{24} + \dfrac{Ni}{15} + \dfrac{Cr}{5} + \dfrac{Mo}{4} + \dfrac{Cu}{13} + \dfrac{P}{2}$	钢材：普通碳钢和低合金高强度钢 化学成分（质量分数）：C < 0.6%；Mn < 1.6%；Ni < 3.3%；Cr < 1.0%；Mo < 0.6%；Cu = 0.5% ~ 1%；P = 0.05% ~ 0.15%

注：1. 计算某钢种的碳当量时，直接把该钢种实际的合金元素的质量分数（%）代入表中公式相应元素的符号内。若给出的是元素含量范围，则取其上限值代入。
2. 表中碳当量 CE 均为百分数。

通过表 1-2 中的碳当量公式进行焊接性评定时，还需要注意以下几点：

1）当使用 CE（IIW）时，对于板厚小于 20mm 的钢材，若 CE（IIW）< 0.4%，则淬硬倾向不大，焊接性良好，焊前不需预热；若 CE（IIW）= 0.4% ~ 0.6%，尤其是大于 0.5% 时，钢材易淬硬，说明焊接性已变差，焊接时需预热才能防止焊接裂纹产生，随着板厚增大，预热温度要相应提高，一般为 70 ~ 200℃。

2）当使用 CE（JIS）时，除需考虑板厚因素外，还必须同时考虑钢材的强度级别。当板厚小于 25mm，采用焊条电弧焊（热输入为 17kJ/cm）时，规定了不产生裂纹的碳当量界限和相应的预热措施，见表 1-3。

表 1-3 按钢材强度和碳当量确定预热措施

钢材强度/MPa	CE(JIS)(%)	预热措施
500	0.46	焊时不需预热
600	0.52	预热 75℃
700	0.52	预热 100℃
800	0.62	预热 150℃

3）当使用 CE（AWS）时，应根据计算出来某钢种的碳当量再结合焊件的厚度，从图 1-2 中查出该钢材焊接性的优劣等级，再从表 1-4 中确定出不同焊接性等级钢材的最佳焊接条件。

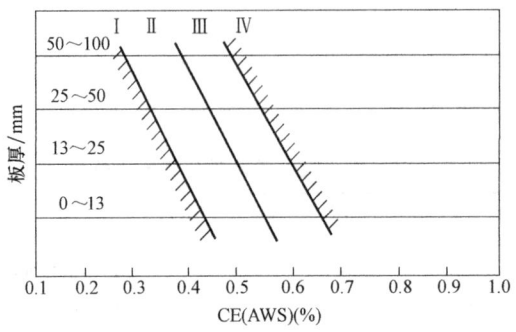

图 1-2 焊接性与碳当量及板厚的关系

表 1-4　不同焊接性等级钢材的最佳焊接条件

焊接性等级	普通酸性焊条	低氢型焊条	是否需要消除应力	是否需要敲击焊缝
Ⅰ（优良）	不需预热	不需预热	不需要	不需要
Ⅱ（较好）	预热 40~100℃	-10℃ 以上不预热	任意	任意
Ⅲ（尚好）	预热 150℃	预热 40~100℃	希望	希望
Ⅳ（尚可）	预热 150~200℃	预热 100℃	必要	希望

2. 低合金钢焊接冷裂纹敏感指数法

随着低碳微量多合金元素的低合金高强度钢的发展和应用，碳当量公式已不适用。况且仅按钢材化学成分评定其焊接性并不全面，因为低合金高强度钢焊接时产生冷裂纹的原因除化学成分外，还有熔敷金属中的扩散氢含量，以及焊接接头的拘束应力等原因。焊接冷裂纹敏感指数（P_c）不仅包括了母材的化学成分，又考虑了熔敷金属扩散氢含量及拘束度（或板厚）的作用。通过焊接冷裂纹敏感指数（P_c）公式，可以确定防止冷裂纹所需的焊接预热温度

$$P_c = P_{cm} + \frac{[H]}{60} + \frac{\delta}{600}$$

式中　δ——板厚（mm）；

$[H]$——熔敷金属中的扩散氢含量（mL/100g）；

P_{cm}——冷裂纹敏感系数（%），其公式为

$$P_{cm} = C + \frac{Si}{30} + \frac{Mn+Cu+Cr}{20} + \frac{Ni}{60} + \frac{Mo}{15} + \frac{V}{10} + 5B$$

其中，各字母代表相应元素的质量分数（%）。

焊接冷裂纹敏感指数（P_c）公式的应用条件：$w(C) = 0.07\% \sim 0.22\%$；$w(Si) \leq 0.60\%$；$w(Mn) = 0.40\% \sim 1.40\%$；$w(Cu) \leq 0.50\%$；$w(Cr) \leq 1.20\%$；$w(Ni) \leq 1.20\%$；$w(Mo) \leq 0.70\%$；$w(V) \leq 0.12\%$；$w(Nb) \leq 0.04\%$；$w(Ti) \leq 0.5\%$；$w(B) \leq 0.005\%$；$\delta = 19 \sim 50mm$；$[H] = 1.0 \sim 5.0mL/100g$。

在斜 Y 形坡口对接裂纹试验条件下，通过 P_c 可以求出防止冷裂纹所需要的最低预热温度 T_o（℃），其计算公式为

$$T_o = 1440P_c - 392$$

工艺焊接性的间接估算法除上述碳当量法、焊接冷裂纹敏感指数法外，还有热裂纹敏感指数法、再热裂纹敏感指数法、层状撕裂敏感指数法、焊接连续冷却组织转变图法（CCT 图法）及焊接热影响区（HAZ）最高硬度法等。

1.3.2　工艺焊接性的直接试验法

金属工艺焊接性的直接试验方法多数是针对某种钢材在焊接过程中出现某类裂纹问题而设计的。因为裂纹是最常见且危害性最大的焊接缺陷。通过这些试验，可以定性或定量地评定被焊金属产生某种裂纹的倾向性的严重程度，也可以揭示产生这种裂纹的原因和影响因素。进而可寻找或确定出防止这种裂纹产生的最佳焊接工艺措施，包括选择焊接方法、焊接材料、焊接参数和预热温度等。

1. 焊接冷裂纹试验方法

焊接冷裂纹是在焊后冷至较低温度下产生的具有延迟性的一种常见裂纹，主要发生在低合金钢、中合金钢、中碳钢和高碳钢的焊缝及热影响区中，表 1-5 列出了低合金高强度钢常

用的焊接冷裂纹试验方法。

表 1-5 常用的焊接冷裂纹试验方法

编号	试验方法名称	焊接方法	焊接层数	裂纹部位	拘束形式	特点
1	斜 Y 形坡口对接裂纹试验（GB/T 4675.1—1984）[①]	M[②]，CO_2 焊	单	焊缝，HAZ	拉伸自拘束	用于评定高强度钢第一层焊缝及 HAZ 的裂纹倾向，试验方法简便，是国际上采用较多的抗裂性试验方法之一，也称"小铁研"试验
2	刚性固定对接裂纹试验	M，SAW[③]，CO_2 焊	单、多	焊缝，HAZ		此法拘束度很大，容易产生裂纹，往往在试验中发生裂纹而在实际生产中并不出现裂纹，多用于厚大焊接件
3	窗形拘束裂纹试验	M，CO_2 焊	单、多	焊缝		主要用于考察多层焊时焊缝的横向裂纹敏感性
4	十字接头裂纹试验	M，MIG	单	HAZ	自拘束	主要用于测定 HAZ 裂纹敏感性
5	沟槽拘束对接裂纹试验	M	单、多	焊缝，HAZ		类似于"小铁研"试验，试板不易加工，用于评定单层或多层焊焊缝及 HAZ 的冷裂倾向
6	插销试验（GB/T 9446—1988）	M，CO_2 焊	单	HAZ		需专用设备，评定高强度钢 HAZ 冷裂倾向，简便、省材
7	刚性拘束裂纹试验（RRC 试验）	M，CO_2 焊	单	焊缝，HAZ	变拘束	需专用设备，可用于研究冷裂机理、临界拘束应力、热输入、扩散氢含量、预热温度等对冷裂倾向的影响
8	拉伸拘束裂纹试验（TRC 试验）	M，CO_2 焊	单	焊缝，HAZ		需专用设备，可定量分析产生冷裂纹的各种因素，如成分、含氢量、拘束应力等

① GB/T 4675.1—1984 已于 2005 年作废，仅供读者参考。
② M 为焊条电弧焊。
③ SAW 为埋弧焊。

2. 焊接热裂纹试验方法

焊接热裂纹是在焊接过程处在高温下产生的一种裂纹，其特征大多是沿原奥氏体晶界扩展和开裂，常产生在碳钢、低合金钢、不锈钢、铸铁、铝合金、镍合金和某些特种金属中。表 1-6 列出了常用的几种焊接热裂纹试验方法。

表 1-6 常用的焊接热裂纹试验方法

编号	试验方法名称	用途	焊接方法	拘束形式
1	可变刚性裂纹试验	测定低合金钢对接焊缝产生裂纹的倾向性	M[①]，CO_2 焊	可变拘束
2	T 形接头焊接裂纹试验	评定低合金钢填角焊的热裂纹倾向	M	自拘束
3	压板对接（FISCO）焊接裂纹试验	评定奥氏体型不锈钢、低合金钢的热裂纹敏感性	M	固定拘束
4	横向可变拘束裂纹试验	测定低合金钢的热裂纹敏感性	M，CO_2 焊	可变拘束
5	鱼骨状裂纹试验	测定厚度为 1~3mm 的铝合金、镁合金、钛合金薄板焊缝及 HAZ 的裂纹倾向	TIG	可变拘束
6	十字搭接裂纹试验	测定厚度为 1~3mm 的结构钢、不锈钢、高温合金、铝合金、镁合金、钛合金薄板的裂纹倾向	M，TIG	自拘束

（续）

编号	试验方法名称	用途	焊接方法	拘束形式
7	指状裂纹试验	测定耐热钢、高合金钢焊缝金属的横向裂纹敏感性	M	可变拘束
8	铸环试验	测定铝合金焊缝结晶时的热裂纹倾向	熔铸	自拘束

① M 为焊条电弧焊。

3. 再热裂纹试验方法

厚板焊接结构，并采用含有沉淀强化合金元素的钢材，在进行消除应力热处理时或在一定温度下运行的过程中，在焊接热影响区粗晶部位产生的裂纹称为再热裂纹。再热裂纹试验方法目前还没有统一标准，各国都根据不同产品结构特点进行制订，均有局限性。常用试验方法有斜 Y 形坡口再热裂纹试验法（此法简单易行，且有较好的再现性，故被国内外广泛采用）、H 形拘束试验方法、插销式再热裂纹试验方法。

4. 层状撕裂试验方法

层状撕裂是钢板平行轧制方向出现的梯形裂纹。它在较低温度开裂，一般低合金钢撕裂的温度不超过 400℃。其主要影响因素是轧制钢材内部存在不同程度的分层夹杂物（特别是硫化物和氧化物夹杂），在焊接时产生垂直于钢板表面的拉应力，致使热影响区附近或稍远的部位产生呈"台阶"形的层状开裂，并可穿晶扩展。常用试验方法有两种，即 Z 向拉伸试验方法（利用钢板厚度方向的断面收缩率来评定钢材的层状撕裂敏感性）和 Z 向窗口试验方法（一种模拟实际层状撕裂的试验方法）。

1.4 焊接工艺

1.4.1 焊接工艺概述

1. 焊接工艺的定义

焊接工艺是将原材料或坯料加工成焊接构件和完整的焊接结构（产品）的方法、技术和过程。焊接工艺流程应理解为从原材料投产到成品（焊接构件或焊接结构）出产，按步骤连续地使用各种设备所进行的加工过程。在焊接结构的生产中，焊接工序是最主要的主导加工工序，但决不应忽视其他加工工序的重要性。实际上，这些工序与焊接工序密切相关，并在很大程度上决定了焊件的质量和加工周期。例如，焊件毛坯的下料、成形和坡口的加工质量，直接影响到焊件的组装精度和焊缝的合格率；又如，焊后的热处理将决定焊接接头的各种性能和焊接结构的使用寿命，是许多重要焊接结构生产中不可缺少的一环。因此，完整的焊接工艺是将其视为从原材料入厂检验、下料、成形、焊前准备、焊接、焊后热处理、焊缝质量检验，直到成品出厂为止的综合加工工艺。生产经验表明，只有牢固确立焊接结构制造工艺完整性的理论，才能保证产品的质量，并获取最高的经济效益。

2. 焊接工艺的目标与任务

在现代焊接结构生产中，制订焊接工艺的目标是：①确保焊件的质量，使焊缝中无超标的缺陷，接头的各项性能符合产品技术条件和相关标准的要求；②在保证焊接质量的前提下，尽可能提高焊接生产率，缩短生产周期；③最大限度地降低生产成本，提高经济效益。

为实现上述目标，焊接工艺制订者的主要任务是：根据各种焊接结构的技术要求，运用科学的工作方法，制订正确、合理、先进的焊接工艺。这就要求每名称职的焊接工艺员全面了解本行业已积累的成功生产经验，及时掌握与本企业焊接生产有关的焊接新工艺、新设备、新材料，以及焊接技术在国内外的发展趋势；熟悉基础工艺标准、产品技术条件和质量标准；通晓所生产焊接结构的制造工艺流程、生产设施、焊接工艺方法、焊接设备与工艺装备、焊缝质量检测技术，以及技术管理程序等。焊接结构生产企业应当设立专门的机构统一管理焊接工艺工作，并根据产品的类型、生产规模和技术要求，配备焊接工艺人员和焊接试验设施。

3. 焊接工艺的重要性

对于任何类型的焊接结构来说，焊接工艺是决定产品质量的首要影响因素，尤其是对于重要的焊接结构，如锅炉、压力容器、高压管道、船舶、桥梁、高层建筑及海上建筑工程等全焊结构，其焊接接头都是按照等强度设计的。焊接接头强度的减弱或韧性不足，都会导致整个焊接结构的提前失效，甚至酿成严重的灾难性后果。在各种腐蚀介质中运行的焊接结构，如果焊缝金属化学成分或接头部分的金相组织不符合要求，则可能产生各种形式的腐蚀而最终导致结构的破坏。对于上述各类焊接结构，国内外都制定了相应的强制性制造法规或规程，都明确规定：生产企业必须对受压或承载的焊接接头编制焊接工艺规程，指导焊工施焊，确保接头的各项性能符合产品技术条件或设计图样的要求；并且焊接工艺规程的可行性和正确性必须按相应标准，通过焊接工艺评定加以验证。例如，美国机械工程师学会（ASME）锅炉与压力容器委员会制定的《锅炉及压力容器规范》中，单设一卷，即第九卷《焊接与钎焊工艺评定》，全面、系统地规定了焊接工艺规程的编制准则、方法和程序，以及焊接工艺评定的规则、试验方法和合格标准等。我国技术监督部门颁发的《蒸汽锅炉安全技术监察规程》《压力容器安全技术监察规程》，国家标准《钢制压力容器》都做出了类似的规定。这些规定充分说明了焊接工艺在焊接结构生产中不可替代的重要地位，对焊接工艺的任何忽视都将造成不同程度的经济损失，甚至产生不可挽救的严重后果。

焊接工艺的重要性还在于它在很大程度上决定了焊接生产的经济性。对于一般焊接结构，焊接生产成本约占总成本的30%~40%；对于锅炉、压力容器和船舶、车辆等结构，焊接生产成本约占总成本的50%。因此，制订优化的焊接工艺，采用高效的焊接工艺方法，提高焊接生产过程的机械化、自动化程度，可缩短生产周期、降低生产成本，给生产企业带来较大的经济效益。

随着焊接结构不断向大型化、重型化、精密化和高参数化发展，对焊接工艺必然会提出越来越高的要求。焊接结构生产企业都应始终不遗余力地改进焊接工艺，尽可能采用先进的焊接技术，以适应焊接结构制造行业的快速发展。

4. 焊接工艺的新特点

（1）先进性　焊接工艺是运用最新科学技术，发展最快、最全面的新兴加工工艺。焊接工艺方法已从最简单的气焊、焊条电弧焊，发展到各种高效 TIG 焊、MIG/MAG 焊、埋弧焊、等离子弧焊；焊接热源已从火焰、电弧，扩大到激光束和电子束等高能量密度能源；焊接热源的控制，已从最原始的电磁控制，演变成半导体电子控制、数字控制和最先进的计算机软件控制；焊接作业已从繁重的手工操作，逐步发展成由各种自动化焊接设备和机器人工作站来完成。

（2）系统性　焊接工艺已从单一的加工工艺发展成为综合性的制造技术，并已构成一个完整的相互密切关联的系统。所涉及的技术领域包括结构材料，接头设计，焊接工艺方法，焊接设备及工艺装备，焊接过程的机械化和自动化，焊接工艺过程的控制，焊件毛坯的前处理，成形和坡口加工，焊缝质量的监控，检测和管理，焊后热处理，焊件的后处理及涂装，焊接结构的失效分析和防治方法，焊接工艺标准，焊接环保和劳动防护等。

（3）复杂性　现代焊接结构用材料已从普通碳钢、低合金钢，扩展到各种低合金高强度钢、耐热钢、低温钢、特种合金钢、高合金钢、不锈耐酸钢，各种非铁金属材料，包括铝及其合金、铜及其合金、镁及其合金、钛及其合金、镍及其合金，各种贵重金属，难熔金属，以及各种工程塑料、陶瓷、石墨和玻璃等。可以想象，为焊制质量完全符合标准要求的焊接接头，其焊接工艺是相当复杂的。例如，对于某些难焊的中合金钢和高合金钢，必须采用程序复杂的等温焊接工艺；当焊接结构在恶劣的条件下运行时，为防止焊接接头提前失效，要求制订十分精确的焊接工艺。

（4）完整性　在现代焊接结构的生产中，焊接工艺的内容应包括产品焊接技术条件和基础焊接标准的制定；产品图样的工艺性审查；焊接工艺方案的编制；焊接新材料、新设备和新工艺试验；焊接技术改造项目的拟定；焊接工艺规程的编制和焊接工艺评定；焊接工艺的实施、监督和产品焊缝质量的检测等。可见，现代焊接工艺已形成完整的体系，对焊接结构的设计制造将产生全局性的影响。

最后，为适应焊接结构的规模生产，焊接工艺已步入规范化和标准化的发展阶段。

1.4.2　焊接工艺规程

1. 焊接工艺规程的定义

焊接工艺规程是一种经过试验评定合格的书面焊接工艺文件，是用以按照有关法规要求指导焊制产品焊缝的文件。具体地说，焊接工艺规程可以用来指导焊工和焊接操作者施焊产品焊接接头，以保证焊缝的质量符合法规的要求。

焊接工艺规程必须由生产该焊件的企业自行编制，不得沿用其他企业的焊接工艺规程，也不得委托其他单位编制用以指导本企业焊接生产的焊接工艺规程。因此，焊接工艺规程也是技术监督部门检查企业是否具有按法规要求生产焊接产品资格的证明文件之一，目前已经成为焊接结构生产企业认证检查中的必查项目之一。因而，焊接工艺规程是焊接结构生产企业质量保证体系和产品质量计划中最重要的质量文件之一。

2. 焊接工艺规程的依据

对于简单的焊接结构，未采用新材料、新工艺的产品，可直接按照产品的技术条件、产品图样、工厂的有关焊接标准、焊接材料和焊接工艺试验报告以及积累的生产经验数据编制焊接工艺规程，经过一定的审批程序即可投入使用，不需要事先经过焊接工艺评定。

对于受监督的重要焊接结构，每一份焊接工艺规程必须有相应的焊接工艺评定报告支持，根据已经评定合格的焊接工艺评定报告来编制焊接工艺规程，即焊接工艺规程必须以相应的焊接工艺评定报告为依据。如果所采用的焊接工艺规程中的重要参数已经超出本企业现有焊接工艺评定报告中规定的参数范围，则必须对该焊接工艺规程所采用的焊接参数进行重新评定试验。只有经过评定并合格的焊接工艺规程才能够用于指导生产。

焊接工艺规程原则上是以产品接头形式为单位进行编制的，如果某焊接接头采用两种或两种以上的焊接方法施焊，对于这种接头的焊接工艺规程，可根据所采用的不同焊接方法分别进行评定试验，以两份或两份以上的焊接工艺评定报告为依据。

3. 焊接工艺规程的内容

一份完整的焊接工艺规程，应当列出为完成符合质量要求的焊缝所必需的全部焊接参数，除了规定直接影响焊缝力学性能的重要焊接参数外，还应规定可能影响焊缝质量和外形的次要焊接参数。在 GB/T 19867.1—2005（《电弧焊焊接工艺规程》）中规定了焊接工艺规程的技术内容，以及焊接工艺规程应当包含的执行操作的必要信息。

焊接工艺规程的具体项目如下。

（1）编制单位名称　编制单位的名称应以醒目的字体标注在焊接工艺规程的显著位置，表明焊接工艺规程是企业的重要质量文件，并且该文件只对本企业适用。

（2）焊接工艺规程的编号　为了便于技术文件的管理和检索，对每份焊接工艺规程应进行编号，对相应的焊接工艺指导书也应编号，并注明相应评定报告的编号。如果对焊接工艺规程进行了修改，则应对其版本号进行标注。

（3）焊接接头　在焊接工艺规程中，应对焊接接头进行详细描述，包括母材金属类别及钢号、厚度范围、管子外径、接头形式、坡口尺寸和坡口间隙等。如果采用衬垫，对其材质（钢衬垫或陶质衬垫）和尺寸应进行规定。明确接头制备的方法、清理和去污要求，以及接头的装夹和对定位焊焊接的要求等。

（4）焊接方法、焊接位置和焊接材料　焊接方法是编制焊接工艺规程的重要内容之一。对焊接方法应进行明确规定。焊接方法也可按照 GB/T 5185—2005（《焊接及相关工艺方法代号》）的规定进行标注，焊接位置应按照 GB/T 16672—1996（《焊缝——工作位置——倾角和转角定义》）的要求填写。对焊接材料的牌号（或型号）、规格进行规定，明确焊接材料的保管和使用要求（烘干、大气中暴露时间、再烘干等）。如果采用保护气体（单一保护气体或混合气体），应注明气体的纯度、组分和混合气体的混合比例，并规定保护气体的流量。

（5）焊接参数　对于常用的电弧焊方法，其焊接参数包括电流种类、极性、焊接电流、电弧电压和焊接速度等。对于脉冲电弧焊，还应列出脉冲频率、峰值电流、基本电流和脉宽比等参数。对于电阻焊，除了焊接电流外，还应列出通电时间、电极电压或顶锻压力。在摩擦焊中，焊接参数包括转速、摩擦力、摩擦时间和顶锻压力。电子束焊的焊接参数包括加速电压、电子束流和焊接速度。脉冲激光焊的焊接参数包括脉冲能量和脉冲宽度。连续激光焊的焊接参数包括激光功率、焊接速度和光斑直径。

（6）预热和道间温度　需要进行焊前预热的焊缝，应对其加热方法、预热范围、加热温度范围进行规定；无预热要求时，应规定开始焊接之前焊件的最低温度。规定各焊道之间的最高温度（必要时为最低温度）；焊接中断时，焊接区域应当预热，以保持最低的道间温度。

（7）后热和焊后热处理　需要进行后热（去氢处理）或焊后热处理的焊缝，应对加热方法、温度范围、保温时间、温度升降速度进行规定，并应明确热处理方法（调质、正火、正火+回火、回火等）。

（8）操作技术　焊接操作技术包括焊前清理、焊接位置、背面清根、焊丝伸出长度、焊枪角度和运条方式等，对于厚板焊件或形状复杂、易变形的焊件，还应规定焊接方向和焊接顺序。

（9）焊缝的检验方法　焊缝的检验方法应包括外观检查方法、内部质量检验方法、验收标准等。

（10）有关焊接方法的特殊内容

焊条电弧焊（代号111）：规定每根焊条熔敷的焊道长度或焊接速度。

埋弧焊（代号12）：对多丝系统而言，规定焊丝的数量、配置和极性；导电管/导电嘴至焊件表面的距离；填充金属。

熔化极气体保护焊（代号13）：规定保护气体的流量和喷嘴直径；焊丝的数量；填充金属；导电嘴/导电管至焊件表面的距离；金属过渡形态。

非熔化极气体保护焊（TIG焊）（代号141）：规定钨极的直径和型号；保护气体的流量和喷嘴直径；填充金属。

等离子弧焊（代号15）：规定等离子气体参数，如气体成分、喷嘴直径、流量；保护气体流量及喷嘴直径；焊枪种类；喷嘴至焊件表面的距离等。

4. 焊接工艺规程的格式

为了实现标准化，便于管理和便于工人使用，焊接工艺规程应有统一的格式，机械工业部颁布的《工艺规程格式》（JB/T 9165.2—1998）中的焊接工艺卡片的格式见表1-7。当然也可以根据自己的经验设计编写，应从本企业实际需要出发，方便生产使用。

表1-7 焊接工艺卡片格式

焊接工艺卡片		产品型号		零件图号			
		产品名称		零件名称		共页	第页
简图		主要组成件					
		序号	图号	名称	材料	件数	
		(1)	(2)	(3)	(4)	(5)	
工序号	工序内容	设备	工艺装备	电压或气压	电流或焊嘴号	焊条、焊丝、电极		焊剂	其他规范	工时
						型号	直径			
(6)	(7)	(8)	(9)	(10)	(11)	(12)	(13)	(14)	(15)	(16)
描图										
描校										
底图号										
装订号						设计（日期）	审核（日期）	标准化（日期）	会签（日期）	
标记 处数 更改文件号 签字 日期	标记 处数 更改文件号 签字 日期									

注：表中（　）填写内容：
(1) 序号用阿拉伯数字1、2、3……填写；
(2)~(5) 分别填写焊接的零（部）件图号名称，材料牌号和件数按设计要求填写；
(6) 工序号；
(7) 每工序的焊接操作内容和主要技术要求；
(8) (9) 设备和工艺装备分别填写其型号或名称，必要时填写其编号；
(10)~(16) 可根据实际需要填写；
(17) 绘制焊接简图。

1.4.3 焊接工艺评定

1. 焊接工艺评定的定义

焊接工艺评定是通过对焊接试板接头试样的力学性能或其他性能的检验，证实焊接工艺规程正确性和合理性的一种程序。焊接结构生产企业应遵照国家有关标准、安全技术监察规程、制造规程或国际通用的制造法规自行组织并完成焊接工艺评定工作。由于焊接工艺评定的另一项重要任务是鉴定生产企业焊制合格产品的能力，因此，上述规程或法规都不准许生产企业将焊接工艺评定的关键工作，如焊接工艺规程设计书的编制、评定试板的焊接等委托其他单位完成。如果生产企业的加工设备或检测手段不完备，可将试板的下料和坡口加工、焊接接头的无损检测、试板的取样和加工、力学性能试验及其他性能的检验等委托其他单位完成，但生产企业仍应对焊接工艺评定的全过程及试板的检验结果负全部责任。

2. 焊接工艺评定的依据

焊接结构生产企业可按所生产的产品类型，分别遵照国家标准、行业标准、制造规程，或国际通用制造法规完成焊接工艺评定工作。例如：

1）GB/T 19866—2005《焊接工艺规程及评定的一般原则》。
2）GB/T 19868.1—2005《基于试验焊接材料的工艺评定》。
3）GB/T 19868.2—2005《基于焊接经验的工艺评定》。
4）GB/T 19868.3—2005《基于标准焊接规程的工艺评定》。
5）GB/T 19868.4—2005《基于预生产焊接试验的工艺评定》。
6）GB/T 19869.1—2005《钢、镍及镍基合金的焊接工艺评定试验》。
7）《压力容器安全技术监察规程》。
8）NB/T 47014—2011《承压设备焊接工艺评定》。
9）《锅炉安全技术监察规程》。
10）《钢制海船入级与建造规范》(1999)，第6分册，第8篇。
11）ASME《锅炉与压力容器规范》(2007)，第Ⅸ卷。
12）AWS B2.1：2014《焊接工艺评定和焊工技能考核》。

3. 焊接工艺评定的程序

焊接工艺评定的工作程序，主要按产品的类别和质量等级而定。下面介绍焊接结构生产企业的大致工作程序。

（1）焊接工艺评定立项　焊接工艺评定的立项可分为以下几种情况：

1）按产品或部件焊接工艺方案立项。对于重大新型结构的产品，通常要求编制焊接工艺方案，其中包括该新产品投产前需完成的焊接工艺评定项目。焊接工艺方案经审批后，所列的焊接工艺评定项目即可列入工作计划。

2）按新产品施工图样立项。对于老结构新型号，或结构类似而工作参数不同的新产品，因无须编制焊接工艺方案，可直接按新产品施工图样，根据所采用的新结构材料、新焊接工艺方法和焊接接头壁厚范围，提出焊接工艺评定项目。

3）按产品制造工艺的重大更改立项。在产品的制造过程中，可能会出现设计结构、材料和制造工艺的重大更改，这必然涉及重要焊接参数的变更，应进行相应的焊接工艺评定。

（2）编制焊接工艺评定任务书　焊接工艺评定立项后，通过审批程序，即可按施工图样和产品制造技术条件的要求，编制焊接工艺评定任务书。其内容应包括产品订货号、接头形式、母材金属牌号及规格、焊接材料牌号及规格、拟采用的焊接工艺方法、对接头力学性能或其他性能的要求、检验项目和合格标准等。为减少工作量，任务书可制成表格形式。

（3）编制焊接工艺规程设计书　按照焊接工艺评定任务书列出的接头原始条件和技术要求，编制焊接工艺规程设计书及焊接工艺规程初稿。设计书的格式与焊接工艺规程相似，但可相对简化。在设计书中，原则上只要求填写所要评定的重要焊接参数，而对于次要焊接参数，尤其是操作技术参数可列也可不列，由编制者自行决定。但为便于编制正式焊接工艺规程，大多数焊接工艺规程设计书都会列出次要焊接参数，特别是那些对评定试板焊接质量有较大影响的次要焊接参数。

（4）编制焊接工艺评定试验执行计划　执行计划的内容应包括为完成所列焊接工艺评定试验所做的全部工作，如试板备料、坡口加工、试板组焊、焊后热处理、无损检测和理化检验等。要求拟定计划进度、费用预算、负责单位、协作单位人员的分工及要求。

（5）评定试板的焊接　应由经考核合格的熟练焊工，按焊接工艺规程设计书规定的各种焊接参数完成评定试板的焊接。应监控焊接过程，并记录焊接参数实测值。次要焊接参数一般可不做记录。如试板需进行焊后热处理，则应记录热处理过程中试板的实际加热温度和保温时间。如热处理设备装有温度自动记录仪，则可利用实测温度记录仪。

（6）评定试板的检验　评定试板原则上不必做无损检测，可在焊接后或焊后热处理后直接对试板进行取样。但国内某些焊接工艺评定标准规定试板焊后须做无损检测。

评定试板的检验项目，按接头的类别规定如下：

1）开口对接接头（包括直边对接接头）。检验项目有拉伸试验和弯曲试验，如产品制造规定或焊接技术条件中要求对焊接接头做冲击韧度试验，则焊接工艺评定试板应取焊缝金属和热影响冲击试样。

2）角接接头。角接接头原则上只进行横剖面的宏观检查。

3）电阻焊接头。电阻焊接头应进行焊缝横剖面的宏观检查、剪切试验和剥离试验。

4）螺柱焊接头。螺柱焊接头应进行焊缝锤击或弯曲试验、扭转试验或拉伸试验，以及螺柱接头横剖面的宏观金相检验。

5）耐蚀堆焊层。耐蚀堆焊层应进行表面着色检测、弯曲试验及堆焊层的化学成分分析。

6）耐磨堆焊层。耐磨堆焊层应进行表面着色检测、硬度测定、耐磨堆焊层接头横剖面宏观金相检查，以及堆焊层的化学成分分析。

（7）编写焊接工艺评定报告　按接头的类型完成上述所要求的试验项目，且试验结果全部合格后，即可编写焊接工艺评定报告。焊接工艺评定报告的内容大体上分成两大部分：第一部分是记录焊接工艺评定试验的条件，包括试验材料牌号、类别号、接头形式、焊接位置、焊接材料、保护气体、预热温度、焊后热处理参数及焊接能量参数等；第二部分是记录各项检验的结果，分别列出拉伸、弯曲、冲击、硬度、宏观金相、着色检测及化学成分分析结果等。

编写焊接工艺评定报告最重要的原则是如实记录，无论试验条件还是检验结果，都必须是实测记录数据，并应附有相应记录卡和试验报告等原始凭据。焊接工艺评定报告是一种必须由企业管理者代表签字的重要质保文件，也是国家质量监督部门和用户代表审核企业质保能力的主要依据之一。因此，编写人员应认真负责，如实填写，不得错填和涂改。报告应经有关人员校对和审核，并对其真实性负责。

焊接工艺评定试验，可能由于试板接头某项性能不符合标准要求而告失败。在这种情况下，首先应分析试验项目不合格的原因，然后重新编制焊接工艺规程设计书，重复进行上述程序，直至评定试验结果全部合格。

1.5 焊接工艺卡片填写实例

以埋弧焊对接焊缝为例，其焊接工艺卡片的填写内容和要求见表1-8。

表1-8 埋弧焊对接焊缝的焊接工艺卡片

×××公司	×××工程	
	工艺文件：焊接工艺卡片	修订：
		日期：××××
		相应焊接工艺评定号：×××
评定标准：Q/CR 9211—2015 及设计要求		
母材规格(试板)：$\delta24mm+\delta24mm,\delta20mm+\delta20mm$	材料类别：Q345qD 允许碳当量最大值：0.43%	
接头类型：横向对接(平位)	适用范围：Q345qD 钢板对接埋弧焊	
焊前准备样图： 当 $\delta=20mm$ 时，$\alpha=8°$；当 $\delta=24mm$ 时，$\alpha=10°$	焊接顺序+焊道布置： ①—打底　②—盖面	
装配公差/mm：　倾角(°)： 根部间隙/mm：　钝边/mm：5	认可板厚范围/mm：17~24	
表面处理：钢板经过预处理除锈	预热温度/℃：	
处理办法：机加工坡口	室温/℃：不低于5	

(续)

接头清洁方法:焊前对待焊区进行打磨,露出金属光泽	加热方法:
背面处理:用碳弧气刨清根	层间温度/℃:200 以下
定位焊:焊条电弧焊,焊条 J507	检测方式:点温计(测点:坡口 50~80mm 范围内)
焊材(焊条/焊剂) 焊条、焊剂焙烘温度/℃:350	保温时间/h:2 保存温度/℃:100~150

焊面	焊道	工位	方法	焊接材料					极性	电弧电压/V	焊接电流/A	焊接速度/(m/h)
				规格/mm	牌号	符合标准	焊剂	符合标准				
①	1	平位	121	φ5	H10Mn2	GB/T 14957—1994	SJ101q	GB/T 5293—1999	直流反接	32±2	700±30	22±2
②	2	平位	121	φ5	H10Mn2	GB/T 14957—1994	SJ101q	GB/T 5293—1999	直流反接	32±2	700±30	22±2
②	中间	平位	121	φ5	H10Mn2	GB/T 14957—1994	SJ101q	GB/T 5293—1999	直流反接	33±2	700±30	22±2
②	盖面	平位	121	φ5	H10Mn2	GB/T 14957—1994	SJ101q	GB/T 5293—1999	直流反接	33±2	700±30	24±2

焊缝热处理工艺要求	无		
	编制	复核	技术部长	批准
签名				
日期				

注:121—埋弧焊。

【综合练习】

一、填空题

1. 金属焊接性是指金属材料在限定的＿＿＿＿＿条件下,焊接成规定＿＿＿＿＿要求的构件,并满足＿＿＿＿＿要求的能力。

2. 工艺焊接性是指在一定＿＿＿＿＿条件下,能否获得＿＿＿＿＿焊接接头的能力。

3. 使用焊接性是指焊接接头或整体结构满足技术条件中所规定的＿＿＿＿＿的程度。

4. 影响焊接性的因素有＿＿＿＿＿、＿＿＿＿＿、＿＿＿＿＿和＿＿＿＿＿。

5. 研究金属焊接性的基本方法是先＿＿＿＿＿后＿＿＿＿＿。

6. 选择焊接性试验方法时一般应遵循下列原则:＿＿＿＿＿、＿＿＿＿＿、＿＿＿＿＿和＿＿＿＿＿。

7. 焊接结构生产企业可按所生产的产品类型,分别遵照＿＿＿＿＿、＿＿＿＿＿、＿＿＿＿＿或＿＿＿＿＿完成焊接工艺评定工作。

二、选择题

1. 金属材料焊接性的试验方法可分为( )两种类型。
A. 分析法和间接法 B. 分析法和直接法 C. 分析法和研究法 D. 直接法和间接法

2. 当使用 CE(IIW) 时,对于板厚小于 20mm 的钢材,若 CE(IIW) ( ),则淬硬倾向不大,焊接性良好,焊前不需预热。

A. <0.4%　　　B. <0.5%　　　C. <0.6%　　　D. <0.7%

3. 低合金高强钢焊接时产生（　　）的原因除化学成分外，还有熔敷金属中扩散氢含量、焊接接头的拘束应力等原因。

　　A. 冷裂纹　　　B. 热裂纹　　　C. 再热裂纹　　　D. 层状撕裂

4. （　　）不仅包括了母材的化学成分，又考虑了熔敷金属扩散氢含量及拘束度（或板厚）的作用。

　　A. CE（IIW）　　B. P_c　　C. CE（JIS）　　D. CE（AWS）

5. （　　）是最常见且危害性最大的焊接工艺缺陷。

　　A. 气孔　　　B. 夹渣　　　C. 裂纹　　　D. 未焊透

6. 焊接（　　）是在焊后冷至较低温度时产生的具有延迟性的一种常见裂纹。

　　A. 冷裂纹　　　B. 热裂纹　　　C. 再热裂纹　　　D. 层状撕裂

7. 焊接（　　）是在焊接过程处在高温下产生的一种裂纹，其特征大多是沿原奥氏体晶界扩展和开裂。

　　A. 冷裂纹　　　B. 热裂纹　　　C. 再热裂纹　　　D. 层状撕裂

8. （　　）是钢板平行轧制方向出现的梯形裂纹。

　　A. 冷裂纹　　　B. 热裂纹　　　C. 再热裂纹　　　D. 层状撕裂

9. （　　）是一种经过试验评定合格的书面焊接工艺文件，用以按照有关法规要求指导焊制产品焊缝的文件。

　　A. 焊接工艺评定　　B. 焊接工艺规程　　C. 焊接生产评定　　D. 焊接生产规程

10. 在焊接工艺规程中，应对（　　）进行详细描述。

　　A. 焊接接头　　　B. 焊缝　　　C. 母材　　　D. 热影响区

11. 对于常用的（　　）方法，其焊接参数包括电流种类、极性、焊接电流、电弧电压和焊接速度等。

　　A. 电阻焊　　　B. 摩擦焊　　　C. 电弧焊　　　D. 脉冲焊

12. （　　）是通过焊接试板接头试样的力学性能或其他性能的检验，证实焊接工艺规程正确性和合理性的一种程序。

　　A. 焊接工艺评定　　B. 焊接工艺规程　　C. 焊接生产评定　　D. 焊接生产规程

13. 焊接工艺评定的工作程序，主要按产品的类别和（　　）等级而定。

　　A. 安全　　　B. 质量　　　C. 检验　　　D. 重量

三、判断题（正确的打√，错误的打×）

（　　）1. 焊接性是指金属材料对焊接加工的适应性和使用的可靠性。

（　　）2. 目前用于评定钢材焊接性的碳当量计算公式只有国际焊接学会推荐的CE（IIW）、日本JIS标准规定的CE（JIS）和美国焊接学会推荐的CE（AWS）。

（　　）3. 层状撕裂试验方法有Z向拉伸试验方法和Z向窗口试验方法两种。

（　　）4. 焊接工艺具有先进性、系统性、复杂性和完整性的新特点。

（　　）5. 焊接工艺规程可以由生产该焊件的企业自行编制，也可以沿用其他企业的焊接工艺规程。

（　　）6. 编制单位的名称应以醒目的字体标注在焊接工艺规程的显著位置。

（　　）7. 焊缝的检验方法应包括外观检查方法、内部质量检验方法、验收标准等。

四、简答题
1. 什么是金属材料的焊接性？工艺焊接性与使用焊接性有什么不同？
2. 焊接性试验包括哪些内容？
3. 什么是碳当量？如何利用碳当量法评定金属的焊接性？它的使用范围如何？
4. 什么是焊接工艺？
5. 焊接工艺的目标有哪些？
6. 焊接工艺规程的内容有哪些？

第2章
碳钢的焊接工艺

2.1 概述

碳钢又称碳素钢，是铁和碳的合金。碳钢中除以碳作为主要合金元素外，还有少量锰和硅等有益元素。此外，还有硫、磷等杂质。碳钢的性能主要取决于含碳量。

碳钢是钢材中产量最多，应用最广的材料。大部分焊接结构都是用碳钢制造的，它具有较好的力学性能和各种工艺性能，而且冶炼工艺比较简单，价格低廉，因而在焊接结构制造上得到了广泛的应用。

2.1.1 碳钢的分类

（1）按含碳量分类 按含碳量的高低，碳钢大致分为低碳钢、中碳钢和高碳钢三类，但它们的含碳量范围没有严格的界限。在焊接结构用碳钢中，也常采用按含碳量的高低来分类的方法，因为某一含碳量范围内的碳钢其焊接性比较接近，因而焊接工艺的编制原则也基本相同。碳钢以铁为基础，以碳为合金元素，碳的质量分数一般不超过1.0%，其他常存元素因含量较低皆不作为合金元素。因此，碳钢的焊接性主要取决于含碳量的高低。随着含碳量的增加，焊接性逐渐变差，见表2-1。

表2-1 碳钢焊接性与含碳量的关系

名称	$w(C)(\%)$	典型硬度	典型用途	焊接性
低碳钢	≤0.15	60HBW	特殊板材和型材薄板、带材、焊丝	优
	>0.15~0.25	90HBW	结构用型材、板材和棒材	良
中碳钢	>0.25~0.60	25HRC	机器部件和工具	中（通常需要预热和后热，推荐使用低氢焊接方法）
高碳钢	>0.60	40HRC	弹簧、模具、钢轨	劣（必须使用低氢焊接方法、预热和后热）

（2）按品质分类 主要以有害杂质硫、磷等的含量来划分：

1）普通碳素钢。$w(S) \leq 0.050\%$；$w(P) \leq 0.045\%$。

2）优质碳素钢。$w(S) \leq 0.035\%$；$w(P) \leq 0.035\%$。

3) 高级优质碳素钢。$w(S) \leq 0.030\%$；$w(P) \leq 0.035\%$。

(3) 按脱氧程度分类

1) 沸腾钢。不完全脱氧所得的钢，含氧量高，硫、磷杂质较多，且分布不均，焊接时有产生热裂纹和气孔的倾向。

2) 镇静钢。脱氧彻底，故含氧量低，杂质少。

3) 半镇静钢。介于沸腾钢和镇静钢之间。

(4) 按用途分类

1) 结构钢。用来制造各种金属构件和机器零件。

2) 工具钢。用来制造各种工具，如量具、刃具、模具等。

2.1.2 碳钢的焊接性

碳钢的焊接性随含碳量的增加而恶化，因为含碳量较高的钢从焊接温度快速冷却下来容易被淬硬，而被淬硬的焊缝和热影响区因塑性下降，在焊接应力作用下容易产生裂纹。碳钢被淬硬主要是由马氏体组织的形成引起的。马氏体是碳在 α-Fe 中的过饱和固溶体，它的硬度与钢中含碳量有关，又和所形成的马氏体数量有关。马氏体的数量受冷却速度影响，非常快的冷却速度可以产生100%的马氏体，从而可达到最高硬度。因此，焊接含碳量较高的碳钢时，应当注意减缓冷却速度，使马氏体的数量减至最少。

焊接的冷却速度受焊接热输入、母材板厚和环境温度的影响：厚板或在低温条件下焊接时，其冷却速度加快；预热或加大焊接热输入，则可以降低冷却速度。

碳钢的内在质量对焊接性有很大影响。沸腾钢因脱氧不完全，硫、磷等杂质较多，而且分布也不均匀，所以焊接时有产生热裂纹和气孔的倾向。在选择焊接材料时，除了在成分和性能上须与母材匹配外，也应避免硫、磷等有害元素从焊接材料中带入焊缝金属中来。

碳钢中碳的质量分数增加到约0.15%以上时，对氢致裂纹尤其敏感。因此，焊接 $w(C) > 0.15\%$ 的碳钢时，须注意减少氢的来源。例如，减少焊条药皮中或埋弧焊焊剂里及母材上或大气中的水分，焊前清除待焊部位及其附近的油污、铁锈等。焊条电弧焊时宜选用低氢型焊条，在其他焊接方法中应制造低氢环境，以减少焊缝周围环境中的含氢量。对已溶入焊缝和热影响区的氢，可采取后热措施使其向外扩散。

焊接碳钢时产生裂纹的力学原因是结构的拘束应力和不均匀的热应力。即使是不易淬硬的低碳钢，在受拘束条件下采用了不正确的焊接程序，也会因这些应力过大而产生裂纹。

总之，对碳钢的焊接，应针对其含碳量不同而采取相应的工艺措施。当含碳量较低时，如低碳钢，应着重注意防止结构拘束应力和不均匀的热应力所引起的裂纹；当含碳量较高时，如高碳钢，除了防止因这些应力所引起的裂纹外，还要特别注意防止因淬硬而引起的裂纹。

2.2 低碳钢的焊接工艺

2.2.1 低碳钢的焊接特点

低碳钢中碳的质量分数低（不大于0.25%），其他合金元素含量也较少，因而低碳钢是焊接性最好的钢种。采用常用焊接方法焊接后，接头中不会产生淬硬组织或冷裂纹。只要焊接材料选择适当，便能得到令人满意的焊接接头。

电弧焊焊接低碳钢时，为了提高焊缝金属的塑性、韧性和抗裂性能，通常都是使焊缝金属的含碳量低于母材，依靠提高焊缝中的硅、锰含量和电弧焊所具有较高的冷却速度来达到与母材等强度。因此，随着冷却速度的加快，焊缝金属的强度会提高，而塑性和韧性会下降。为防止过快的冷却速度，对于厚板单层角焊缝，其焊脚尺寸不宜过小；多层焊时，应尽量连续施焊；补焊表面缺陷时，焊缝应具有一定的尺寸，焊缝长度不得过短，必要时应采用 100~150℃ 的局部预热措施。

当母材成分中含碳量偏高或在低温下焊接大刚性结构时，可能产生冷裂纹，这时应采取预热或采用低氢型焊条（焊条电弧焊时）等措施。

低碳钢弧焊焊缝通常具有较高的抗热裂纹能力，但当母材中碳的质量分数已接近上限 (0.25%) 时，在接头设计或工艺操作上要避免焊缝具有窄而深的形状，因为这样形状的焊缝最易产生热裂纹。

沸腾钢氧含量较高，板厚中心有显著偏析带，焊接时易产生裂纹和气孔。另外，厚板焊接有一定的层状撕裂倾向，时效敏感性也较大，焊接接头的脆性转变温度也较高。因此，沸腾钢一般不用于制作受动载或在低温下工作的重要结构。

某些焊接方法热源不集中或热输入过大，如气焊和电渣焊等，这会引起焊接热影响区的粗晶区晶粒更加粗大，从而降低接头的冲击韧性。因此，重要结构在焊后往往要进行正火处理。

2.2.2 低碳钢的焊接材料

（1）焊条电弧焊用焊条 用于焊接结构的低碳钢多是 Q235 钢，其抗拉强度平均约为 417.5N/mm^2。按等强度原则应选用 E43XX 系列焊条，它的熔敷金属抗拉强度不小于 430N/mm^2 (44kgf/mm^2)，在力学性能上与母材恰好相匹配。

在 GB/T 5117—2012 中，E43XX 系列焊条按药皮类型、焊接位置和焊接电流种类分成若干种型号，其商品牌号则更多。通常根据产品结构和材料的特点、载荷性质、工作条件、施焊环境等因素进行选用。当焊接重要的或裂纹敏感性较大的结构时，常选用低氢型的碱性焊条，如 E4316、E4315、E5016、E5015 等。因为这类焊条具有较好的抗裂性能和力学性能，其韧性和抗时效性能也很好。但这类焊条工艺性能较差，对铁锈和水分很敏感，焊条需在 350~400℃ 下烘干 1~2h，并需将接头坡口彻底清理干净。对于一般的焊接结构，推荐选用工艺性能较好的酸性焊条，如 E4319、E4303、E4313、E4320 等。这些焊条虽然气体、杂质含量较高，焊缝金属的塑性、韧性及抗裂性不及碱性焊条，但一般都能满足使用性能要求。碳钢焊接性与含碳量的关系见表 2-2。

此外，对于同一个强度等级的低碳钢，由于产品结构上的差别，所选用的焊条也有所不同。例如，随着板厚增加，接头的冷却速度加快，促使焊缝金属硬化，接头内残余应力增大，就需要选用抗裂性能好的焊条，如低氢型焊条；厚板为了焊透，须开坡口焊接，这样填充金属量增加，为提高生产率，就可以选用铁粉焊条。

同样板厚的对接接头与 T 形接头的散热条件不同，后者的角焊缝冷却快，需考虑抗裂问题；随着焊脚尺寸的加大，填充金属量是以平方数增加的，也需相应选用较大的焊条直径。

表 2-2 低碳钢焊条选用举例

钢号	一般结构 （包括壁厚不大的中、低压容器）		承受动载荷、复杂的厚板结构， 重要的受压容器，低温下焊接		施焊条件
	型号	牌号	型号	牌号	
Q235	E4313 E4303 E4319 E4320 E4311	J421 J422 J423 J424 J425	E4303 E4301 E4320 E4311 E4316 E4315	J422 J423 J424 J425 J426 J427	一般不预热
Q255					厚板结构预热 150℃以上
08,10,20	E4303 E4301 E4320 E4311	J422 J423 J424 J425	E4316 E4315 E5016 E5015	J426 J427 J506 J507	一般不预热
25	E4316 E4315	J426 J427	E5016 E5015	J506 J507	厚板结构预热 150℃以上
Q245R	E4303 E4301	J422 J423	E4316 E4315	J426 J427	一般不预热

（2）埋弧焊用焊丝和焊剂 低碳钢的埋弧焊可以采用较大的热输入，生产率较高，熔池也较大。在生产中，采用埋弧焊焊接较厚工件时，可以用一道或多道焊来完成。

埋弧焊时，在给定焊接参数条件下，熔敷金属的力学性能主要决定于焊丝、焊剂两者的组合。因此，选择埋弧焊用焊接材料时，必须按焊缝金属性能要求选择适当的焊剂和焊丝。

通常首先按接头提出的强度、韧性和其他性能的要求，选择适当的焊丝，然后根据该焊丝的化学成分选配焊剂。例如，当选用 $w(Si) \le 0.1\%$ 的焊丝时，如用 H08A 或 H08MnA 等，必须与高硅焊剂（如 HJ431）配用；若用 $w(Si) > 0.2\%$ 的焊丝，则必须与中硅或低硅焊剂（如 HJ350、HJ250 或 SJ101 等）相配。此外，当接头拘束度较大时，应选用碱度较高的焊剂，以提高焊缝金属的抗裂性能；对于一些特殊的应用场合，应选配满足相应要求的专用焊剂，如厚壁窄间隙埋弧焊必须选配脱渣性良好的焊剂，如 SJ101 焊剂。

表 2-3 列出了几种低碳钢埋弧焊常用焊接材料示例。

表 2-3 低碳钢埋弧焊常用焊接材料示例

钢号	熔炼焊剂		烧结焊剂	
	焊丝	焊剂	焊丝	焊剂
Q235	H08A	HJ430 HJ431	H08A H08E	SJ401 SJ402（薄板、中厚板） SJ403
Q275	H08MnA			
15,20	H08A,H08MnA	HJ430 HJ431 HJ330	H08A H08E H08MnA	SJ301 SJ302 SJ501 SJ502 SJ503（中厚板）
25	H08MnA,H10Mn2			
Q245R	H08MnA,H08Mn2Si,H10Mn2			

(3) 气体保护焊用焊丝　CO_2 气体保护焊用焊丝分实心焊丝和药芯焊丝两大类。焊接低碳钢用的实心焊丝目前主要有 H08Mn2Si 和 H08Mn2SiA 两种；药芯焊丝主要有钛钙型渣系和低氢型渣系两类，也可分为气保护、自保护和其他方式保护等几种。

惰性气体保护焊（如 TIG、MIG）焊接低碳钢的成本较高，一般用于质量要求比较高的焊接结构或特殊焊缝。焊接沸腾钢或半镇静钢时，为防止钢中氧的有害作用，应选用有脱氧能力的焊丝作为填充金属，如 H08Mn2SiA。

表 2-4 所列为低碳钢气体保护焊常用焊接材料。

表 2-4　低碳钢气体保护焊常用焊接材料

保护气体	焊　丝	说　明
CO_2	H08Mn2Si, H08Mn2SiA YJ502-K YJ502R-1, YJ507-1 PK-YJ502, PK-YJ507	目前国产用于 CO_2 气体保护焊的实心和药芯焊丝,焊接低碳钢的焊缝金属强度偏高
自保护	YJ502R-2, YJ507-2 PK-YZ502, PK-YZ506	自保护药芯焊丝,一般烟雾较大,适合室外作业用,有较大的抗风能力
$Ar+20\%CO_2$	H08Mn2SiA	混合气体保护焊,用于锅炉水冷系统等
Ar	H05MnSiAlTiZr	用于 TIG 焊,焊接锅炉集箱、换热器等打底焊缝

(4) 电渣焊用焊丝和焊剂　电渣焊熔池温度较低，焊接过程中焊剂的更新量少，故焊剂中的硅、锰还原作用弱。因此，焊接低碳钢时一般采用含锰或硅、锰的焊丝，依靠焊丝中的硅和锰或其他元素来保证焊缝金属的强度，再选电渣焊专用的 HJ360 焊剂与之配合，有时也用 HJ252 或 HJ431 相配合，见表 2-5。

表 2-5　低碳钢电渣焊用焊接材料

钢　号	焊接材料	
	焊　剂	焊　丝
Q235	HJ360 HJ252 HJ431	H08MnA
10,15,20,25		H08MnA H10Mn2
30,35 ZG230-450 ZG270-500		H08Mn2SiA H10MnSi H10Mn2

2.2.3　低碳钢的焊接工艺要点

为确保低碳钢的焊接质量，在焊接工艺方面须注意：

1）焊前清除焊件的表面铁锈、油污、水分等杂质，焊接材料用前必须烘干。

2）角焊缝、对接多层焊的第一层焊缝以及单道焊缝要避免采用窄而深的坡口形式，以防止出现裂纹、未焊透或夹渣等焊接缺陷。

3）焊接刚性大的构件时，为了防止产生裂纹，宜采取焊前预热和焊后消除应力的措施，见表 2-6。

表 2-6 低碳钢焊接时预热及焊后消除应力热处理温度

钢 号	材料厚度/mm	预热温度和层间温度/℃	消除应力热处理温度/℃
Q235、08、10、15、20	~50	—	—
	>50~100	>100	600~650
25、Q245R	~25	>50	600~650
	>25	>100	600~650

4) 在环境温度低于-10℃以下焊接低碳钢结构时，接头冷却速度较快，为了防止产生裂纹，应采取以下减缓冷却速度的措施：

① 焊前预热，焊时保持层间温度。

② 采用低氢型或超低氢型焊接材料。

③ 定位焊时须加大焊接电流，适当加大定位焊的焊缝截面和长度，必要时焊前也进行预热。

④ 整条焊缝连续焊完，尽量避免中断，熄弧时要填满弧坑。

表 2-7 所列为低碳钢低温下焊接时的预热温度。

表 2-7 低碳钢低温下焊接时的预热温度

环境温度/℃	焊件厚度/mm		预热温度/℃
	梁、柱、桁架	管道、容器	
-30℃以下	≤30	≤16	100~150
-30~-20℃	>30~34	>16~30	100~150
-20~-10℃	>34~50	>30~40	100~150
-10~0℃	>50~70	>40~50	100~150

低碳钢几乎可以采用所有的焊接方法进行焊接，最常用的有焊条电弧焊、埋弧焊及 CO_2 气体保护焊等。

表 2-8 所列为低碳钢常用焊接方法举例。

表 2-8 低碳钢常用焊接方法举例

焊接方法	产品名称	母材	厚度或直径/mm	接头形式	焊接材料	焊接参数			
						焊接电流/A	电弧电压/V	焊接速度/(m/h)	气体流量/(L/min)
焊条电弧焊	化工容器	Q245R	δ=10,20	V 形坡口对接	E5015 φ4mm	140~180	22~28		
埋弧焊	容器筒体	Q245R	δ=12,14,20	V 形坡口对接	H08MnA φ5mm	550~650	36~40	28~34	
TIG 焊	锅炉集箱	Q245R	δ=13	V 形坡口对接	H05MnSiAlTiZr φ5mm	140~160	10~13		11~12
CO_2 气体保护焊	水冷壁	20A 管子+20 扁钢	φ25×6+6×10.3	正、反面角焊	H08Mn2SiA φ1.2mm	170~200	25~28		

2.3 中碳钢的焊接工艺

2.3.1 中碳钢的焊接特点

中碳钢含碳量较高，其焊接性比低碳钢差。含碳量接近下限（0.25%）时焊接性良好，随着含碳量增加，其淬硬倾向增大，在热影响区容易产生低塑性的马氏体组织。当焊件刚性较大或焊接材料、焊接参数选择不当时，容易产生冷裂纹。多层焊焊接第一层焊缝时，由于母材金属熔合到焊缝中的比例大，使其含碳量及硫、磷含量增大，容易产生热裂纹。此外，含碳量高时，气孔敏感性也增大。

2.3.2 中碳钢的焊接材料

应尽量选用抗裂性能好的低氢型焊接材料。焊条电弧焊时，若要求焊缝与母材等强，宜选用强度级别相当的低氢型焊条；若不要求等强时，则选用强度级别约比母材低一级的低氢型焊条，以提高焊缝的塑性、韧性和抗裂性能。

如果选用非低氢型焊条进行焊接，则必须有严格的工艺措施相配合，如控制预热温度、减小母材熔合比等。

当工件不允许预热时，可选用塑性优良的铬镍奥氏体不锈钢焊条。这样可以减小焊接接头应力，避免热影响区产生冷裂纹。

表2-9所列为中碳钢焊接工艺举例。

表2-9 中碳钢焊接工艺举例

钢号	焊条						板厚/mm	预热及层间温度/℃	消除应力热处理温度/℃
	不要求等强度		要求等强度		要求高塑性、韧性				
	型号	牌号	型号	牌号	型号	牌号			
25	E4303	J422	E5016	J506			≤25	>50	600~650
	E4319	J423	E5015	J507					
30	E4316	J426	—	—	E308-16	A102	>25~50	>100	600~650
	E4315	J427							
35	E4303	J422	E5016	J506	E309-16	A302	>50~100	>150	600~650
	E4319	J423	E5015	J507	E309-15	A307			
ZG270-500	E4316	J426	E5516	J556	E310-16	A402			
	E4315	J427	E5515	J557	E310-15	A407			
45	E4316	J426	E5516	J556			≤100	>200	600~650
	E4315	J427	E5515	J557					

CO_2气体保护焊时，$w(C) \leq 0.4\%$时仍可按低碳钢（表2-4）选用焊丝；当强度要求高时，可选用ER50-2、ER50-3、ER50-4、ER50-6和ER50-7等药心焊丝或相当等级的药芯焊

丝；当用 Ar+20%CO_2 混合保护气体时，可用 GHS-60 焊丝。

2.3.3 中碳钢的焊接工艺要点

（1）预热和层间温度　预热是焊接和补焊碳钢时防止产生裂纹的有效工艺措施。因为预热可降低焊缝金属和热影响区的冷却速度，抑制马氏体的形成。预热温度取决于含碳量、母材厚度、结构刚性、焊条类型和工艺方法等，见表 2-9。最好采用整体预热，若局部预热，其加热范围应为焊口两侧 150~200mm。

多层焊时，要控制层间温度，一般不低于预热温度。

（2）浅熔深　为了降低母材金属熔入焊缝中的比例，焊接接头可做成 U 形或 V 形坡口。如果是补焊铸件缺陷，所铲挖的坡口外形应圆滑。多层焊时应采用小直径焊条、小焊接电流，以减小熔深。

（3）焊后处理　最好在焊后冷却到预热温度之前就进行消除应力热处理，尤其对于大厚度工件或大刚性的结构更应如此。消除应力热处理温度一般在 600~650℃ 之间。如果焊后不能立即进行消除应力热处理，则应先进行后热，以便扩散氢逸出。后热温度约为 150℃，保温 2h。

（4）锤击焊缝金属　没有利用热处理消除焊接应力的条件时，可在焊接过程中采用锤击热态焊缝金属的方法减小焊接应力，并设法使焊缝缓冷。

总之，中碳钢的焊接性较差，随钢中含碳量的增加，焊接性会变差。中碳钢焊接时，其主要缺陷为热裂纹、冷裂纹、气孔和接头脆性，有时热影响区的强度还会下降。当钢中的杂质较多，焊件刚性较大时，焊接问题会更加突出，应采取适当工艺措施保证焊缝质量。

2.4 高碳钢的焊接工艺

2.4.1 高碳钢的焊接特点

$w(C)>0.6\%$ 的高碳钢淬硬性高，很容易产生又硬又脆的高碳马氏体。在焊缝和热影响区中容易产生裂纹，难以焊接。对于结构件，尤其是承受动载荷的结构，一般不采用高碳钢作为结构材料；而用于制造高硬度或耐磨的零部件，对它们的焊接多数是破损件的补焊修理。

高碳钢零部件的高硬度或高耐磨性能是通过热处理获得的，因此，补焊这些零部件之前应先对其进行退火，以减少焊接裂纹，焊后再重新进行热处理。

高碳钢的焊接方法一般采用焊条电弧焊和气焊。气焊时采用低碳钢焊丝或与母材成分相近的焊丝，火焰采用碳化焰。

高碳钢与低碳钢、中碳钢相比，还存在如下焊接性方面的突出问题：

1）高碳钢比中碳钢焊接时产生热裂纹的倾向更大。

2）高碳钢对淬火更加敏感，所以近缝区极易形成马氏体淬硬组织，如工艺措施不当，则在近缝区会产生冷裂纹。

3）高碳钢焊接时由于受焊接高温的影响，晶粒长大速度快，碳化物容易在晶界上积聚、长大，使焊缝脆化，从而导致焊接接头强度降低。

4）高碳钢导热性能比低碳钢差，因此，熔池急剧冷却时，会在焊缝中引起很大的内应力，这种内应力很容易导致裂纹的形成。

2.4.2 高碳钢的焊接材料

按焊缝性能要求来选用高碳钢的焊接材料，要求达到与母材完全相同的性能是比较难的。在焊条电弧焊情况下，当要求强度高时，可选用 E7015（J707）或 E6015（J607）焊条；要求强度低时，选用 E5016（J506）或 E5015（J507）焊条。也可选用铬镍奥氏体不锈钢焊条，如 E309-16（A302）、E309-15（A307）等，这时预热温度可以降低或不需预热。气焊情况下，对性能要求高时，可用与母材成分相近的焊丝；要求不高时，可采用低碳钢焊丝。

2.4.3 高碳钢的焊接工艺要点

高碳钢的焊接性差，焊接时必须注意：

1）应先退火，然后焊接。

2）使用结构钢焊条时，焊前必须预热，预热温度和层间温度应在350℃以上。

3）采取与焊接中碳钢相似的工艺措施，如尽量减小熔合比，采用小焊接电流、低焊接速度，焊接尽可能连续进行、中间不停止等。

4）焊后缓冷，并应立即送入炉中进行消除应力的高温回火，随后再根据需要进行相应的热处理。

2.5 碳钢焊接工艺实例

1. 20 钢（低碳钢）油田输油管线焊接工艺

油田输油管线材质为 20 钢无缝钢管，其外径为 60mm，壁厚为 3.5mm，采用手工钨极氩弧焊打底，焊条电弧焊盖面。

(1) 坡口形式及加工方法　坡口为 V 形坡口（带钝边），坡口角度为 60°±5°，钝边 1~1.5mm，间隙 1.5mm，如图 2-1 所示。坡口用机械加工或砂轮机打磨均可，要求光滑、平整。对坡口两侧 20mm 范围内要清除铁锈、油污及水分，且露出金属光泽。

(2) 焊接材料及电源的选择　焊条可用 E5015（J507）或 E5016（J506）碱性低氢型焊条，直径为 φ3.2mm。焊丝选用 H08Mn2SiA，直径为 φ2.0mm。焊接电源选择弧焊整流器。

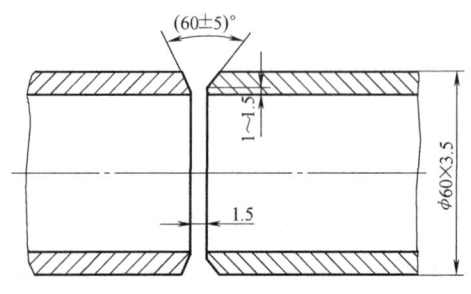

图 2-1　油田输油管线

(3) 焊接参数　见表 2-10。

表2-10 20钢焊接参数

焊接方法	焊接层数	焊接材料		电源种类及极性	焊接电流/A	电弧电压/V	焊接速度/(cm/min)
		型号	直径/mm				
手工TIG焊	1	H08Mn2Si	φ2.0	直流正接	100~110	10~12	7~16
焊条电弧焊	2	E5015	φ3.2	直流反接	80~100	22~26	10~12

（4）焊接检测 焊缝表面不允许有气孔、裂纹、夹渣等缺陷。外观尺寸要求按表2-11的规定。检测质量标准按GB/T 3323—2005《金属熔化焊焊接接头射线照相》达到Ⅱ级为合格。

表2-11 焊缝外观尺寸要求 （单位：mm）

焊缝余高	焊缝宽度	错边量	咬边深度	变形角度
0~1.5	此坡口每侧增宽0.5~2.5	0~1.0	≤0.5	≤3°

2. Q245R（低碳钢）钢制蒸汽锅炉筒的焊接工艺

蒸汽锅炉上锅筒的工作条件：工作压力为2.5MPa，额定蒸发量为20t/h，饱和蒸汽温度为225℃。采用Q245R镇静钢制造，其结构和纵缝、环缝对接接头的坡口形式和尺寸如图2-2所示。为了保证焊接质量和提高生产率，纵缝和环缝均采用直流埋弧焊方法焊接，定位焊采用焊条电弧焊。

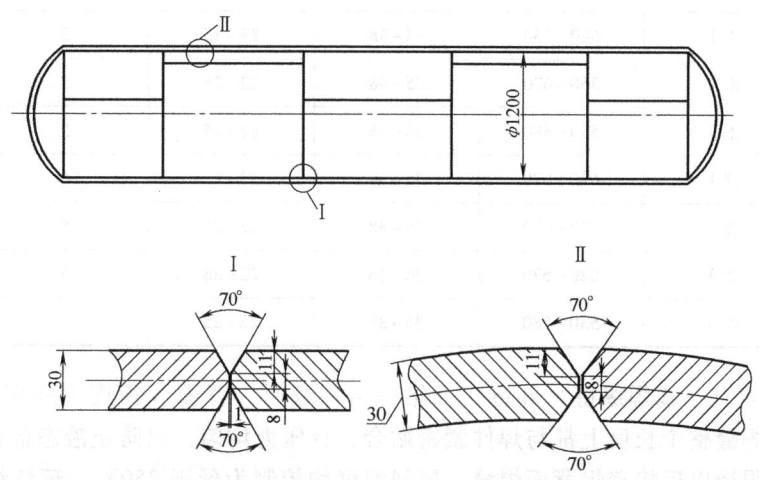

图2-2 锅炉上锅筒结构及坡口形式和尺寸

（1）焊前准备 采用刨边机制作接头坡口，并对坡口及其两侧各20~30mm范围内的铁锈、油污等杂质进行清理，使其露出金属光泽。在焊剂垫上进行定位焊，与此同时，在筒体纵缝两端装配产品焊接试板、引弧板和引出板，如图2-3所示。引弧板与引出板的尺寸均为150mm×100mm×30mm，坡口均与产品相同。

（2）焊接材料 埋弧焊采用焊丝H08MnA，焊剂HJ431。定位焊采用焊条E4303（J422），直径为4mm。焊前，焊剂在300℃下烘干2h，而焊条在150℃下烘干2h。经烘干的焊剂、焊条放在100℃左右的封闭保温筒里，随用随取。

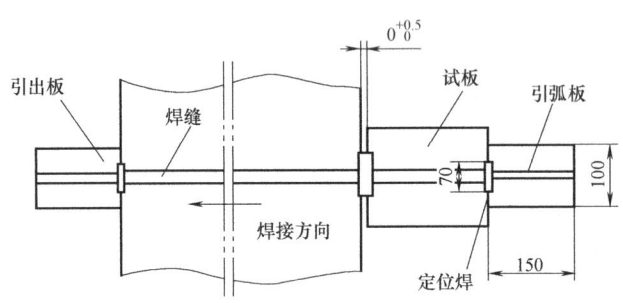

图 2-3 产品焊接试板、引弧板和引出板装配图

（3）焊接参数 由于锅筒的纵缝和环缝的钢板厚度一致、材质相同、坡口尺寸一致，因此，焊接时选用相同的焊接参数。均采用较小的焊接热输入进行多层焊，以提高焊接接头的塑性。

表 2-11 所列为焊接锅筒纵缝、环缝时采用的焊接参数。

表 2-12 锅筒纵缝、环缝焊接参数

钢板厚度/mm	焊缝层次	焊接电流/A	电弧电压/V	焊接速度/(m/h)	焊丝直径/mm	焊丝伸出长度/mm
30	正1	680~730	35~38	22~25	5	40
	正2	360~670	35~38	22~25	5	40
	正3	530~580	36~38	22~25	5	40
	背1	630~670	35~38	22~25	5	40
	背2	620~670	36~38	22~25	5	40
	背3	620~670	36~38	22~25	5	40
	背4	530~580	36~38	22~25	5	40

（4）操作要点 施焊纵缝、环缝正面第一道焊缝时，背面（指锅筒外面）加焊剂垫，要求焊剂垫在焊缝整个长度上都与焊件紧密贴合，且压力均匀，以防止液态金属下淌。

焊完正面焊缝以后接着焊背面焊缝，层间温度均控制为低于250℃。环缝焊接时，无论是正面焊缝，还是背面焊缝，焊丝均与筒体中心线偏离35~45mm 的距离。

（5）检验 对锅筒的纵缝、环缝进行100%的射线检测，结果应达到Ⅱ级。同时，对产品焊接试板也进行检验，接头的强度和塑性均应合格。

3. 45钢（中碳钢）卷棉辊的焊接工艺

卷棉辊是由一根壁厚为10mm 的管子和两个轴头焊接而成的，如图2-4所示。轴头的材质是45钢，管子的材质是滚珠轴承钢（碳当量为1.26）。这两种材料焊接的主要困难是焊后极易产生裂纹。

（1）焊前准备 将管子和轴头焊接处加工成U形坡口（图2-5），并将坡口及两侧

30mm 范围内的铁锈、油污等清理干净。为防止产生裂纹，用氧乙炔焰将焊缝及其周围区域局部预热到 250℃。

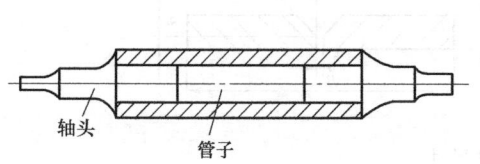

图 2-4　卷棉辊结构简图

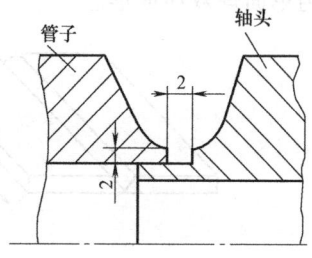

图 2-5　坡口尺寸

（2）焊接工艺　采用低氢型奥氏体钢焊条，其熔敷金属的质量分数为：$w(Cr)=20$，$w(Ni)=10$，$w(C)<0.1$，$w(Si)<0.3$，$w(Mn)=6$。将焊件装在滚轮架上，边转动边焊接，需多层焊连续施焊。为防止第一层焊道产生裂纹，在保证母材熔透的条件下，应尽量选用小直径焊条（$\phi3.2mm$）、小电流（80~105A）、慢焊速，以减小熔合比。以后各层的焊接均采用 $\phi4.0mm$ 焊条，电流为 110~150A。焊接时尽量压低电弧，焊条可做横向摆动，弧坑应填满，注意缓冷。

4. 80钢（高碳钢）钢索斜拉桥焊接工艺

某钢索斜拉桥的钢索直径为 146mm，如图 2-6 所示，它是由许多根直径为 7mm 的 80 优质高碳钢丝拧绞而成，每根钢索都很长，安装时要求拉紧钢索，因此，要求事先在钢索端头对接上一个高碳钢拉紧接头。

采用焊条电弧焊，选用强度级别比钢索低的焊条，预热温度和道间温度不低于 350℃，焊后采取缓冷措施。

图 2-6　钢索斜拉桥

2.6　Q235 钢焊接实训

1. 任务描述

以 Q235 钢焊件为实训载体，完成其焊接工艺的制订和实施，再经评价等环节进一步优化焊接工艺。

实训载体可选用结构简单、价格低廉,且便于实施实践教学的典型焊件(或焊接结构)。本教材以 Q235 钢 V 形坡口板对接平焊为实训载体,尺寸规格如图 2-7 所示。主要技术要求为单面焊双面成形。

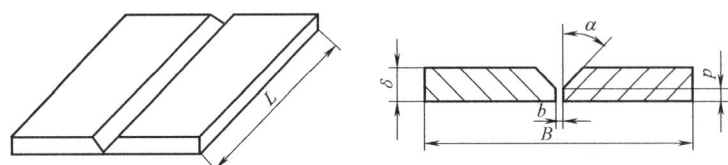

图 2-7 焊件尺寸

($\delta = 12mm$　$\alpha = 30°±2°$　$B = 250mm$　$L = 300mm$　b、p 自定)

2. 实训目标

【知识目标】

1) 熟悉低碳钢的化学成分、力学性能及焊接性特点。
2) 掌握低碳钢的焊接工艺要点。
3) 学会制订 Q235 钢的焊接工艺。

【能力目标】

1) 能够根据技术要求和产品特点,制订低碳钢 Q235 的焊接工艺。
2) 具备实施低碳钢 Q235 焊接工艺的基本能力。
3) 学会编写焊接工艺卡片。

【情感目标】

自学拓展、信息收集、严谨认真、规范操作及团队合作等。

3. 实训步骤及要求

【第一步】分析焊接性

在多媒体教室,教师采用启发式、互动式等教学方法,借助工学结合教材、多媒体课件等,讲授 Q235 钢的成分、组织及焊接性等专业知识,使学生获取 Q235 钢焊接工艺基本知识。

【第二步】制订焊接工艺

在教师的指导下,学生小组在图书馆、资料室、网络机房等场所,以自主查阅资料的方式获取 Q235 钢的焊接工艺知识,讨论并制订 Q235 钢 V 形坡口板对接平焊工艺,如焊前准备、焊接方法、焊接参数及焊后处理等,填写焊接工艺卡片(表 2-13)。

表 2-13 焊接工艺卡片

任务名称	V 形坡口板对接平焊	母材	Q235 钢	保护气体	
学生姓名(小组编号)		时间		指导教师	
焊前准备 (如清理、坡口制备、预热等)					
焊后处理 (如清根、焊缝质量检测等)					

(续)

层次	焊接方法	焊接材料		电源及极性	焊接电流 /A	电弧电压 /V	焊接速度 /(cm/min)	热输入 /(J/cm)
		牌号	规格					

焊接层次、顺序示意图：
焊接层次(正/反)：
坡口角度：
钝边：
间隙：

技术要求及说明：

【第三步】实施焊接工艺（选做）

如焊接实训室具备焊接工艺的实施条件，则在指导教师的帮助下，学生可按照自己所制订的焊接工艺进行现场施焊。认真观察焊接工艺执行过程，结合有关标准或技术要求检验自己所制订的焊接工艺是否合理可行。

通过焊接工艺实训，学生可熟悉焊接设备、工装及相关操作规程，学会调节焊接参数，进一步提高实践操作能力。

【第四步】评价焊接工艺

由指导教师和学生分别对焊接工艺的合理性和可行性进行评价，并将评价结果填入表2-14 中。通过科学评价和考核，提升学生制订 Q235 钢焊接工艺的能力。

表 2-14　任务记录及评价表

任务名称	Q235 钢 V 形坡口板对接平焊		时间	
地点		指导教师		
班级		小组编号		小组成员
工作过程记录	(1)准备情况：			
	(2)分析焊接性情况：			

	（续）
工作过程的记录	（3）制订焊接工艺情况： （4）实施焊接工艺情况： （5）操作规范及安全情况：
学生自评	签名：
组长评价	签名：
教师评价	签名：

【综合练习】

一、填空题

1. 碳钢又称碳素钢，是_____和_____合金。
2. 碳钢按含碳量的高低大致分为_____、_____和_____三类，但它们的含碳量范围没有严格的界限。
3. 碳钢按脱氧程度分为_____、_____和_____三类。
4. 焊接的冷却速度受_____、_____和_____的影响。
5. 焊接碳钢时，产生裂纹的力学原因是结构的_____和不均匀的_____。
6. 中碳钢的焊接性较_____，随钢中含碳量的_____，焊接性会变_____。
7. 中碳钢焊接时，其主要缺陷为_____、_____、_____和_____，有时热影响区的强度还会下降。
8. 高碳钢的焊接方法一般采用_____和_____。

二、选择题

1. 碳钢中除以碳为主要合金元素外，还有少量的（　　）等有益元素。
   A. 铜和钛　　　B. 铝和铜　　　C. 钛和铝　　　D. 锰和硅
2. 碳钢的性能主要取决于（　　）含量。
   A. 碳　　　　　B. 锰　　　　　C. 硅　　　　　D. 铜
3. 碳钢的焊接性主要取决于（　　）含量的高低。
   A. 碳　　　　　B. 锰　　　　　C. 硅　　　　　D. 铜
4. 在碳钢中，碳的质量分数一般不超过（　　）。
   A. 0.2%　　　　B. 0.5%　　　　C. 1.0%　　　　D. 1.5%
5. 含碳量较高的钢从焊接温度快速冷却下来容易被（　　）。

A. 软化　　　　　B. 淬硬　　　　　C. 白口　　　　　D. 过热
6. 碳钢被（　　）主要是由马氏体组织形成引起的。
A. 软化　　　　　B. 白口　　　　　C. 淬硬　　　　　D. 过热
7. （　　）是碳在 α-Fe 中过饱和固溶体。
A. 珠光体　　　　B. 马氏体　　　　C. 奥氏体　　　　D. 贝氏体
8. 碳钢中碳的质量分数增加到约 0.15% 以上时，对（　　）尤其敏感。
A. 热裂纹　　　　B. 再热裂纹　　　C. 氢致裂纹　　　D. 层状撕裂
9. 焊接碳钢时，产生（　　）的力学原因是结构的拘束应力和不均匀的热应力。
A. 气孔　　　　　B. 裂纹　　　　　C. 夹渣　　　　　D. 未焊透
10. 随着（　　）的加快，焊缝金属的强度会提高，而塑性和韧性会下降。
A. 冷却速度　　　B. 加热速度　　　C. 焊接速度　　　D. 送丝速度
11. 当母材成分中含碳量偏高或在低温下焊接大刚性结构时，可能产生（　　）。
A. 冷裂纹　　　　B. 热裂纹　　　　C. 再热裂纹　　　D. 层状撕裂
12. 当焊接重要的或裂纹敏感性较大的结构时，常选用（　　）型的碱性焊条。
A. 低氟　　　　　B. 低锰　　　　　C. 低硅　　　　　D. 低氢
13. 对于一般的焊接结构，推荐选用工艺性能较好的（　　）。
A. 酸性焊条　　　B. 碱性焊条　　　C. 耐蚀焊条　　　D. 低温焊条
14. 中碳钢多层焊时，要控制层间温度，一般（　　）预热的温度。
A. 不低于　　　　B. 不高于　　　　C. 等于
15. 焊接中碳钢时，最好在焊后冷却到预热温度之前就进行（　　）。
A. 保温　　　　　B. 锤击　　　　　C. 调质　　　　　D. 消除应力热处理

三、判断题（正确的打√，错误的打×）
（　　）1. 碳钢是钢材中产量最多、应用最广的材料。
（　　）2. 随着含碳量的增加，碳钢的焊接性逐渐变差。
（　　）3. 预热或加大焊接热输入，可以降低冷却速度。
（　　）4. 用于焊接低碳钢的焊条应按等成分原则选用。
（　　）5. 焊接低碳钢用的实心焊丝目前主要有 H08Mn2Si 和 H08Mn2SiA 两种。
（　　）6. 预热可降低焊缝金属和热影响区的冷却速度，促进马氏体的形成。
（　　）7. 高碳钢的焊接性差，因而不能进行焊接。

四、简答题
1. 简述低碳钢的焊接工艺要点。
2. 简述中碳钢的焊接工艺要点。
3. 高碳钢存在哪些焊接性方面的突出问题？
4. 简述高碳钢的焊接工艺要点。

第 3 章
合金结构钢的焊接工艺

3.1 概述

3.1.1 合金结构钢及其分类

用于制造工程结构和机器零件的钢统称结构钢。合金结构钢是在碳钢的基础上有目的地加入一种或几种合金元素冶炼而成的。常用的合金元素有锰、硅、铬、镍、钼、钨、钒、钛、硼等。加入合金元素可使钢的性能产生预期的变化，如提高其强度，改善其韧性或使其具有特殊的物理、化学性能，如耐热性和耐蚀性等。

合金结构钢的应用领域很广，种类繁多，可按化学成分、合金系统、组织状态、用途或使用性能等方面进行分类。

1. 按合金元素总含量分类

按合金元素的总质量分数 $w(\mathrm{Me})$，合金结构钢分为低合金钢、中合金钢和高合金钢。

(1) 低合金钢　$w(\mathrm{Me}) < 5\%$。

(2) 中合金钢　$w(\mathrm{Me}) = 5\% \sim 10\%$。

(3) 高合金钢　$w(\mathrm{Me}) > 10\%$。

2. 按用途和性能分类

按用途和性能，合金结构钢可分为强度用钢和特殊用途钢两大类。由于在研究焊接结构用合金结构钢的焊接性和焊接工艺时，同一类钢的使用条件基本相同，主要质量要求一致，保证焊接质量所依据的原则（如选用焊接材料的原则、确定焊接参数的原则等）有较多的共同之处，因而该分类方法为编制焊接工艺带来了方便。

(1) 强度用钢　主要用于常规条件下要求能承受静载和动载的机械零件和工程结构。它的主要性能是力学性能，合金元素的加入是为了在保证具有足够的塑性和韧性的前提下，获得不同的强度等级。

(2) 特殊用途钢　这类钢主要用于在特殊条件下工作的机械零件和工程结构。对其要求是除了满足常规力学性能外，还必须适应特殊环境下工作的要求，如耐高温、耐低温或耐腐蚀等。

3.1.2 强度用钢

强度用钢大量应用于在常温下工作的受力结构，如压力容器、动力设备、工程机械、交通运输工具、桥梁、建筑结构、管道、船舶和海洋工程结构等。强度用钢可以按强度级别或供货（热处理）状态进行分类。

国家标准 GB/T 1591—2008 规定，低合金高强度结构钢按屈服强度有 Q345、Q390、Q420、Q460、Q500、Q550、Q620、Q690 八个牌号，每个牌号又分若干个质量等级，分别以 A、B、C、D、E 标于牌号的尾部，依次后者质量优于前者。

强度用钢的种类很多，强度差别也很大。在讨论焊接性时，按照钢材供货的热处理状态不同，将其分为热轧及正火钢、低碳调质钢和中碳调质钢三类。各类的组织性能有其共同特点，且与焊接性密切相关。采用这样的分类方法，是因为钢的供货热处理状态是由其合金系统、强化方式、显微组织所决定的，而这些因素又直接影响钢的焊接性与力学性能，所以同一类的钢其焊接性是比较接近的。

3.1.3 特殊用途钢

按不同的特殊使用性能，这类钢大致分为三种。

（1）珠光体耐热钢　这类钢具有较好的高温强度和高温抗氧化性能，主要用于600℃以下的高温设备，如热动力设备、石油化工设备等。这是一种以铬、钼为基础的低、中合金钢，随着使用温度的提高，钢中往往还加入钒、钨、铌和硼等合金元素。根据使用要求，可对这类钢进行包括调质在内的各种形式的热处理。焊后一般不进行调质处理，主要进行高温回火。

（2）低合金耐蚀钢　这类钢主要用于制作在大气、海水、石油和化工等腐蚀介质中工作的各种机械设备和结构。因此，对这类钢除要求一般的力学性能外，还必须具有耐蚀这一特殊性能。因所处的介质不同，耐蚀钢的类型和成分也不同。

低合金耐蚀钢一般在热轧或正火状态下使用，属于非热处理强化钢。

（3）低温钢　这类钢大部分是含镍的低碳低合金钢，一般是在正火或调质状态下使用的。其主要特点是具有很好的低温韧性，故适合制造在-196~-40℃工作的各种低温容器或设备以及在严寒地区用的一些工程结构，如桥梁、管线、露天矿山机械等。

3.1.4 合金结构钢的组织与性能

合金结构钢中的低合金高强度钢是应用最为广泛的一类，焊接生产中经常遇到的也是这类钢，掌握这类钢的组织与性能，对分析其焊接性极为重要。

低合金高强度钢的组织和性能与钢的化学成分及热处理状态密切相关。利用钢的连续冷却转变图（CCT 图）可以很方便地了解这种关系。图 3-1 所示为典型的低合金高强度钢的 CCT 图。当冷却速度大于①（即在曲线①以左）时，组织为马氏体；当冷却速度小于③（在曲线③以右）时，基本上是铁素体+珠光体；冷却速度介于①、③之间时，主要为贝氏体。

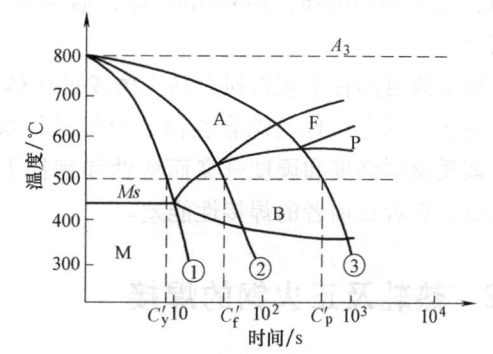

图 3-1　典型的低合金高强度钢的 CCT 图
A—奥氏体　F—铁素体　P—珠光体　B—贝氏体　M—马氏体
①、②、③—冷却速度曲线

合金元素含量和晶粒大小（或奥氏体化温度）是影响转变特性的主要因素。在各种元素中，碳的影响最大，含碳量的增加提高了钢的淬硬性，使转变曲线向右移。当钢中同时存在钼、钒、钛、铌等合金元素时，碳主要以碳化物形式存在。在这里碳是提高材料强度的主要元素。

锰和镍为固溶强化元素。锰在α-Fe中的最高质量分数可达3%，当$w(Mn)<1\%$时，不降低塑性。锰和镍有稳定α相的作用，提高锰、镍含量，同样会使转变曲线向右移，促进马氏体转变，但不显著改变曲线形状。镍为改善低合金高强度钢韧性的主要合金元素之一。

钼和铬能显著提高钢的强度和淬透性，使转变曲线向右移，并改变其形状，但两者只能使珠光体区域向右移，而不明显改变较低温度下的转变，所以倾向于促进贝氏体的形成，钼还能细化钢的晶粒，是低合金高强度钢中的常用元素。

钒和铌为碳化物和氮化物的强烈形成元素，它们以细小质点从固溶体中析出，强化α相，并以弥散状态细化晶粒。钒和铌可以提高钢的强度，但会使其塑性和韧性有所下降。钒和铌对转变曲线的影响较小。

氮的作用主要在于可与钒、钛、铌等元素形成氮化物，使钢得到强化。在一定数量范围内，同时加入硼$[w(B)<0.005\%]$和钼可提高钢的淬透性和强度，硼还能细化晶粒。

奥氏体晶粒度的大小直接影响珠光体转变，提高奥氏体化温度会使晶粒变粗，减慢了珠光体转变，其作用与加入铬、钼等元素相似。对于同一组织的钢，晶粒越细，其综合性能就越好，特别是冲击韧性比较高。所以在淬火或正火处理时，加热温度一般比Ac_3高出30～50℃，以利于获得较细的晶粒。具体组织则通过不同冷却速度来调节。

对钢进行热处理的目的在于获得所要求的组织和性能，对合金结构钢来说，主要是为了强化和改善韧性。其处理方式主要有正火和调质两种，故有正火钢和调质钢之分。

正火的目的是使碳、氮化合物以细小质点从固溶体中沉淀析出，起沉淀强化作用，同时又起到细化晶粒作用。例如，Q390、Q420等钢通常是在正火状态下使用。对于含钼的钢，如18MnMoNb、14MnMoV等，通常是在正火+回火状态下使用，以获得良好的塑性和韧性。

调质的目的在于获得回火马氏体或贝氏体组织，使钢得到强化。低碳$[w(C)<0.20\%]$回火马氏体具有最佳的综合性能，而贝氏体次之，它们的强度高、韧性好。随着含碳量增加，调质钢的强度和硬度升高而塑性和韧性下降，故有低碳和中碳$[w(C)>0.30\%]$调质钢之分，后者比前者的焊接性能差。

3.2 热轧及正火钢的焊接

3.2.1 热轧及正火钢的成分及性能

热轧及正火钢是一种非热处理强化钢，一般以热轧、控轧、正火、正火+回火状态供货，使用时不进行热处理。钢中主要合金元素是Mn，有些辅以V、Ti、Nb等。这类钢主要通过合金元素的固溶强化、沉淀强化和细晶强化来提高强度和保证韧性。热轧及正火钢的显

第3章 合金结构钢的焊接工艺

微组织主要是铁素体和珠光体,其冶炼工艺比较简单,价格低廉,综合力学性能良好,具有优良的焊接性,因而得到了广泛应用。

表 3-1、表 3-2 所列为典型热轧及正火钢 Q345 的化学成分和力学性能。

表 3-1 Q345 钢的化学成分(摘自 GB/T 1591—2008)

牌号	质量等级	化学成分(质量分数,%)						
		C	Si	Mn	≤			≥
					P	S	Nb、V、Ti 等	Als(酸溶铝)
Q345	A	≤0.20	≤0.50	≤1.70	0.035	0.035	Nb0.045,V0.15, Ti0.20,Cr0.30, Ni0.50,Cu0.30, N0.012,Mo0.10	—
	B				0.035	0.035		
	C				0.030	0.030		
	D	≤0.18			0.030	0.025		0.015
	E				0.025	0.020		

表 3-2 Q345 钢的力学性能(摘自 GB/T 1591—2008)

牌号	质量等级	R_{eL}/MPa (公称厚度≤16mm)	R_m/MPa (公称厚度≤40mm)	$A(\%)$ (公称厚度≤40mm)	KV_2/J (公称厚度 12~150mm)	
Q345	A	≥345	470~630	≥20	—	—
	B				20℃	≥34
	C				0℃	
	D			≥21	-20℃	
	E				-40℃	

1. 热轧钢

屈服强度为 345~390MPa 的低合金高强度钢基本上都属于热轧钢,它们是 C-Mn 或 Mn-Si 系钢种,主要通过合金元素的固溶强化来获得高强度。锰是最常用的合金元素,添加 V 或 Nb 起细化晶粒和沉淀强化作用。

为了保证这类钢有较好的焊接性和缺口韧性,在热轧状态下使用时一般都将 R_{eL} 控制在 340MPa 的水平。而 Q390 钢的 R_{eL} 值却达到 390MPa,它是在 Q345 的基础上加入少量 V(0.04%~0.12%)来达到细化晶粒和沉淀强化的。Q390 虽然能在热轧状态下使用,但其性能不稳定,厚板尤为严重。只有通过正火,使晶粒细化和碳化钒均匀弥散分布后才能获得较高的塑性和韧性,所以这种钢锭在正火状态下使用。

2. 正火钢

正火钢是在热轧钢的基础上进一步沉淀强化和细化晶粒而形成的一类钢,其屈服强度一般在 345~490MPa 之间。在 C-Mn 或 Mn-Si 系钢的基础上除添加固溶强化元素之外,再添加一些碳、氮化合物形成元素,如 V、Nb、Ti 和 Mo 等,通过正火处理后将形成细小的碳、氮化合物从固溶体中沉淀析出,并同时起到细化晶粒的作用,从而在提高钢材强度的同时,又改善了塑性和韧性。有些含钼的正火钢,在正火之后还须进行回火,才能保证良好的塑性和韧性。

3.2.2 热轧及正火钢的焊接性

在熔焊条件下,热轧及正火钢随着强度级别的提高和合金元素的增加,焊接的难度增大。这类钢焊接的主要问题是热影响区的脆化和容易产生各种裂纹。

1. 热影响区脆化

(1) 过热区脆化 过热区是指热影响区中熔合线附近母材被加热到1100℃以上的区域,又叫粗晶区。由于该区域温度高,会发生奥氏体晶粒显著长大和一些难熔质点溶入而导致性能变化。这种变化既和钢材的类型、合金系统有关,又和焊接热输入有关,因为热输入直接影响高温停留时间和冷却速度。

热轧钢是C-Mn、Mn-Si系的固溶强化钢,合金元素在全部固溶条件下即能保证具有良好的综合性能,故在热轧状态下使用。这类钢在高强钢中的合金元素含量最低,其淬透性也最差,焊接时在过热区一般发生马氏体转变的可能性较小。仅在焊接接头截面尺寸很大、焊接现场温度偏低,并且焊接热输入较小时,才会出现马氏体。这种马氏体的含碳量低,而且转变温度较高,冷却过程中可获得"自回火",其韧性比高碳马氏体高得多。所以热轧钢焊接时淬硬脆化倾向很小。

导致热轧钢过热区脆化的原因:焊接热输入偏高,使该区的奥氏体晶粒严重长大,稳定性增加,形成魏氏组织及其他塑性低的混合组织(如铁素体、贝氏体、高碳马氏体)和M-A组元等,从而使过热区脆化。因此,对于像Q345之类会发生固溶强化的热轧钢,焊接时采用适当低的热输入等工艺措施来抑制过热区奥氏体晶粒长大及魏氏组织的出现。这是防止过热区脆化的关键。

正火钢过热区脆化与热轧钢不同,其热过敏感性比热轧钢大,这是因为两者合金化方式不同。对于Mn-V、Mn-Nb和Mn-Ti系的正火钢,除固溶强化外,还有沉淀强化作用(含Ti、V、N等沉淀强化元素),必须通过正火才能细化晶粒以及使沉淀得以充分析出,并弥散均匀分布于基体内,达到既提高强度又提高塑性和韧性的目的。焊接这类钢时,如果在加热到1100℃以上的热影响区内停留时间较长,就会使原来在正火状态下弥散分布的TiC、VC或NC溶解到奥氏体中,从而削弱了它们抑制奥氏体晶粒长大及细化晶粒的作用。在冷却过程中又因Ti-V的扩散能力很差,来不及析出而固溶在铁素体内,阻碍了交叉滑移的进行,导致铁素体硬度升高、韧性降低。这便是造成正火钢过热区脆化的主要原因。对含Ti和V的15MnTi与Q420钢的研究表明:随着焊接热输入增大,高温停留时间延长,Ti、V溶解得越充分,其脆化就越显著。所以采用小热输入焊接是避免这类正火钢过热区脆化的有效措施。

如果为了提高正火钢焊接生产率而采用大热输入焊接,在这种情况下,焊后需采用800~1100℃的正火热处理来改善接头韧性。

(2) 热应变脆化 热应变脆化指钢在200℃~Ac_1温度范围内,受到较大的塑性变形(5%~10%)后,出现断裂韧性明显下降,脆性转变温度明显升高的现象。产生这种现象主要与钢中游离的碳、氮原子(尤其是氮原子)有关。所以这种热应变脆化最容易发生于一些固溶氮含量较高的低碳钢和强度级别不高的低合金钢(如490MPa级的C-Mn钢)中。在焊接情况下,焊接区的热应变脆化是由焊接时的热循环和热应变循环引起的,特别是在焊接接头中预先存在裂纹或类裂纹平面状缺陷时,受后续焊道热及应变循环同时作用后，裂纹顶端的断裂韧性将显著降低，脆性转变温度显著提高，可以导致整体结构发生脆性断裂。如果在钢中加入足够量的氮化物形成元素（如 Al、Ti、V 等），其脆化倾向将明显减弱。

对 Q345 和 Q420 等钢的研究表明，这些钢均具有一定的热应变脆化倾向，其中 Q420 的含氮量虽高，但由于 V 的固氮作用，其热应变脆化倾向却比 Q345 小。

消除热应变脆化的有效措施是焊后退火处理。经 600℃ 左右的消除应力退火后，材料的韧性基本上能恢复到原来的水平。

2. 裂纹

（1）焊缝金属的热裂纹　热轧及正火钢一般含碳量都较低，而含锰量都较高，它们的 $w(Mn)/w(S)$ 值比较大，因而具有较好的抗热裂性能，所以正常情况下焊缝不会出现热裂纹。但是，当材料成分不合格，或有严重偏析，使局部的碳、硫含量偏高，其 $w(Mn)/w(S)$ 值偏低时，易产生热裂纹。控制母材和焊接材料中的碳、硫含量，减小熔合比，增大焊缝的成形系数等都有利于防止焊缝金属产生热裂纹。

（2）冷裂纹　导致钢材产生焊接冷裂纹的三个主要因素是钢材的淬硬倾向、焊缝的扩散氢含量和接头的拘束应力，其中淬硬倾向是决定性的因素。

利用国际焊接学会（IIW）推荐的公式计算钢材的碳当量 CE 时，一般认为 CE<0.4% 的钢材在焊接时基本上无淬硬倾向，焊接性良好，一般不需要焊前预热和严格控制焊接热输入，也不会引起冷裂纹。随着 CE 增加，其淬硬倾向也随之增大，Q345、Q390 等热轧钢的碳当量稍高，其淬硬倾向相应稍大，当冷却速度快时，有可能产生马氏体淬硬组织。在拘束应力较大和扩散氢含量较高的情况下，就必须采取适当措施，防止冷裂纹的产生。碳当量 CE = 0.4% ~ 0.6% 的钢，基本上属于有淬硬倾向的钢，R_{eL} = 440 ~ 490MPa 的正火钢就处于这一范围之内。当 CE 不超过 0.5% 时，淬硬尚不严重，焊接性尚好，但随着板厚增加，则必须采取一定预热措施才能避免冷裂纹的产生。CE 在 0.5% 以上的钢，其淬硬倾向显著，容易冷裂，必须严格控制焊接热输入和采取预热和后热处理等工艺措施，以防冷裂纹的产生。

公称厚度不大于 63mm 的低合金高强度钢在不同交货状态下的碳当量见表 3-3。

表 3-3　低合金高强度钢的碳当量（摘自 GB/T 1591—2008）

牌号	CE(IIW)(%)		
	热轧、控轧	正火、正火轧制、正火+回火	热机械轧制(TMCP)或热机械轧制+回火
Q345	≤0.44	≤0.45	≤0.44
Q390	≤0.45	≤0.46	≤0.46
Q420	≤0.45	≤0.48	≤0.46
Q460	≤0.46	≤0.53	≤0.47
Q500	—	—	≤0.47
Q550	—	—	≤0.47
Q620	—	—	≤0.48
Q690	—	—	≤0.49

(3) 再热裂纹 在 C-Mn 或 Mn-Si 系的热轧钢中,因不含强碳化物形成元素,对再热裂纹不敏感,在焊后消除应力热处理时不会产生再热裂纹。正火钢中一些含有强碳化物形成元素的钢材,如 14MnMoV 和 18MnMoNb 钢,则有轻微的再热裂敏感性。试验证明,采取适当提高预热温度或焊后立即后热等措施,就能防止再热裂纹的产生。例如,18MnMoNb 钢焊后立即以 180℃、2h 后热,即可防止消除应力时产生再热裂纹。

(4) 层状撕裂 层状撕裂的产生不受钢材的种类和强度级别的限制,它主要取决于钢材的冶炼条件。在一般冶炼条件下生产的热轧钢及正火钢,都具有不同程度的层状撕裂倾向。因此,当需要采用一般的热轧正火钢制造较厚的焊接结构时,应设计出能避免或减轻 Z 向应力和应变的接头或坡口形式;工艺方面,在满足产品使用要求的前提下,可选用强度级别较低的焊接材料或堆焊低强度焊缝作为过渡层,以及采取预热和降氢等工艺措施。

3.2.3 热轧及正火钢的焊接工艺

1. 焊接方法

热轧及正火钢对许多焊接方法都适应,选择时主要考虑产品结构、板厚、性能要求和生产条件等因素,其中最为常用的是焊条电弧焊、埋弧焊和熔化极气体保护焊。钨极氩弧焊通常用于较薄的板或要求全焊透的薄壁管和厚壁管等工件的封底焊。大型厚板结构可以用电渣焊,其缺点是电渣焊焊缝及热影响区严重过热,焊后通常需要正火热处理,导致生产周期长、成本高。

窄间隙的熔化极气体保护焊,其生产率高,焊接材料和能源消耗少,同时焊接热输入小,热影响区窄,更适用于焊接性较差的低合金高强度钢。但窄间隙气体保护焊具有难以完全消除坡口侧壁未焊透及夹渣等缺点。所以近年来又发展了窄间隙埋弧焊,用 $\phi 3mm$ 的焊丝,15~35mm 的间隙。根据生产率要求,可以采用单丝或双丝,焊接钢板厚度可达 250mm。

2. 焊接材料的选择

焊接热轧及正火钢时,选择焊接材料的主要依据是保证焊缝金属的强度、塑性和韧性等力学性能与母材相匹配。为此,须注意以下问题。

(1) 选择相应强度级别的焊接材料 为了达到焊缝与母材的力学性能相等,选择焊接材料时应从母材的力学性能出发,而不是从化学成分出发选择与母材成分完全相同的焊接材料。因为焊缝金属的力学性能不仅取决于化学成分,还取决于金属的组织状态。在焊接条件下,焊缝金属冷却得很快,完全脱离平衡状态,如果选用与母材相同成分的焊材,焊后焊缝金属的强度将升高,而塑性和韧性将下降,这对于焊接接头的抗裂性能和使用性能非常不利。因此,往往要求焊缝的合金元素含量低于母材的含量,其中 $w(C) \leqslant 0.14\%$。

(2) 工艺条件的影响

1) 坡口形状和接头形式的影响。采用不同坡口形状和接头形式,焊接时会有不同的熔合比和冷却速度。例如,Q345 钢不开坡口对接用埋弧焊,其熔合比大,从母材熔入焊缝金属的元素增多,这时宜采用合金成分低的 H08A 焊丝配合 HJ431 焊剂,即可满足焊缝金属的力学性能要求。但对于厚板开坡口对接接头,仍用 H08A 与 HJ431 组合,则会因熔合比小而使焊缝合金元素减少或强度偏低,此时,应采用合金成分较高的 H08MnA 或 H10Mn2 焊丝与HJ431焊剂配合。

角接头的冷却速度比对接接头大，若采用同样的焊接材料焊接，则角焊缝的强度比对接焊缝高，而塑性低于对接焊缝。因此，焊接Q345钢角接时，应选用合金成分较低的焊接材料，如H08A焊丝和HJ431焊剂组合，就能获得综合力学性能较好的焊缝。

2）焊后加工工艺的影响。对于焊后消除应力热处理，焊缝强度有所降低，这时宜选用合金成分稍高的焊接材料。焊接大坡口Q390中厚板，若焊后进行消除应力热处理，须选用H08Mn2Si焊丝，若选用H10Mn2，则焊缝强度偏低。对于焊后需冷卷或冷冲压的焊件，应使焊缝具有较高的塑性。

3）考虑结构因素的影响。对于厚板、拘束度大或冷裂倾向大的焊接结构，以及重要的产品，应选用低氢或高韧性的焊接材料，例如，厚板结构多层焊，第一层打底焊缝最易产生裂纹，这时应选用强度稍低，但塑性、韧性较好的低氢或超低氢焊接材料。

表3-4所列为热轧及正火钢常用焊接材料举例。

表3-4 热轧及正火钢常用焊接材料举例

钢号	焊条电弧焊		埋弧焊		CO_2气体保护焊焊丝
	型号	牌号	焊丝	焊剂	
Q345	E50××型	J50×	I形坡口对接：H08	HJ431	H08Mn2Si
			中板开坡口对接：H08MnA，H10Mn2	HJ431	
			厚板深坡口对接：H10Mn2	HJ350	
Q390	E50××型 E50××-G型	J50× J55×	I形坡口对接：H08MnA	HJ431	H08Mn2SiA
			中板开坡口对接：H10Mn2，H08MnSi	HJ431	
			厚板深坡口对接：H08MnMoA	HJ250 HJ350	
Q420	E60××型	J50× J60×	H08MnMoA H04MnVTiA	HJ431 HJ350	—
18MnMoNb (R_{eL}=490MPa)	E70××型	J60× J707Nb	H08Mn2MoA H08Mn2MoVA	HJ431 HJ350	—
X60 (R_{eL}=414MPa)	E4311	J425XG	H08Mn2MoVA	HJ431 SJ101	

3. 焊接参数选择

（1）焊接热输入 确定热轧及正火钢焊接热输入的主要依据是防止过热区脆化和焊接裂纹两个方面。由于各种热轧及正火钢的脆化倾向和冷裂倾向不相同，对热输入的要求也不同。对于含碳量偏下限的Q345钢等，其强度级别在390MPa以下，它们的过热敏感性不大，淬硬倾向也较小，故焊接热输入一般不予限制。

含碳量偏高的Q345钢，其淬硬倾向增加，为防止冷裂纹产生，焊接时宜用偏大一些的焊接热输入。

对于含钒、铌、钛等强度级别较低的正火钢，如Q420等，为防止沉淀相溶入和晶粒长大引起的脆化，宜选偏小的焊接热输入。焊条电弧焊推荐用15~55kJ/cm，埋弧焊用20~50kJ/cm。这类钢因含碳量偏低，用偏小的热输入，快速冷却得到的是韧性较好的下贝氏体或低碳马氏体组织。

对于含碳和合金元素量较高，屈服强度又大于490MPa的正火钢，如18MnMoNb等，由于其淬硬倾向大，对过热脆化敏感，就会出现焊接热输入既不能大，又不能小的情况。为了防止冷裂纹产生,应采用偏大的焊接热输入,但热输入增大,会使冷却速度减慢,从而引起过热加剧;为了防止过热,就应采用偏小的焊接热输入,但这显然与防止冷裂相矛盾。在这种两者难以兼顾的情况下,通常认为采用偏小的焊接热输入并辅之以预热和后热等措施比较合理。这样既防止了晶粒过热,又因预热和后热而避免了裂纹的产生。

以 18MnMoNb 为例,焊条电弧焊采用 20kJ/cm 以下的热输入,埋弧焊采用 35kJ/cm 以下的热输入,焊前 150~180℃ 预热,层间温度在 300℃ 以下,焊后立即进行 250~350℃ 的热处理,就可以防止裂纹产生,又可获得良好的接头力学性能。

(2) 预热　预热主要是为了防止裂纹产生,同时兼有一定改善接头性能的作用。但预热恶化了劳动条件,延长了生产周期,增加了制造成本。另外,过高的预热温度和层间温度反而会使接头韧性下降。因此,焊前是否需要预热和预热温度是多少,应慎重考虑。

预热温度的确定取决于钢材的化学成分、焊件的结构形状、拘束度、环境温度和焊后热处理等。随着钢材碳当量、板厚、结构拘束度的增大和环境温度的下降,焊前预热温度需相应提高。焊后进行热处理的可以不预热或降低预热温度。

多层焊时,掌握好层间温度本质上也是一种预热,一般层间温度等于或略大于预热温度。

表 3-5 所列为常用的几种热轧及正火钢焊接的预热温度和焊后热处理规范。

表 3-5　几种热轧及正火钢的预热温度和焊后热处理规范

牌号	预热温度	焊后热处理规范	
		电弧焊	电渣焊
Q345	100~150℃ ($\delta \geq 30mm$)	600~650℃ 回火	900~930℃ 正火 600~650℃ 回火
Q390	100~150℃ ($\delta \geq 28mm$)	550℃ 或 650℃ 回火	950~980℃ 正火 550℃ 或 650℃ 回火
Q420	100~150℃ ($\delta \geq 25mm$)	—	950℃ 正火 650℃ 回火
18MnMoNb、 14MnMoV	≥200℃	600~650℃ 回火	950~980℃ 正火 600~650℃ 回火

(3) 后热及焊后热处理

1) 后热。后热是焊后立即对焊件的全部(或局部)进行加热和保温,让其缓冷,使扩散氢逸出的工艺措施。后热的目的是防止延迟裂纹的产生,主要用于强度级别较高的钢种和大厚度的焊接结构。去氢的效果取决于后热的温度和时间,温度一般在 200~300℃ 范围内,保温时间与板厚有关,通常为 2~6h。对同一板厚,后热温度高的,保温时间可缩短。

2) 焊后热处理。除电渣焊使焊件严重过热而需要进行正火处理外,在其他焊接条件下,均需根据使用要求来确定是否需要进行焊后热处理。一般情况下,热轧钢和正火钢焊后不需热处理。但是,对要求抗应力腐蚀的焊接结构、低温下使用的焊接结构及厚壁高压容器等,焊后都需要进行消除应力的高温回火(表 3-5)。

3.3 低碳调质钢的焊接

3.3.1 低碳调质钢的成分与性能

低碳调质钢是一种热处理强化钢，一般在调质状态下供货和使用。它的下屈服强度 $R_{eL}=440\sim980$MPa。低碳调质钢中碳的质量分数较低，通常在 0.25% 以下。钢中 Mn 和 Mo 为主要合金元素，有些辅以 V、Cr、Ni、B 等。低碳调质钢可以直接在调质状态下焊接，焊后不必进行调质处理，必要时可进行消除应力处理。由于这类钢的强度高、韧性好，焊接热影响区淬硬倾向小，冷裂纹敏感性较低，所以在重大焊接结构中得到越来越广泛的应用。

低碳调质钢中合金元素的主要作用是提高钢的淬透性，通过调质处理得到回火低碳马氏体或贝氏体显微组织，不但提高了强度，而且保证了塑性和韧性。对同一强度级别的钢来说，调质钢比正火钢的合金元素含量低，从而具有更好的韧性和焊接性。低碳调质钢的缺点是生产工艺复杂、成本高，进行热加工时对工艺参数限制得比较严格。

表 3-6 和表 3-7 所列分别为常用低碳调质钢的化学成分和力学性能。

表 3-6 常用低碳调质钢的化学成分及碳当量

钢号	化学成分(质量分数)(%)											CE(IIW)(%)
	C	Si	Mn	P	S	Cr	Ni	Mo	Cu	V	其他	
15MnMoVN	0.12~0.20	0.20~0.50	1.30~1.70	≤0.035	≤0.035	—	—	0.40~0.60	—	0.40~0.60	N0.01~0.02	
15MnMoVRE	≤0.18	0.20~0.60	1.20~1.70	≤0.035	≤0.035	—	—	0.35~0.60	—	0.03~0.10	N0.02~0.03 RE0.10~0.20	
14MnMoNbB	0.12~0.18	0.15~0.35	1.30~1.80	≤0.03	≤0.03	—	—	0.45~0.70	≤0.40	—	Nb0.02~0.07 B0.0005~0.003	0.56
12Ni3CrMoV	0.07~0.14	0.17~0.39	0.30~0.60	≤0.02	≤0.015	0.90~1.20	2.60~3.00	0.20~0.27	—	0.04~0.10	—	0.669
WCF-60 WCF-62	≤0.09	0.15~0.35	1.10~1.50	≤0.03	≤0.02	≤0.03	≤0.05	≤0.30	—	0.02~0.06	B≤0.003	0.40 0.47 0.42
HQ70A	0.09~0.16	0.15~0.40	0.60~1.20	≤0.03	≤0.03	0.30~0.60	0.30~1.0	0.20~0.40	0.15~0.50	—	V+Nb≤0.1 B0.0005~0.003	0.52
HQ80	0.10~0.16	0.15~0.35	0.60~1.20	≤0.025	≤0.015	0.60~1.20	—	0.30~0.50	0.15~0.50	0.03~0.08	B0.0005~0.003	0.58 0.69
HQ100	0.10~0.18	0.15~0.35	0.80~1.40	≤0.030	≤0.030	0.60~0.80	0.70~1.50	0.30~0.60	0.05~0.50	0.05~0.08	—	0.65

表 3-7 常用低碳调质钢的力学性能

钢号	板厚/mm	拉伸性能			冲击性能		
		R_m/MPa	R_{eL}/MPa	A(%)	温度/℃	缺口形式	吸收功/J
15MnMoVN	18~40	≥690	≥590	≥15	-40℃	U	≥27
15MnMoVRE	≤16	≥588			-40℃	U	≥23.5
14MnMoNbB	<8	≥755	≥686	≥12	-40℃	U	≥27

（续）

钢号	板厚/mm	拉伸性能			冲击性能		
		R_m/MPa	R_{eL}/MPa	$A(\%)$	温度/℃	缺口形式	吸收功/J
12Ni3CrMoV	18~40	记录	588~745	≥16	−20℃	V	54
WCF-60	14~50	590~720	≥450	≥17	−20℃	V	≥47
WCF-62	14~50	610~740	≥490	≥17	−20℃	V	≥47
HQ70A	>18	≥685	≥590	≥17	−40℃	V	≥29
HQ80	≤50	≥785	≥685	≥16	−40℃	V	≥29
HQ100	—	≥950	≥880	≥10	−25℃	V	≥27

3.3.2 低碳调质钢的焊接性

低碳调质钢主要用作高强度的焊接结构，在合金成分设计上已考虑到焊接性的要求，其含碳量限制得较低，要求 $w(C) \leq 0.22\%$，实际都在 0.18% 以下，所以焊接这类钢时发生的问题与正火钢类似。不同之处在于这类钢是通过调质处理获得强化，焊后在热影响区除发生脆化外，还有软化问题。

1. 冷裂纹

这类钢是在低碳钢的基础上加入多种提高淬透性的合金元素来保证获得强度高、韧性好的低碳马氏体和部分下贝氏体的混合组织。其淬透性大，本应有很大的冷裂倾向，但是由于含碳量很低，焊接时形成的是低碳马氏体，又加上它的转变温度 Ms 较高，如果在此温度下冷却得比较慢，则生成的马氏体得以"自回火"，即可以避免冷裂纹产生；如果马氏体转变时的冷却速度很快，得不到"自回火"，则其冷裂倾向必然增大。因此，在焊接高拘束度的厚板结构时，须预防冷裂纹产生。

2. 热影响区的脆化和软化

这类钢在热影响区中引起脆化的原因除了奥氏体晶粒粗化外，主要是由于脆性混合组织（上贝氏体和 M-A 组合）的形成。这些脆性混合组织的形成与合金化程度及 $t_{8/5}$ 时间（熔池温度从 800℃冷却到 500℃所需时间）的控制有关。

研究表明，这类钢各自都有最佳的 $t_{8/5}$（或 $t_{8/3}$），这一冷却速度下，其热影响区粗晶区可以获得低碳马氏体加少量下贝氏体组织，使热影响区具有良好的抗裂性能及韧性。例如，HQ70B 钢的最佳 $t_{8/5}$ 在 23s 左右。

热影响区的软化是因为在调质状态下焊接时，热影响区中凡是加热温度高于母材回火温度至 Ac_1 的区域，由于碳化物的聚集长大而使钢材软化。受热温度越接近 Ac_1 的区域，软化越严重。

对焊后不再进行调质处理的低碳调质钢来说，热影响区的软化就成为焊接接头一个薄弱环节。强度级别越高，这一问题越突出。由于软化程度和软化区的宽度与焊接工艺有很大关系，因此在制订这类钢的焊接工艺时须加以控制。

3.3.3 低碳调质钢的焊接工艺

在制订低碳调质钢的焊接工艺时，必须注意解决好上述冷裂纹、热影响区的脆化和软化三个问题。为防止冷裂纹的产生，要求马氏体转变时的冷却速度不能太快，以便让马氏体获得

"自回火"。为防止热影响区发生脆化,要求从 800℃ 冷却至 500℃ 期间的冷却速度大于产生脆化性组织的临界速度。热影响区软化的问题可以采用小焊接热输入等工艺措施加以解决。

1. 焊接方法的选择

调质状态下的钢材,只要加热温度超过它的回火温度,其性能就会发生变化。因此,焊接时由于热的作用使热影响区局部强度和韧性下降几乎是不可避免的。强度级别越高,这个问题就越突出。除非焊后对焊件重新进行调质处理,否则就要尽量限制焊接过程中热量对母材的作用。所以,对于焊后不再进行调质处理的低碳调质钢,应该选择能量密度大的焊接方法,如钨极和熔化极气体保护焊、电子束焊等。特别是对于 $R_{eL}>980$MPa 的调质钢,应采用钨极氩弧焊或电子束焊;对于 $R_{eL}≤980$MPa 的调质钢,焊条电弧焊、埋弧焊、钨极或熔化极气体保护焊等均可采用;对于强度级别较低的低碳调质钢,则可采用一般焊接方法和常规工艺条件进行焊接。因为焊接接头的冷却速度较快,焊接热影响区的力学性能接近钢在淬火状态下的力学性能,因而不需进行焊后热处理。但是,当采用电渣焊时,由于焊接热输入大,母材加热时间长,所以这类钢在电渣焊后必须进行调质处理。在采用埋弧焊时,不宜用大焊接电流、粗丝或多丝等焊接工艺。但是,可以用窄间隙双丝埋弧焊,因为所用双丝直径小,焊接热输入不大,用直流反接并加大熔敷速度,避免了母材过分受热。

2. 焊接材料的选择

由于低碳调质钢焊后一般不再进行热处理,故在选择焊接材料时,要求焊缝金属在焊态下具有接近母材的力学性能。在特殊情况下,如结构的刚度或拘束度很大,冷裂纹难以避免时,必须选择熔敷金属强度比母材稍低的焊接材料作为填充金属。

由于低碳调质钢有产生冷裂纹的倾向,严格控制焊接材料中的氢含量是十分重要的。因此,焊条电弧焊时应选用低氢或超低氢焊条,焊前按规定要求进行烘干。自动弧焊用的焊丝表面要干净,无油锈等污物,保护气体或焊剂也应去除水分。表 3-8 所列为常用低碳调质钢焊接材料选用示例。

表 3-8 常用低碳调质钢焊接材料选用示例

钢号	焊条电弧焊		埋弧焊		气体保护焊	
	型号	牌号	焊丝	焊剂	气体	焊丝
WCF-60 WCF-62 HQ60	E6015-D$_1$ E6015-G E6016-D$_1$ E6016-G	J607 J607Ni J607RN J606	H08MnMoA H10Mn2 H10Mn2Si H08MnMoTi	HJ431 SJ201 SJ101 HJ350 SJ104	CO_2 或 $Ar+CO_2(20\%)$	ER55-D$_2$ ER55-D$_2$Ti GHS-60 PK-YJ607
HQ70 14MnMoVN 12MnCrNiMoVCu 12Ni3CrMoV	E7015-D$_2$ E7015-G	J707 J707Ni J707RH J707NiW	HS-70A H08Mn2NiMoVA H08Mn2NiMo	HJ350 HJ250 SJ101		ER69-1 ER69-3 GHS-60N GHS-70 YJ707-1
14MnMoNbB 15MnMoVNRE	E7015-D$_2$ E7015-G E7515-G E8015-G	J707 J707Ni J707RH J707NiW J757 J757Ni J807 J807RH	H08Mn2MoA H08Mn2Ni2 MoVA	HJ350	$Ar+CO_2(20\%)$ 或 $Ar+O_2(1\%\sim 2\%)$	ER76-1 ER83-1 H08MnNi2Mo GHS-80B、80C

（续）

钢号	焊条电弧焊		埋弧焊		气体保护焊	
	型号	牌号	焊丝	焊剂	气体	焊丝
12NiCrMoV	E8015-G	J807RH J857 J857Cr J857CrNi	—	—	—	—
HQ80	—	GHH-80	—	—	Ar+CO_2(20%)	GHQ-80
HQ100	—	J956	—	—	Ar+CO_2(20%)	GHQ-100

3. 焊接参数的选择

控制焊接时的冷却速度是防止焊接低碳调质钢产生冷裂纹和热影响区脆化的关键。快速冷却对防止脆化有利，但对防止冷裂纹不利；反之，减缓冷却速度可防止冷裂纹，却易引起热影响区的脆化。因此，必须找到两者兼顾的最佳冷却速度，而冷却速度主要是由焊接热输入决定的，但又受到焊件散热条件和预热等因素的影响。

（1）焊接热输入的确定 每种低碳调质钢都有各自的最佳 $t_{8/5}$，在这一冷却速度下，热影响区可具有良好的抗裂性能和韧性。$t_{8/5}$ 可以通过试验或者借助钢材的焊接CCT图来确定，然后根据该 $t_{8/5}$ 确定焊接热输入。为了防止冷裂纹的产生，通常是在满足热影响区韧性要求的前提下确定出最大允许焊接热输入。

有些情况下，如厚板的焊接，即使采用了允许的最大热输入，其冷却速度也足以引起冷裂纹。这时，就要通过预热使冷却速度降到低于不出现裂纹的极限值。表3-9所列为HQ系列钢的最大焊接热输入及预热温度。

表3-9 HQ系列钢的最大焊接热输入及预热温度

钢号	板厚/mm	预热温度/℃			层间温度/℃	焊接热输入/(kJ/cm)
		焊条电弧焊	气体保护焊	埋弧焊		
HQ60	6≤δ<13	不预热	不预热	不预热	≤150	≤30
	13≤δ<26	40~75	15~30	25	≤200	≤45
	26≤δ<50	75~125	25	50	≤200	≤55
HQ70	6≤δ<13	50	25	50	≤150	≤25
	13≤δ<19	75	50	50	≤180	≤35
	19≤δ<26	100	50	75	≤200	≤45
	26≤δ<50	125	75	100	≤200	≤48
HQ80C	6≤δ<13	50	50	50	≤150	≤25
	13≤δ<19	75	50	75	≤180	≤35
	19≤δ<26	100	75	100	≤200	≤45
	26≤δ<50	125	100	125	≤220	≤48
HQ100	≤32	100~150	100~150	—	≤150	≤35

（2）预热温度的确定 当焊接热输入已提高到最大允许值也不能防止裂纹产生时，就需要进行预热。预热的主要目的是降低马氏体转变时的冷却速度，通过马氏体的"自回火"作用来提高其抗裂性能。一般都采用较低的预热温度（≤200℃），若预热温度过高，又会使800℃至500℃的冷却速度过于缓慢，出现脆性混合组织而脆化。也可通过试验，确定出

防止冷裂纹的最佳预热温度范围。

（3）焊后热处理的确定　低碳调质钢通常在调质状态下焊接，在正常焊接条件下，焊缝及热影响区可以获得高强度和高韧性，焊后一般不需进行热处理。只有在下列情况下才进行焊后热处理：

1）焊后（如电渣焊等）使焊缝或热影响区严重脆化或软化区失强过大，需要进行重新调质处理。

2）焊后需进行高精度加工，要求保证结构尺寸稳定，或者要求耐应力腐蚀的焊件，需要进行消除应力热处理。

为了保证材料的强度，消除应力热处理的温度应比母材原来调质处理的回火温度低30℃左右。

（4）典型钢种焊接工艺举例　表3-10所列为HQ系列钢推荐的焊接参数，而表3-11所列为14MnMoNbB钢的推荐焊接参数。

表 3-10　HQ 系列钢推荐焊接参数

钢号	焊接方法	焊接材料		焊接电流/A	电弧电压/V	焊接速度/(cm/min)	气体流量/(L/min)	备注
HQ60	焊条电弧焊	E6015H	ϕ4mm	160~180	22~24	12~14	—	热输入 18~22kJ/cm 层间温度 150℃
	气体保护焊	GHS-60N 焊丝 80% Ar+20% CO_2	ϕ1.6mm	360	34	37		
HQ70	焊条电弧焊	E7015G	ϕ4mm	175	35			热输入 20kJ/cm
	气体保护焊	GHS-60N 焊丝 80% Ar+20% CO_2	ϕ1.6mm	350	35		20	
HQ100	焊条电弧焊	J956	ϕ4mm	170~180	24~26	15~16		热输入 15~17kJ/cm
	气体保护焊	GHQ-100 焊丝 80% Ar+20% CO_2	ϕ1.6mm	~300	~30			热输入 10~20kJ/cm

表 3-11　14MnMoNbB 钢推荐焊接参数

焊接方法	焊接材料		焊接电流/A	电弧电压/V	焊接速度/(m/h)	预热温度和层间温度/℃	后热
	焊条/焊丝、焊剂	直径/mm					
焊条电弧焊	J857	ϕ4	160~180	24~26	—	150	150℃ 保温 1~2h
		ϕ5	230~250				
气体保护焊	H08Mn2MoA HJ350	ϕ3	380~400	33~35	21~24	150	150℃ 保温 1~2h
		ϕ4	650~700	35~37	23~26		
电渣焊	H10Mn2MoA HJ350	ϕ3	500~550	38~42	1.0~1.4		焊后 920℃ 正火+920℃ 水淬+630℃（空冷）

3.4　中碳调质钢的焊接

3.4.1　中碳调质钢的成分与性能

中碳调质钢是一种热处理强化钢，其碳的质量分数比低碳调质钢高 [$w(C)>0.3\%$]，因此其淬硬性比低碳调质钢高很多。中碳调质钢常用于强度要求很高的产品和构件，如火箭发动机壳体、飞机起落架等。由于钢的强度和硬度很高而韧性相对较低，给焊接带来了较大困难，通常需要在退火状态下焊接，焊后再通过整体热处理来达到所需的强度和硬度。

中碳调质钢中碳和其他合金元素的含量较高。增加碳是为了提高其强度，通常加入量为 0.25%~0.45%。加入合金元素 [$w(Me)<5\%$] 主要是为了保证淬透性和提高耐回火性。通过调质（淬火+回火）处理来获得较好的综合性能，其屈服强度可达 880~1176MPa。这类钢的特点是强度和硬度高，淬透性大，因而焊接性差，焊后必须通过调质处理才能保证接头的性能。

热处理方式不同，尤其是回火温度有差异时，其力学性能变化很大。钢的纯度对焊接影响很大，S、P 的质量分数降至 0.02%，焊接时也会有裂纹产生。当钢材热处理得到很高的强度水平时，S、P 的极限质量分数应低于 0.015%。为了达到这样高的纯度，焊接用的母材和填充金属均需采用真空熔炼等技术冶炼。

中碳调质钢按其合金系统可分成以下几类：

(1) Cr 钢　例如，40Cr 钢中加入 Cr [$w(Cr)<1.5\%$] 能有效地提高淬透性，也能增加低温或高温耐回火性，但有回火脆性。40Cr 钢是一种应用广泛的调质钢，具有较高的淬透性和良好的综合力学性能，疲劳强度高。用于制造较重要的在交变载荷下工作的机器零件，焊接中常遇到的是用于制造齿轮和轴类。

(2) Cr-Mo 系钢　Cr-Mo 系钢是在 Cr 钢基础上发展起来的中碳调质钢，如 35CrMoA 和 35CrMoVA 钢等。Cr 钢中加入少量 Mo [$w(Mo)=0.15\%~0.25\%$] 可以消除钢的回火脆性，提高淬透性，并使钢具有较好的强度与韧性的匹配。此外，Mo 还能提高钢的高温强度。V 可以细化晶粒，提高强度、塑性和韧性，增加高温耐回火性。一般在动力设备中用于制造承受负荷较高、截面较大的重要零部件，如汽轮机叶轮、主轴和发电机转子等。

(3) Cr-Mn-Si 系钢　如 30CrMnSiA、30CrMnSiNi2A 和 40CrMnSiMoVA 钢等。其中 30CrMnSiA 最典型，是我国应用最广泛的一种中碳调质钢，$w(C)=0.28\%~0.35\%$，加入 Si 能提高低温回火稳定性。这种钢在退火状态下的组织为铁素体和珠光体，经 870~890℃ 淬火，510~550℃ 高温回火后为回火索氏体（或统称为回火马氏体）。这种钢的缺点是会在 300~450℃ 内出现第一类回火脆性。因此，回火时必须避开该温度范围。另外，这种钢还有第二类回火脆性。因此，高温回火时须采取快冷措施，否则冲击韧度会显著降低。

(4) Cr-Ni-Mo 系钢　如 40CrNiMoA 和 34CrNi3MoA 钢等，钢中加入 Ni 增加淬透性以提高强度，同时对塑性、韧性有良好作用，尤其是低温冲击韧度较高。加入 Mo 可进一步提高淬透性，又有助于消除对回火脆性的敏感。这类钢的强度高、韧性好、淬透性大，主要用于高负荷、大截面的轴类以及承受冲击载荷的构件，如汽轮机、喷气涡轮机轴、喷气式客机的起落架及火箭发动机的外壳等。

表 3-12 和表 3-13 所列分别为几种常用中碳调质钢的化学成分及力学性能。

表 3-12　中碳调质钢的化学成分（质量分数，%）

钢号	C	Mn	Si	Cr	Ni	Mo	V
30CrMnSi	0.28~0.354	0.8~1.1	0.9~1.2	0.8~1.1	—	—	—
35CrMo	0.32~0.40	0.4~0.7	0.17~0.37	0.8~1.1	—	0.15~0.25	—

(续)

钢号	C	Mn	Si	Cr	Ni	Mo	V
35CrMoV	0.30~0.38	0.4~0.7	0.17~0.37	1.0~1.3	—	0.2~0.3	0.1~0.2
34Cr2Ni2Mo	0.30~0.38	0.5~0.8	0.17~0.37	1.3~1.7	1.3~1.7	0.15~0.3	—
40CrNiMo	0.37~0.44	0.5~0.8	0.17~0.37	0.6~0.9	1.25~1.65	0.15~0.25	

表 3-13 中碳调质钢的力学性能

钢号	试样毛坯尺寸/mm	热处理规范	R_{eL}/MPa	R_m/MPa	$A(\%)$	$Z(\%)$	KU_2/J	供货状态为退火或高温回火钢棒布氏硬度 HBW(不大于)
			不小于					
30CrMnSi	25	880℃油淬 540℃回火	835	1080	10	45	39	229
35CrMo	25	850℃油淬 540℃回火	835	980	12	45	63	229
35CrMoV	25	900℃油淬 630℃回火	225	440	22	50	78	241
34Cr2Ni2Mo	25	850℃油淬 540℃回火	930	1080	10	50	71	269
40CrNiMo	25	850℃油淬 600℃水或空冷	≥835	980	12	55	78	269

3.4.2 中碳调质钢的焊接性

1. 热裂纹

中碳调质钢的含碳量及合金元素含量都较高，其结晶温度区间较大，偏析也较严重，因而具有较大的热裂纹倾向。热裂纹常发生在多道焊第一条焊道弧坑和凹形角焊缝中。为了防止热裂纹产生，在选择焊接材料时，应尽量选用含碳量低，且含 S、P 杂质少的填充材料。一般焊丝的 $w(C)$ 限制在 0.15% 以下，最高不超过 0.25%，$w(S)$、$w(P)$ 为 0.03%~0.035%。焊接时，应注意填满弧坑和良好的焊缝成形。

2. 冷裂纹

中碳调质钢对冷裂纹的敏感性比低碳调质钢大，因为中碳调质钢中含碳较多，加入的合金元素也较多，在 500℃ 以下温度区间内，过冷奥氏体具有更大的稳定性，因而淬硬倾向十分明显。中碳钢的马氏体开始转变温度 Ms 一般都较低，在低温下形成的马氏体难以产生"自回火"效应，况且含碳量高的马氏体其硬度和脆性更大，所以冷裂纹倾向较为严重，焊接时必须采取防止冷裂纹的措施。

3. 过热区的脆化

由于中碳调质钢具有相当大的淬硬性，在焊接热影响区的过热区内很容易产生硬脆的高碳马氏体。冷却速度越快，生成的高碳马氏体就越多，脆化也就越严重。

要减少中碳调质钢的过热区脆化，宜采用小焊接热输入并辅之以预热、缓冷和后热等工艺措施。因为小热输入可减少高温停留时间，避免了奥氏体晶粒过热，增加了奥氏体内部成分的不均匀性，从而降低了其稳定性。预热和缓冷是为了降低冷却速度，改善过热区的性能。对这类钢采用大的焊接热输入也难以避免马氏体的形成，反而会增大奥氏体过热和提高它的稳定性，形成粗大的马氏体，使过热区脆化更为严重，应尽量避免。

4. 热影响区软化

中碳调质钢在调质状态下焊接时，焊后热影响区的软化现象比低碳调质钢更为严重，随着强度级别的提高，其软化程度就越显著，该软化区便成为降低接头强度的薄弱环节。软化区的软化程度和宽度与焊接热输入有关，热输入越小，加热和冷却速度越快，受热时间越短，其软化程度和宽度就越小。因此，采用热能集中、热输入较小的焊接方法，对减小软化区有利。

3.4.3 中碳调质钢的焊接工艺

1. 在退火状态下焊接的工艺

正常情况下，中碳调质钢都是在退火（或正火）状态下焊接的，焊后再进行整体调质。这样，焊接时只需解决焊接裂纹问题，热影响区的性能可以通过焊后的调质处理来保证。

在退火状态下焊接中碳调质钢时，对焊接方法的选择几乎没有限制，常用的焊接方法都可采用。

焊接材料的选择，除要求不产生冷、热裂纹外，还要求焊缝金属的调质处理规范与母材一致，以保证调质后的接头性能也与母材相同。因此，焊缝金属的主要合金成分应尽量与母材相似，同时对能引起焊接热裂纹倾向和促使金属脆化的元素，如 C、Si、S、P 等，须严格控制。表 3-14 所列为焊前退火焊后再调质的几种中碳调质钢焊接材料选用举例。

表 3-14 常用中碳调质钢焊接材料选用举例

钢号	焊条电弧焊		埋弧焊		气体保护焊	
	型号	牌号	焊丝	焊剂	气体	焊丝
30CrMnSi	E8515-G E10015-G	J857Cr J107Cr HT-1（H08CrMoA 焊芯） HT-3（H08A 焊芯） HT-3（H18CrMoA 焊芯）	H20CrMoA H18CrMoA	HJ431 HJ431 HJ260	CO_2	H08Mn2SiMoA H08Mn2SiA
					Ar	H18CrMoA
30CrMnSiNi2A		HT-3（H18CrMoA 焊芯）	H18CrMoA	HJ350-1 HJ260	Ar	H18CrMoA
35CrMo	E10015-G	J107Cr	H20CrMoA	HJ260	Ar	H20CrMoA
35CrMoV	E8515-G E10015-G	J857Cr J107Cr	—	—	Ar	H20Cr3MoNiA
34Cr2Ni2Mo	E8515-G	J857Cr	—	—	Ar	—
40Cr	E8515-G E9015-G E10015-G	J857Cr J907Cr J107Cr	—	—	—	—

注："HT-X"为航空用焊条牌号；HJ350-1 为 80%~82% 的 HJ350 和 18%~20% 的黏结焊剂 1 号混合焊剂。

焊接参数确定的原则是保证在调质处理前不出现裂纹。为此，可采用较高的预热温度（200~300℃）和层间温度。如果进行局部预热，预热范围距焊缝两侧应不小于100mm。如果焊后不能立即进行调质处理，为了防止在调质处理之前产生延迟裂纹，必须在焊后及时地进行一次中间热处理。中间热处理方式根据产品结构的复杂性和焊缝数量而定。结构简单、焊缝数量少时，可作后热处理，即焊后在等于或高于预热温度下保持一段时间即可。这样有利于去除扩散氢和改善接头组织状态，以降低冷裂纹的敏感性；或者进行680℃回火处理，既能消氢和改善接头组织，也可消除应力。当产品结构复杂，有大量焊缝时，应焊完一定数量焊缝后就及时进行一次后热处理。必要时，每焊完一条焊缝都进行一次后热处理，目的是避免后面焊缝尚未焊完，先焊部分就已经出现延迟裂纹。

表3-15所列为几种中碳调质钢在退火状态下的焊接参数举例。

表3-15 几种中碳调质钢在退火状态下的焊接参数举例

钢号	焊接方法	板厚/mm	焊丝（焊条）直径/mm	焊接参数					备注
				焊接电流/A	电弧电压/V	焊接速度/(m/h)	焊丝速度/(m/h)	焊剂或气体流量/(L/min)	
30CrMnSi	焊条电弧焊	4	3.2	90~110	20~25	—	—	—	—
	埋弧焊	7	2.5	290~400	21~38	27	—	HJ431	—
30CrMnSiNi2A	焊条电弧焊	10	3.2	130~140	21~32	—	—	—	预热350℃ 焊后680℃回火
			4.0	200~220					
	埋弧焊	26	3.0	280~450	30~35	—	—	HJ350	
			4.0						
30CrMnSi	CO_2气体保护焊	2	0.8	75~85	17~19	—	120~150	CO_2,7~8	短路过渡
		4		85~110		—	150~180	CO_2,10~14	
45CrNiMoV	TIG焊	2.5	1.6	100~200	9~12	6.75	30~52.5	Ar,10~20	预热260℃ 焊后650℃回火
		23	1.6	250~300	12~14	4.5	30~57	Ar,14（He,5）	预热300℃ 焊后670℃回火

2. 在调质状态下焊接的工艺

必须在调质状态下焊接时，除了要防止焊接裂纹外，还要解决热影响区中高碳马氏体引起的硬化和脆化以及高温回火区软化引起的强度降低问题。高碳马氏体引起的硬化和脆化可以通过焊后回火解决；而软化引起的强度降低，在焊后不能调质处理的情况下是无法解决的。因此，在调质状态下焊接时，应集中防止冷裂纹产生和避免热影响区软化。

（1）焊接方法 为减轻热影响区软化的程度，应选择热能集中、能量密度大的焊接方法。以气体保护焊为好，尤其是钨极氩弧焊，因为它的热量较易控制，易保证焊接质量。另外，脉冲钨极氩弧焊、等离子弧焊和电子束焊都是很适合的焊接方法。焊条电弧焊具有经济性和灵活性，仍然是当前应用最多的方法，气焊和电渣焊则不宜使用。

（2）焊接材料 因焊后不再进行调质处理，选择焊接材料时就没有必要考虑成分和热处理工艺需与母材相匹配的问题,主要是防止冷裂纹。焊条电弧焊时,经常选用塑性和韧性好的纯奥氏体的铬镍钢焊条或镍基焊条,这样能使焊接变形集中在焊缝金属上,减小了近缝区所承受的应力;焊缝为纯奥氏体,可溶解更多的氢,避免了焊缝中的氢向熔合区扩散。使用这种焊条时,要注意尽量减少母材对焊缝金属的稀释,所拟订的焊接工艺应使熔合比尽可能小。

表 3-16 所列为几种中碳调质钢在调质状态下焊接用的焊条举例。

表 3-16　几种中碳调质钢在调质状态下焊接用的焊条举例

钢号	焊条电弧焊用焊条①	
	牌号	焊芯
20CrMnSi	HT-1	HGH-30
30CrMnSi	HT-2	HGH-41
30CrMnSiNi2	HT-3	H1Cr19Ni11Si4AlTi
30CrMnSi	A507(E1-16-25Mo6N-15)	
	A502(E1-16-25Mo6N-16)	

① HT-为航空用焊条牌号,HGH-30 和 HGH-41 为镍基合金焊芯。

(3) 焊接参数　在调质状态下进行焊接时,最理想的焊接热循环应是高温停留时间要短,而冷却速度要慢。前者可避免过热区奥氏体晶粒粗化,减轻了高温回火区的软化程度;后者使过热区获得的是对冷裂纹敏感性低的组织。为此,应用小的焊接热输入,预热温度取低值,焊后立即后热。

由于焊后不再进行调质处理,所以焊接过程中所采用的预热、层间温度,中间热处理或后热以及焊后回火处理的温度,都应控制在比母材淬火后的回火温度低 50℃。

3.5　特殊用途钢的焊接

3.5.1　珠光体耐热钢的焊接

在高温下使用的钢叫耐热钢,它是抗氧化钢和热强钢的总称。耐热钢根据供应状态的金相组织分为珠光体耐热钢、马氏体耐热钢、铁素体耐热钢和奥氏体耐热钢四类。珠光体耐热钢属于低中合金结构钢,其主要合金元素为铬、钼。珠光体耐热钢的工作温度为 350~620℃,主要用于锅炉、汽轮机等耐热零件。

1. 成分与性能

珠光体耐热钢中主要合金元素铬、钼、钒的总质量分数一般在 5%~7%以下,为了进一步提高热强度和组织稳定性,添加了少量的钨、钒、铌、钛、镍和稀土等,其合金体系有 Cr-Mo 系、Cr-Mo-V 系、Cr-Mo-W-V 系、Cr-Mo-W-V-B 系和 Cr-Mo-V-Ti-B 系等。

珠光体耐热钢中合金元素的作用如下。

(1) 铬　铬的主要作用为提高钢的耐蚀性,其氧化物比较致密,不易分解,能有效地起到保护膜的作用。铬溶于 Fe_3C 后,可使碳化物具有很大的热稳定性,可阻止碳化物的分解和减缓碳在铁素体中的扩散,从而可有效地防止石墨化。

(2) 钼 作为钢中的主要强化元素，钼优先进入固溶体使其强化，提高了钢的热强性。钼还能降低热脆敏感性。

(3) 钒 钒是强碳化物形成元素，所形成的 VC 呈弥散状态分布，钒的加入能促进钼全部进入固溶体，提高钢的高温强度。

(4) 其他元素 加入微量元素 B、Ti、RE 等能吸附于晶界，延长合金元素沿晶界的扩散，从而强化晶界，增加钢的热强性。

珠光体耐热钢通常以退火状态或正火+回火状态供货。$w(Me)<2.5\%$ 时，钢的组织为珠光体+铁素体；$w(Me)>3\%$ 时，为贝氏体+铁素体（即贝氏体耐热钢），这类钢在 500~600℃ 具有良好的耐热性，工艺性能好，又比较经济，是动力、石油和化工部门用于高温条件下的主要结构材料。但这类钢在高温下长期运行时会出现碳化物球化及碳化物聚集长大等现象。

表 3-17 和表 3-18 所列分别为常用珠光体耐热钢的化学成分和室温力学性能。

表 3-17 常用珠光体耐热钢的化学成分（质量分数,%）

钢号	C	Mn	Si	Cr	Mo	V	W	其他
12CrMo	0.08~0.15	0.4~0.7	0.17~0.37	0.4~0.7	0.4~0.55	—	—	
15CrMo	0.12~0.18	0.4~0.7	0.17~0.37	0.8~1.10	0.4~0.55	—	—	
12Cr1MoV	0.08~0.15	0.4~0.7	0.17~0.37	0.90~1.20	0.25~0.35	0.15~0.30	—	

表 3-18 常用珠光体耐热钢的室温力学性能

钢号	试样毛坯尺寸/mm	热处理制度	R_{eL}/MPa	R_m/MPa	$A(\%)$	KU_2/J
12CrMo	30	900℃淬火 650℃回火	≥265	≥410	≥24	≥110
15CrMo	30	900℃淬火 650℃回火	≥295	≥440	≥22	≥94
12Cr1MoV	30	970℃淬火 750℃回火	≥245	≥490	≥22	≥71

2. 焊接性

珠光体耐热钢的 $w(Me)≥5\%~7\%$，属低、中合金钢，其焊接性与低碳调质钢相似。焊接时的主要缺陷是冷裂纹、再热裂纹和回火脆性。

(1) 冷裂纹 珠光体耐热钢中的主要合金元素铬和钼都能显著提高钢的淬硬性，钼的作用比铬大 50 倍。它们和碳共同作用，使钢的临界冷却速度降低，奥氏体稳定性增大，冷却到较低温度时才发生马氏体转变，产生淬硬组织，使接头变脆。合金元素和碳的含量越高，淬硬倾向就越大。当焊接拘束度大、冷却速度快的厚板结构时，若又有氢的有害作用，就会导致冷裂纹产生。

降低含碳量可以降低钢的淬硬性，使冷裂敏感性减小，但又会引起钢的蠕变强度急剧降低，这对于使用温度范围较高的中合金铬-钼耐热钢尤为不利。为了兼顾焊接性和高温力学性能，通常中合金铬-钼钢碳的质量分数控制在 0.10%～0.2% 范围内，而低合金铬-钼钢的含碳量可以更低些。

（2）再热裂纹　珠光体耐热钢属于对再热裂纹敏感的钢种，这与钢中所含的合金元素铬、钼、钒有关。其敏感温度区间为 500～700℃，在焊后热处理或长期在高温下工作时，热影响区熔合线附近的粗晶区内有时会产生这种裂纹。

（3）回火脆性　某些珠光体耐热钢的焊接接头长期在 371～593℃ 温度范围内工作，会发生脆化并导致焊接构件破坏，这与钢中的 P、Sb、Sn、As 等杂质和合金元素含量有关。一般认为，由于这些杂质在晶界上偏聚，而降低了晶界的断裂强度。在铬-钼钢中，铬促进这些杂质偏聚，而其自身也发生偏聚。$w(Cr)=2\%～3\%$ 的钢，其焊缝具有最大的脆化倾向。防止脆化的主要措施是控制钢中 Mn、Si 元素和杂质的含量。

当钢中成分能满足以下两式时，一般不会产生回火脆性：

$$脆化系数\ x=(10P+5Sb+4Sn+As)\times 10^{-2} \leqslant 20$$

$$脆化指数\ j=(Mn+Si)(P+Sn)\times 10^{4} \leqslant 200$$

式中的元素符号表示该元素的质量分数。

3. 焊接工艺

（1）焊接方法　目前，对于珠光体耐热钢焊接结构，生产中实际应用的焊接方法有焊条电弧焊、埋弧焊、熔化极气体保护焊、电渣焊、钨极氩弧焊、电阻焊和感应加热压焊等。

埋弧自动焊的熔敷速度快，质量稳定，最适合焊接大型的铬-钼耐热钢焊接结构，如厚壁压力容器的对接纵缝和环缝的焊接。焊条电弧焊机动灵活，能进行全位置焊，故在耐热钢管道焊接中应用极为广泛，但焊条电弧焊要建立低氢条件较困难，对冷裂倾向大的铬-钼耐热钢的焊接，其工艺过于复杂。钨极氩弧焊的焊接气氛具有超低氢的特点，用于焊接耐热钢可降低预热温度。但钨极氩弧焊的熔敷率低，故一般用于焊接不加填充金属的铬-钼钢薄板，或只能进行单面施焊的场合。如厚壁管道的焊接，利用钨极氩弧焊焊缝背面成形好的特点，进行单面焊背面成形的打底焊，其余填充焊道由焊条电弧焊来完成。对于 $w(Cr)>3\%$ 的耐热钢管，采用钨极氩弧焊单面背面成形工艺时，焊缝背面应同时通入氩气进行保护，以改善焊缝成形。

熔化极气体保护焊，采用 CO_2 或 CO_2+Ar 混合气体保护。这也是一种低氢焊接方法，已逐渐取代焊条电弧焊和埋弧焊。平焊时，采用熔敷率高的射流过渡；全位置焊时，可采用脉冲射流过渡或短路过渡，适用于耐热钢厚壁、大直径管道自动焊。

低合金耐热钢管件和棒材可用电阻压焊和感应加热压焊，其效率高，无须填充金属。但必须严格控制焊接参数才能获得优质接头。对于合金元素含量较高的耐热钢管件，焊接时需吹送 Ar 或 H_2 进行保护，以保证接头致密。这种焊接方法的局部加热会导致铬-钼钢接头形成低塑性组织，故焊后应对接头进行相应的热处理。该热处理通常是焊后就在焊机上专设的加热系统来完成。

（2）焊接材料　珠光体耐热钢焊接材料的选择原则是保证焊缝化学成分和力学性能与母材相当。常选用焊缝的 $w(C)\leqslant 0.12\%$ 的低氢型焊接材料，以提高焊接接头抗热裂纹和冷裂纹的能力以及韧性。

表 3-19 所列为常用珠光体耐热钢焊接材料选用举例。

表 3-19 常用珠光体耐热钢焊接材料选用举例

钢号	焊条电弧焊		埋弧焊		气体保护焊	
	焊条牌号	焊条型号	焊丝	焊剂	焊丝	气体
16Mo	R102	E5003-A1	H08MnMoA	HJ350	H08MnSiMo	CO$_2$ 或 Ar+20%CO$_2$ 或 Ar+(1%~5%)O$_2$
12CrMo ZG20CrMo	R202 R207 R307	E5503-B1 E5515-B1 E5515-B2	H10MoCrA	HJ350 HJ250	H08CrMnSiMo H08Mn2SiCrMo ER55-B2 ER55-B2L	
15CrMo ZG15CrMo	R307 A507	E5515-B2 E-16-25Mo6N-15	H08CrMoA H12CrMo	HJ350 HJ260 HJ250		
ZG15Cr2Mo1	R407	E6015-B3	H08Cr2Mo1 H08Cr3MoMnSi	HJ350 HJ260 HJ250	H08Cr2Mo1A H08Cr3MoMnSi H08Cr2Mo1MnSi	
12CrMoV 12Cr1MoV ZG20CrMoV	R317 A507	E5515-B2-V E-16-25Mo6N-15	H08CrMoVA	HJ350 HJ250	H08Mn2SiCrMoVA H08CrMoVA ER55-B$_2$-MnV	
15Cr1Mo1V ZG15Cr1Mo1V	R327 R337 A507	E5515-B2-VW E5515-B2-VNb E-16-25Mo6N-15				
12Cr2MoWVTiB	R347	E5515-B3-VWB	—	—	H08Cr2MoWVNbB ER62-B3、ER62-B3L	
12Cr3MoVSiTiB	R417 R407VNb	E5515-B3-VNb	—	—	—	

（3）焊接热输入　从避免热影响区金属的淬硬，减慢焊后冷却速度，防止冷裂纹产生的角度，适当增大焊接热输入是有利的。但是，过大的焊接热输入会增加焊接应力和变形，导致热影响区过热程度大，晶粒粗化，晶界的结合能力降低，产生再热裂纹的可能性增加，而且接头韧性也下降。综合考虑，珠光体耐热钢的焊接宜用较小的焊接热输入。焊接时应采用多道焊和窄焊道，不摆动或小幅度摆动电弧。

（4）焊前预热和焊后热处理　预热是防止珠光体耐热钢产生焊接冷裂纹和再热裂纹的有效措施之一。预热温度应根据钢的合金成分、接头的拘束度和焊缝金属内的氢含量来确定。研究表明，对于铬-钼耐热钢，预热温度并非越高越好。$w(Cr)>2\%$时，为防止氢致裂纹产生，规定较高的预热温度是有必要的，但不应高于马氏体转变终了温度 Mf。否则，当焊件完成最终的焊后热处理时，会残留部分未转变的奥氏体。若处理时冷却速度较快，残留奥氏体就可能转变成马氏体，从而失去焊后热处理的基本作用。当预热温度和层间温度均控制在 Mf 以下时，焊接结束后，奥氏体将在控制温度范围内转变成马氏体，并在马氏体转变完后再进行焊后热处理，使马氏体得到回火而改善了钢的韧性。

珠光体耐热钢需焊后热处理，不仅是为了消除焊接残余应力，更重要的是为了改善接头组织，提高其综合力学性能，包括提高接头的高温蠕变强度和组织稳定性，降低焊缝及热影响区的硬度等。在制订焊后热处理工艺时应考虑：

1) 对于含合金成分较低、厚度较薄的珠光体耐热钢焊件，如果焊前经预热，焊时采用低碳、低氢的焊接材料，则焊后可不必进行热处理。

2) 焊后热处理尽量避免在回火脆性及再热裂敏感的温度范围内进行，在危险温度范围内应规定较快的加热速度。

3) 大型焊件整体在炉中热处理有困难时，可进行局部热处理，但必须保证预热区宽度大于焊件壁厚的4倍，且至少不能小于150mm。

表3-20所列为几种珠光体耐热钢焊接预热（层间）温度和焊后立即回火温度。电渣焊或气焊焊接接头可采用正火+回火处理。

表3-20 珠光体耐热钢焊接预热（层间）温度和焊后回火温度

钢号	预热(层间)温度/℃	推荐焊后回火温度/℃
12CrMo ZG20CrMo	150~250 200~300	630~710
15CrMo ZG15Cr1Mo	150~250 200~300	630~710
12Cr2Mo1 ZG15Cr2Mo1	200~300	680~750
12CrMoV 12Cr1MoV ZG20CrMoV	200~300 250~350	700~740
15Cr1Mo1V ZG15Cr1Mo1V	300~400	710~740
12Cr2MoWVTiB	250~350	750~780
12Cr3MoVSiTiB	300~350	750~780

注：推荐焊后回火温度以高温抗拉强度为主选下限温度；以持久强度为主选中间温度；为软化焊接接头选上限温度。

(5) 工艺要点

1) 珠光体耐热钢有较强的冷裂纹倾向，应将氢含量严格控制在最低程度。焊前对焊接材料应按有关规定进行烘干；焊丝表面不准有油污和锈存在；清除焊接坡口两侧50mm范围内的油、水、锈等污物。

2) 定位焊和正式焊一样都应预热。正式焊接时，应连续施焊，保证层间温度与预热温度接近，如中途中断焊接，应有保温缓冷措施。再焊接前，应清扫、检查、重新预热后再焊接。

3) 对刚性大的焊件应进行后热，即在200~350℃保温0.5~2h后再进行焊后热处理。如果预热和后热联合运用，可降低预热（层间）温度。

3.5.2 低温钢的焊接

1. 低温钢的成分与性能

低温钢是指工作范围为-196~-10℃的钢，工作温度低于-196℃的钢称为超低温钢。低温钢主要用于制造石油化工产业中的低温设备，如液化石油气及液化天然气等储存与运输容器和管道等。这类钢在低温下不仅要具有足够的强度，更重要的是还要具有足够好的韧性和抗脆性断裂的能力。

除面心立方晶格的金属材料（如奥氏体钢、铝、铜、镍等）外，凡具有体心立方晶格的金属材料均有低温变脆的现象，即金属随温度降低，其断裂从延性转为脆性。对于低温钢，可以通过细化晶粒、合金化和提高纯净度等措施来改善其低温韧性。

低温钢大部分是接近铁素体型的低合金钢，其含碳量较低，主要通过加入铝、钒、铌、钛及稀土（RE）等元素来实现固溶强化和晶粒细化，再经过正火、回火处理来获得晶粒细而均匀的组织，从而得到良好的低温韧性。如果钢中加入镍，固溶于铁素体，则既可提高其强度，又可使基体的低温韧性得到显著改善。为了发挥镍的有利作用，在含镍的钢中，在提高镍含量的同时，应相应降低含碳量和严格控制硫、磷的含量。

（1）铁素体型低温钢　这类钢的显微组织主要是铁素体加少量珠光体，其使用温度为 $-100 \sim -40$℃，如 16MnDR、09Mn2VDR、09MnTiCuReDR、3.5Ni 和 06MnVTi 等。前面几种为低温容器专用钢，一般在正火状态下使用。3.5Ni 钢一般采用 870℃正火和 635℃、1h 的消除应力回火，其最低使用温度达 -100℃。调质处理可提高铁素体型低温钢的强度、改善韧性和降低脆性转变温度，其最低使用温度可降至 -129℃。

（2）低碳马氏体型低温钢　这类钢是含镍量较高的钢，如 9Ni 钢。其经淬火的组织为低碳马氏体，正火后的组织除低碳马氏体外，还有一定数量的铁素体和少量奥氏体，具有高的强度和韧性，能用于 -196℃的低温。该钢经冷变形后需进行 565℃的消除应力退火，以提高其低温韧性。

（3）奥氏体型低温钢　这类钢具有很好的低温性能，其中以 18-8 型铬镍奥氏体钢使用最为广泛，25-20 型铬镍奥氏体钢可用于超低温度。

2. 低温钢的焊接性

（1）不含镍的低温钢　这类钢实际上就是前面的热轧正火钢和低碳调质钢。由于碳含量低，硫、磷含量又限制在较低范围内，其淬硬倾向和冷裂倾向小，室温下焊接不易产生冷裂纹，板厚小于 25mm 时不需预热。板厚超过 25mm 或接头刚性拘束度较大时，应考虑预热，但预热温度不要过高，否则会导致热影响区晶粒长大，预热温度一般为 100~150℃。当板厚大于 16mm 时，焊后往往要进行消除应力热处理。

（2）含镍量较低的低温钢　如 3.5Ni 钢，虽加入镍提高了淬透性，但由于含碳量低，冷裂纹倾向并不严重，焊接薄板时可以不预热，只有焊接厚板时才需进行约 100℃的预热。

（3）含镍量高的低温钢　如 9Ni 钢，其淬透性大，热影响区淬火组织是含碳量很低的马氏体，其冷裂倾向不大。实践表明，焊接厚度为 50mm 的 9Ni 钢时，不需预热，焊后也可不进行消除应力热处理。但是焊接 9Ni 钢时，须注意以下问题：

1）焊接材料要匹配。所选用的焊接材料必须使焊缝金属具有与母材相近的低温韧性和线胀系数。若选用与 9Ni 钢成分相近的焊缝合金系统，焊缝金属的低温韧性将比母材低得多，这除了因焊缝为铸造组织外，还和焊缝中的含氧量有关。通常是采用镍基合金焊接材料，焊后焊缝为奥氏体组织，虽然其强度较低，但低温韧性好，而且线胀系数与 9Ni 钢较接近。

2）磁偏吹现象。9Ni 钢属于强磁性材料，用直流电焊接时会产生磁偏吹现象。防止措施是避免接触强磁场、退磁、检测残留磁场,使其低于 50A/m。也可选用适于交流焊接的镍基合金焊条。

3) 热裂纹。当采用镍基焊接材料时,焊缝金属容易产生热裂纹,尤其是弧坑裂纹。因此,应选用抗裂性能好,线胀系数与母材相近的焊接材料。在工艺上采取一些措施,如收弧时填满弧坑等。

3. 低温钢的焊接工艺

(1) 焊接材料和热输入的选择 低温钢可采用焊条电弧焊、气体保护焊和埋弧焊等进行焊接。焊接时保证焊缝和过热区的低温韧性是制订低温钢焊接工艺的关键。焊缝和过热区的低温韧性既取决于焊缝金属的化学成分,又和焊接热输入有关。

1) 铁素体型低温钢。焊条电弧焊时,可选用与母材成分相同的低碳钢和 C-Mn 钢的高韧性焊条,其焊缝金属在-30℃时仍有足够的冲击韧度。若选用 $w(Ni)= 0.5\% \sim 1.5\%$ 的低镍焊条则更可靠,如 W707Ni 等;其热输入应控制在 20kJ/cm 以下。埋弧焊时,可用中性熔炼焊剂配合 Mn-Mo 钢焊丝或碱性熔炼焊剂配合含镍焊丝,也可采用 C-Mn 钢焊丝配合碱性非熔炼焊剂,由焊剂向焊缝渗入微量钛、硼合金元素,以保证焊缝金属获得良好的低温韧性;焊接热输入应控制在 25~50kJ/cm。

2) 铁素体型低镍低温钢。焊条电弧焊时,焊条含镍量应相同或略高于母材,但含镍量不能过高,因焊缝含镍量增加时,回火脆性也增加。加入少量的钼,有利于减少回火脆性,所以焊接 3.5Ni 钢时,常选含钼的焊条。添加 Ti 可细化晶粒,改善焊缝的低温韧性。焊接热输入对热影响区的低温韧性有较大影响,应控制在较低范围内,焊条电弧焊应在 20kJ/cm 以下。埋弧焊焊接 3.5Ni 钢时,可用 3.5Ni+0.3Ti 成分焊丝,配合烧结焊剂,其热输入控制在 30kJ/cm 以下。TIG 和 MIG 焊可采用与母材相似,含碳量低的 3.5Ni+0.15Mo 成分焊丝,热输入控制在 25kJ/cm 以下。

3) 低碳马氏体型低温钢。对于 9Ni 钢,应选用镍合金焊接材料。焊条电弧焊时,可选用含镍量高[$w(Ni)= 40\% \sim 60\%$]的奥氏体钢焊条,其低温韧性好,线胀系数与 9Ni 钢接近,但价格高,强度(特别是屈服强度)偏低,工艺性能差。也可选用含镍量低的奥氏体钢焊条,其价格低,工艺性能好,但焊缝金属的低温韧性稍差,线胀系数较大,屈服强度高。因此,应根据产品的不同要求来选择不同类型的焊条。9Ni 钢一般在调质状态下使用,焊接热输入应控制在 45kJ/cm 以下,热输入过高会使热影响区的低温韧性下降。多层焊层间温度在 150℃ 以下。

表 3-21 所列为常用低温钢焊接材料举例。

表 3-21 常用低温钢焊接材料举例

钢号	焊条电弧焊		埋弧焊	
	焊条型号	焊条牌号	焊丝	焊剂
16MnDR	E5015-C E5016-C	J507NiTiB J507GR J507RH J506R J506RH	H10MnNiMoA H06MnNiMoA H08MnNiA	SJ101 SJ603 HJ250
2.5Ni 钢 3.5Ni 钢	E5515-C1 E5515-C2 E5015-C2L	W707Ni W907Ni W107Ni NB—3N[①]	H08Mn2Ni2A H05Ni3A	SJ603

(续)

钢号	焊条电弧焊		埋弧焊	
	焊条型号	焊条牌号	焊丝	焊剂
9Ni 钢	—	NIC-70S[①] NIC-70E[①] NIC-IS[①]	Ni67Cr16Mn3Ti Ni58Cr22Mo9W	HJ131
15Mn26Al4	E310-15	A407	12Mn27Al6	HJ173

① 日本焊条牌号。

(2) 低温钢焊接工艺要点 低温钢多用于制造低温压力容器,必须防止在制造过程中产生能引起脆性破坏的一切因素。因此,所拟订的焊接工艺必须符合国家有关钢制压力容器焊接规程的要求。施工中应特别注意以下几点:

1) 焊条、焊剂使用前须在 350~400℃ 保温 2h 烘干;焊丝去除油、锈;焊前把焊接坡口上的水、锈、油污等清除干净。

2) 定位焊道长度不小于 40mm。

3) 焊接电流不宜过大,采用快速焊接;焊条直线运条,多层多道焊时控制好层间温度,防止过热。

4) 焊前预热。对于 3.5Ni 钢,当板厚在 25mm 以上时,要求预热 125℃ 以上;9Ni 钢不预热。

5) 焊后消除应力热处理。对于 3.5Ni 钢和其他铁素体型低温钢,当存在由板厚或其他因素造成的焊接残余应力时,考虑采用 600~650℃ 热处理;9Ni 钢和奥氏体型低温钢,一般不考虑。

6) 减少应力集中。应防止碰伤材料,若碰伤应打磨修理;不得任意引弧,可在焊缝或坡口内引弧,但引弧处应重熔,填满弧坑;焊缝成形应良好,避免咬边;焊缝表面应圆滑地向母材过渡;纵焊缝、环焊缝、接管、人孔处的角焊缝必须焊透;当环缝不得不采用残留垫环进行单面焊时,应特别注意垫环的装配质量,并在装到内壁上后,将垫环本身的对接处焊透;装配用定位铁和楔子去除后,必须对留在焊件上的焊疤等进行补焊并打磨光滑。

7) 返修补焊工艺的制订及施焊应特别严格,避免大面积补焊。

3.6 合金结构钢焊接工艺实例

1. 13MnNiMoR 钢(热轧及正火钢)厚板压力容器焊接工艺

(1) 焊前准备 用火焰切割厚 80mm 的钢板时,切割前在起割点周围 100mm 处,应预热至 100℃ 以上。不采用机械加工方法切割的边缘,焊前应进行表面磁粉检测。采用电弧气刨清根或制备焊接坡口,气刨前应将焊件预热至 150~200℃;气刨后焊件表面应采用砂轮打磨清理。

(2) 焊条电弧焊工艺 可采用 V 形或 U 形坡口。采用 E6015 (J607) 或 E6016 (J606) 焊条,焊前焊条烘干 350~400℃,保温 2h。使用 ϕ4mm 焊条时,底层焊道焊接电流为 140A,电弧电压为 23~24V;填充焊道焊接电流为 160~170A,电弧电压为 23~24V。使用 ϕ5mm 焊条时,填充焊道焊接电流为 160~170A,电弧电压为 23~24V。当板厚大于 10mm 时,焊前预热至 150~200℃,并保持层间温度不低于 150℃。当板厚大于 90mm 时,焊后应立即进行

350~400℃、保温 2h 的消氢处理。对于厚度大于 30mm 的承载部件，焊后需进行消除应力处理。任何厚度的受压部件不预热焊时和厚度大于 20mm 的受压部件预热焊时，焊后必须进行消除应力处理。焊后最佳的消除应力处理温度范围为 600~620℃。

（3）埋弧焊工艺　可采用 I 形、V 形或 U 形坡口。采用 H08Mn2MoA 焊丝、HJ350 或 SJ101 焊剂，焊前 HJ350 焊剂烘干 350~400℃，保温 2h；SJ101 焊剂烘干 300~350℃，保温 2h。使用 $\phi 4mm$ 的焊丝时，焊接电流为 600~650A，电弧电压为 36~38V，焊接速度为 25~30m/h。当板厚大于 20mm 时，焊前预热至 150~200℃，并保持层间温度不低于 150℃。消氢处理和焊后消除应力处理与焊条电弧焊相同。焊后进行 100% 超声波检测，并进行 25% 的射线检测，所有焊缝及热影响区表面进行磁粉检测。

2. 20MnMoNb 钢（低碳调质钢）高压蓄势器的焊接工艺

某重型机械厂采用窄间隙双丝埋弧焊工艺，成功地焊接了壁厚为 85mm 的 20MnMoNb 调质钢高压蓄势器。焊接时，双丝纵向排列，焊丝直径为 3mm。前丝弯曲向坡口侧壁，采用直流反接，焊接电流为 350~420A，电弧电压为 32~34V，焊接速度为 32m/h，焊接热输入为 1.26~1.6kJ/mm；后丝为直丝，采用方波交流电源，改善焊缝成形，加大熔敷速度。这种工艺既可以提高熔敷效率，又避免了母材过分受热。焊后经消除应力处理后，焊接热影响区的韧性与母材基本相当。

3. 35CrMo 钢（中碳调质钢）组合齿轮的焊接工艺

某重型机械厂采用实芯焊丝 CO_2 气体保护焊对 35CrMo 钢组合齿轮进行精加工焊接。组合齿轮结构的接头形式为对接，平焊位置施焊，焊接时采用 $\phi 0.8mm$ 的 H08Mn2SiA 焊丝，焊接电流为 95~100A，电弧电压为 21~22V，焊接速度为 25~29m/h。采用特制的自动夹具进行焊接，无须进行预热及消除应力处理，即可得到满足使用要求的焊接接头。

3.7　Q345 钢焊接实训

1. 任务描述

以典型热轧钢 Q345 为实训载体，完成其焊接工艺的制订和实施，再经评价等环节进一步优化焊接工艺。如图 3-2 所示，以 Q345 钢 V 形坡口板对接平焊开展焊接工艺实训，其主要技术要求为单面焊双面成形。

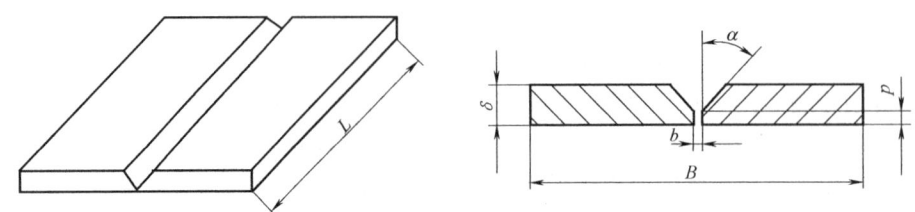

图 3-2　焊件尺寸

（$\delta = 12mm$　$\alpha = 30°\pm 2°$　$B = 250mm$　$L = 300mm$　b、p 自定）

2. 实训目标

【知识目标】

1) 熟悉 Q345 钢的化学成分、力学性能及焊接性特点。

2)掌握 Q345 钢的焊接工艺要点。
3)学会制订 Q345 钢的焊接工艺。
【能力目标】
1)能够根据技术要求和产品特点,制订热轧钢 Q345 的焊接工艺。
2)具备实施典型热轧钢 Q345 焊接工艺的基本能力。
3)学会编写焊接工艺卡片。
【情感目标】
自学拓展、信息收集、严谨认真、规范操作及团队合作等。

3. 实训步骤及要求

【第一步】分析焊接性

在多媒体教室里,教师采用启发式、互动式等教学方法,借助工学结合教材、多媒体课件等,讲授 Q345 钢的成分、组织及焊接性等专业知识,使学生获取 Q345 钢焊接工艺基本知识。

【第二步】制订焊接工艺

在实训教师的指导下,学生小组在图书馆、资料室、网络机房等场所以自主查阅资料方式获取 Q345 钢的焊接工艺知识,讨论并制订 Q345 钢 V 形坡口板对接平焊工艺,如焊前准备、焊接方法、焊接参数及焊后处理等,填写焊接工艺卡片(表 3-22)。

表 3-22 焊接工艺卡片

任务名称		V 形坡口板对接平焊		母材	Q345 钢	保护气体	
学生姓名(小组编号)				时间		指导教师	
焊前准备 (如清理、坡口制备、预热等)							
焊后处理 (如清根、焊缝质量检测等)							

层次	焊接方法	焊接材料		电源及极性	焊接电流 /A	电弧电压 /V	焊接速度 /(cm/min)	热输入 /(J/cm)
		牌号	规格					

焊接层次、顺序示意图:
焊接层次(正/反):
坡口角度:
钝边:
间隙:

技术要求及说明:

【第三步】实施焊接工艺(选做)

如焊接实训室具备 Q345 钢焊接工艺的实施条件,则在指导教师的帮助下,学生可按照自己所制订的焊接工艺进行现场施焊。观察焊接工艺执行过程,结合有关标准及技术要求检验自己所制订的焊接工艺是否合理可行。

通过焊接工艺实训，学生可熟悉焊接设备、工装及相关操作规程，学会调节焊接参数，进一步提高实践操作能力。

【第四步】评价焊接工艺

由指导教师和学生分别对焊接工艺的合理性和可行性进行评价，并将评价结果填入表3-23中。通过科学评价和考核，提升学生编制Q345钢焊接工艺的能力。

表3-23 任务记录及评价表

任务名称	Q345钢V形坡口板对接平焊		时间	
地　点		指导教师		
班　级	小组编号		小组成员	
工作过程的记录	(1)准备情况： (2)分析焊接性情况： (3)制订焊接工艺情况： (4)实施焊接工艺情况： (5)操作规范及安全情况：			
学生自评				签名：
组长评价				签名：
教师评价				签名：

【综合练习】

一、填空题

1. 合金结构钢按合金元素总含量的多少分为_____、_____和_____。
2. 强度用钢按照钢材供货的热处理状态分为_____、_____和_____三类。
3. 热轧及正火钢主要通过合金元素的固溶强化、沉淀强化和细晶强化来提高_____和保证_____。

4. 热轧及正火钢的显微组织主要是_____和_____。
5. 珠光体耐热钢具有较好的_____和_____性能。
6. 热轧及正火钢焊接的主要问题是热影响区的_____和产生各种_____。
7. 热应变脆化是指钢在 200℃ ~ Ac_1 温度范围内，受到较大的塑性变形（5% ~ 10%）后，出现_____明显下降，_____明显升高的现象。
8. 在调质状态下焊接中碳调质钢时，应集中防止_____产生和避免热影响区_____。
9. 珠光体耐热钢属于低、中合金结构钢，其主要合金元素为_____和_____。
10. 珠光体耐热钢焊接的主要缺陷是_____、_____和_____。

二、选择题
1. 低合金钢的合金元素总含量一般（　　）。
   A. <3%　　　B. <5%　　　C. 5% ~ 10%　　　D. >10%
2. 国家标准 GB/T 1591—2008 规定，低合金高强度结构钢按屈服强度有 Q345 等（　　）个牌号。
   A. 八　　　B. 六　　　C. 五　　　D. 四
3. 热轧及正火钢中的主要合金元素是（　　）。
   A. Mn　　　B. Cr　　　C. V　　　D. Al
4. 低碳调质钢中（　　）为主要合金元素，有些辅以 V、Cr、Ni、B 等。
   A. Mn 和 Si　　B. Mn 和 Ti　　C. Mn 和 Mo　　D. Mn 和 Al
5. 热应变脆化最容易发生于一些固溶（　　）含量较高的低碳钢和强度级别不高的低合金钢中。
   A. 氢　　　B. 氧　　　C. 一氧化碳　　　D. 氮
6. 导致钢材产生焊接（　　）的三个主要因素是钢材的淬硬倾向、焊缝的扩散氢含量和接头的拘束应力。
   A. 冷裂纹　　B. 热裂纹　　C. 再热裂纹　　D. 层状撕裂
7. （　　）的产生不受钢材的种类和强度级别的限制，它主要取决于钢材的冶炼条件。
   A. 冷裂纹　　B. 热裂纹　　C. 再热裂纹　　D. 层状撕裂
8. 焊缝金属的（　　）不仅取决于化学成分，还取决于金属的组织状态。
   A. 焊接性能　　B. 力学性能　　C. 物理性能　　D. 化学性能
9. （　　）主要是为了防止裂纹产生，同时兼有一定的改善接头性能的作用。
   A. 表面清理　　B. 开坡口　　C. 预热　　D. 打磨
10. 一般（　　）等于或略大于预热温度。
    A. 热影响区温度　　B. 层间温度　　C. 焊缝温度　　D. 接头温度
11. 后热的目的是防止（　　）的产生，主要用于强度级别较高的钢种和大厚度的焊接结构。
    A. 延迟裂纹　　B. 热裂纹　　C. 再热裂纹　　D. 层状撕裂
12. 控制焊接时的（　　）成为防止焊接低碳调质钢产生冷裂纹和热影响区脆化的关键。
    A. 焊接速度　　B. 冷却速度　　C. 预热速度　　D. 加热速度

13. 中碳调质钢一般需要在（　　）状态下进行焊接，焊后要进行调质处理。
A. 退火　　　　　B. 正火　　　　　C. 回火　　　　　D. 调质

14. 珠光体耐热钢有较强的冷裂倾向，要将（　　）含量严格控制在最低程度。
A. 氢　　　　　　B. 氧　　　　　　C. 氮　　　　　　D. 一氧化碳

15. 低温钢焊接所选用的焊接材料必须使焊缝金属具有与母材相近的低温（　　）和线胀系数。
A. 强度　　　　　B. 硬度　　　　　C. 韧性　　　　　D. 焊接性

三、判断题（正确的打√，错误的打×）

（　　）1. 中碳调质钢是一种非热处理强化钢。

（　　）2. 随着含碳量的增加，碳钢的焊接性逐渐变差。

（　　）3. 中碳调质钢通常需要在退火状态下焊接，焊后再通过整体热处理来达到所需的强度和硬度。

（　　）4. 导致热轧钢过热区脆化的原因是焊接热输入偏高，使该区的奥氏体晶粒严重长大，稳定性增加。

（　　）5. 焊接Q345等热轧钢时，采用适当降低热输入等工艺措施来抑制过热区奥氏体晶粒长大及魏氏组织的出现。

（　　）6. 一般情况下，热轧钢和正火钢焊后需要进行热处理。

（　　）7. 冷却速度主要是由焊接热输入决定的，但又受到焊件散热条件和预热等因素的影响。

（　　）8. 在调质状态下进行焊接时，最理想的焊接热循环应是高温停留时间要短，而冷却速度要慢。

（　　）9. 珠光体耐热钢焊接材料的选择原则是保证焊缝化学成分和力学性能高于母材。

（　　）10. 焊接珠光体耐热钢时，宜采用较小的焊接热输入。

四、简答题

1. 合金结构钢是如何进行分类的？
2. 强度用钢按照钢材供货的热处理状态分为哪几类？为什么按照热处理状态进行分类？
3. 热轧与正火钢的主要强化元素及其强化方式有哪些？
4. 热轧与正火钢在焊接性方面存在哪些问题？
5. 低碳调质钢在焊接性方面存在哪些问题？
6. 低碳调质钢在什么情况下需要预热？为什么有最低预热温度的要求？
7. 中碳调质钢焊接时容易出现哪些问题？
8. 简述珠光体耐热钢的焊接工艺要点。
9. 简述低温钢的焊接工艺要点。

第4章
不锈钢的焊接工艺

4.1 概述

不锈钢是能耐空气、水、酸、碱、盐及其溶液和其他腐蚀介质腐蚀的,具有高度化学稳定性的钢种。这类钢除了具有优良的耐蚀性能外,还具有优良的力学性能、工艺性能以及很宽的工作温度范围(−269~1050℃),适于制造要求耐蚀、抗氧化、耐高温和超低温的零部件和设备,广泛应用于石油、化工、电力、仪表、食品、医疗、航空及核能等工业部门。

不锈钢种类繁多,分类方法各异。按成分分,有以铬为主和以铬镍为主两大类,即 Cr 系不锈钢和 Cr-Ni 系不锈钢。前者的 $w(Cr)=12\%\sim30\%$,其基本类型为 Cr13 钢;后者的 $w(Cr)=12\%\sim30\%$,$w(Ni)=6\%\sim12\%$,并含有少量其他元素,其基本类型为 Cr18Ni9 钢。以这两种类型为基础发展出一系列"不锈"、耐热,并且有良好力学性能和工艺性能的钢种。

按不锈钢使用状态下的金相组织分,有铁素体型、马氏体型、奥氏体型、铁素体+奥氏体型和沉淀硬化型不锈钢共五类,前两类基本属于 Cr 系不锈钢,后三类则属于 Cr-Ni 系不锈钢。

4.1.1 不锈钢中的合金元素

不锈钢的共同特点是 $w(Cr)$ 一般都在 12% 以上。铬是保证钢能耐蚀的关键元素,随着铬含量的增加,钢的化学稳定性也提高。在大气或硝酸等氧化性酸中大约 $w(Cr)>12\%$,即可形成很稳定的钝化状态。但对于盐酸、硫酸等非氧化性酸、盐类水溶液及亚硫酸等还原性酸,由于没有氧化作用,所以很容易被侵蚀。在这种腐蚀环境下,除铬以外,还加入 Ni、Mo、Cu 等使腐蚀速度减慢的合金元素,以提高不锈钢的耐蚀性能。此外,为了提高钢的纯净度、改变其组织、增加其强度和改善其工艺性能等,还加入了其他合金元素,这些合金元素在不锈钢中的作用见表 4-1。

表 4-1 合金元素在不锈钢中的作用

合金元素	对组织结构的影响			对性能的影响						
	形成铁素体	形成奥氏体	形成碳化物	防止晶间腐蚀	提高耐蚀性	防止生成高温氧化皮	提高高温强度	赋予时效硬化	改善可加工性	细化晶粒
铝(Al)	◎					◎		◎		

(续)

合金元素	对组织结构的影响			对性能的影响						
	形成铁素体	形成奥氏体	形成碳化物	防止晶间腐蚀	提高耐蚀性	防止生成高温氧化皮	提高高温强度	赋予时效硬化	改善可加工性	细化晶粒
碳（C）		◎	○				○			
铬（Cr）	○		○							
钴（Co）						◎	◎			
铌（Nb）	○		◎	◎			◎	◎		○
铜（Cu）					◎			○		
锰（Mn）		△	△							
钼（Mo）	○		△		◎		◎			
镍（Ni）		○			◎	○	○			
氮（N）		◎					○			◎
磷（P）								○	◎	
硒（Se）									◎	
硅（Si）	○				○	◎	○			
硫（S）									◎	
钽（Ta）	○		○	○			○	○		○
钛（Ti）	◎		◎	◎			◎	◎		◎
钨（W）	△		○				○			◎

注：◎—强作用；○—中等作用；△—弱作用。

1. 铬（Cr）

铬是决定不锈钢耐蚀性的最重要的元素。钢中有一定铬时，在氧化性介质中可在钢表面形成致密、稳定的氧化膜，使其具有良好的耐蚀性。此外，铬是形成和稳定铁素体的元素，它与 α-Fe 可以完全互溶，当 $w(Cr) > 12.7\%$ 时，可以得到从高温到低温不发生相变的单一 δ 固溶体。而且铬以固溶状态存在时，可以提高基体的电极电位，从而使钢的耐蚀性显著增加，一般不锈钢中的 $w(Cr) \geq 13\%$。

2. 镍（Ni）

镍也是不锈钢中的主要元素，当 $w(Ni) > 15\%$ 时，钢对硫酸和盐酸有很高的耐蚀性。镍还能提高钢对碱、盐和大气的耐蚀能力。镍是形成和稳定奥氏体的元素，但其作用只有与铬配合时才能充分发挥出来，当 $w(Cr) = 18\%$，$w(Ni) = 8\%$ 时，经固溶处理就可以得到单一的奥氏体组织。因此，在不锈钢中镍总是和铬配合使用。

3. 碳（C）

碳一方面是稳定奥氏体的元素，其作用相当于镍的 30 倍；另一方面，碳与铬的亲和力较强，能与铬形成一系列碳化物，而使固溶于基体中的铬减少，使钢的耐蚀性下降。因此，钢中碳含量越高，其耐蚀性就越差，因而一般 $w(C) = 0.1\% \sim 0.2\%$，最多不超过 0.4%。

4. 锰（Mn）和氮（N）

锰和氮都是形成和稳定奥氏体的元素，锰的作用是镍的一半，氮的作用是镍的 40 倍，有时用锰和氮部分或全部代替镍,形成Cr-Mn-N系不锈钢。

5. 钛(Ti)和铌(Nb)

钛和铌都是强碳化物形成元素,一般作为稳定剂加入不锈钢中,用于防止碳与铬形成碳化物,以保证钢的耐蚀性。

6. 钼(Mo)

钼可以增强钢的钝化作用,对提高抗点状腐蚀有显著效果。

4.1.2 不锈钢的基本特性

1. 不锈钢的物理性能

不锈钢的物理性能与低碳钢相比有很大的差异,表4-2所列为不锈钢的物理性能。

表4-2 不锈钢的物理性能

类型	牌号	密度ρ/(20℃)/(g/cm^3)	比热容$C(0\sim100℃)$/[J/(g·K)]	热导率$\lambda(100℃)$/[W/(m·K)]	线胀系数$\alpha(0\sim100℃)$/(10^{-6}/K)	电阻率$\mu(20℃)$/(Ω·mm^3/m)
铁素体型	06Cr11Ti	7.75	0.46	25.0	10.6	0.6
	022Cr18Ti	7.70	0.46	35.1	10.4	0.6
马氏体型	12Cr13	7.70	0.46	24.2	11.0	0.57
	20Cr13	7.75	0.46	22.2	10.3	0.55
18-8型奥氏体型	022Cr19Ni10	7.90	0.5	16.3	16.8	—
	12Cr18Ni9	7.93	0.5	16.3	17.3	0.73
	06Cr17Ni12Mo2	8.00	0.5	16.3	16.0	0.74
25-20型奥氏体型	20Cr25Ni20	7.98	0.5	14.2	15.8	0.78

组织状态相同的钢种,其物理性能基本相同。从表4-2中看出,合金元素含量越多,热导率λ就越小,而线胀系数α和电阻率μ越大。碳钢的密度ρ稍大于马氏体和铁素体型不锈钢,但却低于奥氏体型不锈钢,电阻率μ则按碳钢、铁素体型钢、奥氏体型钢的顺序增大。奥氏体型不锈钢的电阻可达碳钢的5倍,铜的40倍。奥氏体型不锈钢的线胀系数比碳钢约大50%,而马氏体型和铁素体型不锈钢的线胀系数大体上和碳钢相同。奥氏体型不锈钢的热导率比碳钢低,仅为其1/3左右;马氏体和铁素体型不锈钢的热导率约为碳钢的1/2。

奥氏体型不锈钢通常是非磁性的,但当冷加工硬化产生马氏体相变时,将产生磁性,可通过热处理方法来消除这种马氏体和磁性。另外,在奥氏体的焊缝金属中,若含有铁素体则呈弱磁性。

2. 不锈钢的耐蚀性

金属受介质的化学及电化学作用而破坏的现象称为腐蚀。不锈钢在一定条件下也可能发生腐蚀,其腐蚀形式可归纳为均匀腐蚀和局部腐蚀两大类,对焊接接头危害较大的是局部腐蚀。

(1) 均匀腐蚀 均匀腐蚀又叫总体腐蚀或全面腐蚀,是指接触腐蚀介质的金属表面全部发生腐蚀的现象。如图4-1a所示,受腐蚀的金属由于截面不断缩小而最后破坏。对于硝酸等氧化性酸,不锈钢表面能形成富铬氧化膜,它阻止金属的离子化而产生钝化作用,故不易发生均匀腐蚀。而对于硫酸等还原酸,只含Cr的马氏体型钢和铁素体型钢不耐腐蚀;含有Ni的奥氏体型不锈钢则有良好的耐蚀性。但是,在含氯离子的介质中,铬-镍奥氏体型钢也容易发生钝化膜破坏而被腐蚀。

若钢中含有Mo,则在各种酸中均有良好的耐蚀性。

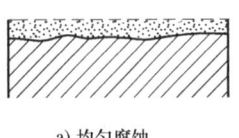 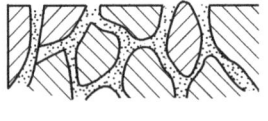 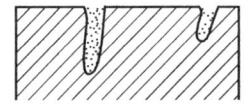

a) 均匀腐蚀　　　　　　　b) 晶间腐蚀　　　　　　　c) 点状腐蚀

图4-1　腐蚀的破坏形式

可采用质量损失法来测定均匀腐蚀的平均速度。根据腐蚀前后质量的变化,按下式换算成年腐蚀深度K(mm/年)

$$K = 87600 \times \frac{W}{ST\rho}$$

式中　W——腐蚀前后质量的减少量(g);

　　　S——试样表面积(cm^2);

　　　T——腐蚀试验时间(h);

　　　ρ——金属的密度(g/cm^3)。

为了便于分析和评价金属材料的耐蚀性,将腐蚀深度按照均匀腐蚀的十级标准和三级标准进行耐蚀程度的评价分析,见表4-3和表4-4。

表4-3　均匀腐蚀十级标准

耐蚀性评定	耐蚀性等级	腐蚀深度(mm/年)	耐蚀性评定	耐蚀性等级	腐蚀深度(mm/年)
完全耐蚀	1	<0.001	尚耐蚀	6	0.1~0.5
很耐蚀	2	0.001~0.005		7	0.5~1.0
	3	0.005~0.01	欠耐蚀	8	1.0~5.0
耐蚀	4	0.01~0.05		9	5.0~10.0
	5	0.05~0.1	不耐蚀	10	>10.0

表4-4　均匀腐蚀三级标准

耐蚀性评定	耐蚀性等级	腐蚀深度(mm/年)
耐蚀	1	<0.1
可用	2	0.1~1.0
不可用	3	>1.0

(2) 晶间腐蚀　晶间腐蚀是指介质从金属表面沿晶界向内部扩展,造成沿晶界的腐蚀破坏,如图4-1b所示。晶间腐蚀主要是因为晶界的电极电位低于晶粒电极电位而造成的。

这种腐蚀具有隐蔽性，危害极大，其根源在于金属受热后晶界的物理化学状态发生变化，晶粒晶界之间构成了腐蚀电池。

晶间腐蚀常见于奥氏体型不锈钢，该类钢对晶间腐蚀的敏感程度与其成分、加热温度和时间有关。图4-2所示为18-8型奥氏体型不锈钢（18指铬含量约18%，8指镍含量约8%）晶间腐蚀敏感温度-时间曲线。

由图4-2可见，18-8型奥氏体型不锈钢在450~850℃加热后对晶间腐蚀最为敏感，通常把这一温度区间称为敏化温度区间，在此区间中加热的过程称为敏化过程。敏感温度随钢的含碳量而改变：碳含量越高，出现晶间腐蚀的温度上限越高；反之则越低。图4-2中阴影部位是丧失耐晶间腐蚀能力区域，在曲线的左方和右方各存在一个不产生晶间腐蚀的区域，分别称一次稳定区和二次稳定区。可见，短时间加热或较长时间加热，都不出现晶间腐蚀。敏化时间随钢中含碳量的降低而延长。

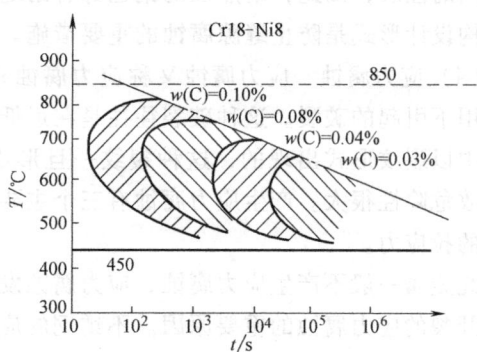

图4-2 18-8钢晶间腐蚀敏感温度-时间曲线

奥氏体型不锈钢产生晶间腐蚀的原因可用贫铬理论来解释。18-8钢在敏化温度作用下，原以过饱和状态存在γ相中的那部分碳将向晶界扩散，并与铬结合成碳化物而沉积于晶界中，使γ相周围形成贫铬区。结果是在介质作用下，正电位最大的碳化物与负电位最大的贫铬区以及γ晶粒之间，构成多极腐蚀电池系统，从而在沿晶界贫铬区形成腐蚀通道。

防止晶间腐蚀的主要措施如下：

1）尽量降低含碳量，如$w(C)<0.03\%$或更低。

2）添加强碳化物形成元素Ti或Nb。

3）调整金属相比例，使其含有体积分数为5%左右的一次铁素体δ相，以消除单一组织形成的腐蚀通道。

高铬铁素体型不锈钢也会发生晶间腐蚀。将这种钢加热到925℃以上急冷后就有晶间腐蚀倾向，但经650~815℃短时加热便可消除。铁素体型不锈钢发生晶间腐蚀的主要原因，仍然是贫铬现象。除C以外，N也是有害元素，二者在δ相中的溶解度都比在γ相中低，加上Cr的扩散速度在δ相中也比在γ相中高得多，所以即使由高温快速冷却，也不能避免铬的碳化物或氮化物沿晶间析出。只有当碳和氮的总质量分数降低到0.01%以下时，才能避免晶间腐蚀。

组织为γ+δ的双相不锈钢，特别是加Mo的双相钢，具有比相近含碳量的奥氏体型不锈钢高得多的耐晶间腐蚀能力，其在退火状态下也有良好的耐应力腐蚀能力。

（3）点蚀和缝隙腐蚀　点蚀也称点状腐蚀，是指金属表面产生小孔状或小坑状的腐蚀，小孔或小坑的直径一般等于或小于其深度。点蚀集中发生于金属表面的局部范围内，并迅速向内部发展，如图4-2所示。缝隙腐蚀是在金属结构的各种缝隙处产生的腐蚀，两者形成的条件不同，但产生腐蚀的机理是一样的，都是腐蚀区产生"闭塞电池腐蚀"作用所致。点蚀主要是不锈钢在含有Cl^-等卤素离子的溶液中，其表面钝化膜由于某种原因发生局部破坏，在破坏点形成了腐蚀电池而发生的腐蚀。组织缺陷、各种表面机械损伤以及焊接的各种表面缺陷等，都会加速点蚀的产生。增加材料的均匀性、晶界析出物以及提高钝化膜的稳定性都能提高耐点蚀能力。降低含碳量，增加铬、钼以及镍的含量则有利于改善耐点蚀性能。

在氯离子环境中由于有缝隙存在，在该处溶液流动发生迟滞，介质扩散受到限制，使介质成分和浓度与整体有很大差别，形成了闭塞电池而产生缝隙腐蚀。由于点蚀和缝隙腐蚀具有共同的性质，因此，耐点蚀的钢也都有耐缝隙腐蚀的性能。改善运行条件、改变介质成分和结构设计形式是防止缝隙腐蚀的重要措施。

(4) 应力腐蚀　应力腐蚀又称应力腐蚀开裂，简称 SCC。它是在拉应力与腐蚀介质共同作用下引起的破裂。这种破裂往往是在远低于材料屈服强度的低应力下和在很微弱的腐蚀环境中以裂纹形式出现的，这种裂纹一旦形成，常以很快的速度向前扩展，事先无明显征兆，故危险性很大。产生应力腐蚀有三个主要条件：特定成分及组织的金属，特定的环境和足够的拉应力。

纯金属一般不产生应力腐蚀，应力腐蚀发生在合金中。晶界上合金元素的偏析是引起晶间型开裂的应力腐蚀的重要原因。不锈钢的应力腐蚀大部分是由氯引起的，高浓度苛性碱、硫酸水溶液等也会引起应力腐蚀。表 4-5 所列为易引起奥氏体型不锈钢应力腐蚀的介质。

表 4-5　易引起奥氏体型不锈钢应力腐蚀的介质

介　质	断裂性质	介　质	断裂性质
硫酸铝	晶间裂纹及贯穿晶裂纹	氯化镁	贯穿晶裂纹
氯化铵	晶间裂纹及贯穿晶裂纹	氯化汞	晶间裂纹及贯穿晶裂纹
硝酸铵	晶间裂纹	氯代甲烷(含水)	贯穿晶裂纹
氯化钡	晶间裂纹及贯穿晶裂纹	有机酸+氯化物	贯穿晶裂纹
氯化钙	晶间裂纹及贯穿晶裂纹	有机氯化物	贯穿晶裂纹
氯化钴	贯穿晶裂纹	氯化钾	晶间裂纹及贯穿晶裂纹
氯乙烷	晶间裂纹及贯穿晶裂纹	氢氧化钾	贯穿晶裂纹
硅氟酸	贯穿晶裂纹	铝酸钠	晶间裂纹及贯穿晶裂纹
氢氟酸	晶间裂纹及贯穿晶裂纹	氢氧化钠	晶间裂纹及贯穿晶裂纹
氯化氢	贯穿晶裂纹	硫酸钠	晶间裂纹及贯穿晶裂纹
硝酸、盐酸、氢	晶间裂纹及贯穿晶裂纹	硫酸溶液	晶间裂纹及贯穿晶裂纹
氟酸混合酸溶液	晶间裂纹及贯穿晶裂纹	亚硫酸溶液	晶间裂纹及贯穿晶裂纹
氯化锂	晶间裂纹及贯穿晶裂纹	氯化锌	贯穿晶裂纹

奥氏体型不锈钢因氯化物引起的应力腐蚀开裂，主要属于阳极溶解腐蚀开裂，即 APC 型 SCC。但当有较多的 δ 相存在时，在高压加氢或含 H_2S 的介质中也会产生阴极氢脆开裂，即 HEC 型 SCC。马氏体型钢和铁素体型钢更易产生 HEC 型 SCC。钢的硬度越高，越容易产生 HEC 型 SCC。

奥氏体型不锈钢耐氯化物应力腐蚀开裂性能随其含镍量的提高而增大，故 25-22 型钢比 18-8 型钢耐应力腐蚀。含钼的钢对耐应力腐蚀不利，故 18-8Ti 钢比 18-8Mo 钢耐应力腐蚀性能好。

铁素体型不锈钢比奥氏体型不锈钢具有更好的耐应力腐蚀性；奥氏体型不锈钢中铁素体含量增加时，能增加耐应力腐蚀能力，当铁素体的体积分数大于 60% 时，耐应力腐蚀能力又有所下降。

3. 不锈钢的力学性能

不锈钢常温下的力学性能与金相组织有着密切关系，不同的组织显示不同的特性。马氏体型不锈钢在退火状态下强度低，塑性、韧性好，一经淬火便硬化，显示出很高的抗拉强度，同时塑性、韧性降低。铁素体型不锈钢没有淬硬性，其抗拉强度几乎与碳钢相同，但一般韧性较低。奥氏体型不锈钢的抗拉强度高，塑性、韧性也好，但屈服强度较低。

不锈钢比碳钢的高温强度高、耐氧化性好，适合在高温下使用。其中，铁素体和奥氏体型不锈钢可作为耐热钢使用，但必须注意σ相析出和475℃脆性等问题；马氏体型不锈钢因会发生相变，故使用温度受到限制。

在高温强度上，18-8型奥氏体型不锈钢优于马氏体和铁素体型不锈钢，若再添加Nb、Mo等元素或增加Ni和Cr的含量，则高温强度将进一步提高。

奥氏体型不锈钢与铁素体和马氏体型不锈钢相比，显示出了相当好的冲击韧性。因为奥氏体的晶粒构造是面心立方晶格，在极低的温度下也有良好的韧性，所以能用于制造液化天然气、液氮、液氧的容器设备。而马氏体和铁素体型不锈钢的韧性低，不适合在低温下使用。

4. 不锈钢对各种弧焊方法的适应性

不锈钢因化学成分、组织状态、物理和力学性能等方面存在差异，所以对各种焊接方法有不同的适应性，见表4-6。

表4-6 不锈钢对各种弧焊方法的适应性

焊接方法		不锈钢类型			适用厚度/mm	说明
		马氏体型	铁素体型	奥氏体型		
焊条电弧焊		很少应用	较适用	适用	>1.5	薄板不易焊透，焊缝余高大
手工TIG焊		较适用	较适用	适用	0.5~3	大于3mm可多层焊，但效率不高
自动TIG焊		较适用	较适用	适用	0.5~3	大于4mm可多层焊；小于0.5mm时，操作要求严格
脉冲TIG焊				适用	0.5~4	焊接热输入低，焊接参数调节范围宽
					<0.5	卷边接头
MIG焊		较适用	较适用	适用	3~8	开坡口，可单面焊双面成形
					>8	开坡口，多层焊
脉冲MIG焊		较适用	较适用	适用	>2	焊接热输入小，焊接参数调节范围宽
等离子弧焊	小孔法			适用	3~8	开I形坡口，单面焊双面成形
	熔透法	较适用	适用	适用	≤3	同手工和自动TIG焊
微束等离子弧焊				适用	<0.5	卷边接头
埋弧焊		很少应用	很少应用	适用	>6	效率高、劳动条件好，但焊缝冷却速度慢

4.2 奥氏体型不锈钢的焊接

4.2.1 奥氏体型不锈钢的化学成分与力学性能

奥氏体型钢是不锈钢中最重要的钢类，其生产量和使用量约占不锈钢总量的70%。这类钢是在18%铬铁素体型不锈钢中加入Ni、Mn、N等奥氏体形成元素而获得的钢种系列。

根据主加元素铬、镍的含量,奥氏体型钢可分为 18-8 型钢、18-12 型钢、25-20 型钢。

奥氏体型不锈钢的化学成分见表 4-7,一般以固溶处理状态交货。固溶处理可使奥氏体型不锈钢再结晶和软化,并使铬的碳化物固溶到奥氏体中,获得稳定的奥氏体,以改善其耐蚀性能。表 4-8 所列为奥氏体型不锈钢的热处理工艺及力学性能。

表 4-7 部分奥氏体型不锈钢的化学成分

牌号	化学成分(质量分数)(%)							
	C	Si	Mn	P	S	Ni	Cr	其他
12Cr18Ni9	≤0.15	≤1.00	≤2.00	≤0.045	≤0.030	8.00~10.00	17.00~19.00	N≤0.1
06Cr18Ni10	≤0.08	≤1.00	≤2.00	≤0.045	≤0.030	8.00~11.00	18.00~20.00	—
022Cr19Ni10	≤0.03	≤1.00	≤2.00	≤0.045	≤0.030	8.00~12.00	18.00~20.00	—
06Cr25Ni20	≤0.08	≤1.50	≤2.00	≤0.045	≤0.030	19.00~22.00	24.00~26.00	—
06Cr19Ni13Mo3	≤0.08	≤1.00	≤2.00	≤0.045	≤0.030	11.00~15.00	18.00~20.00	Mo=3.00~4.00
12Cr18Ni9	≤0.15	≤1.00	≤2.00	≤0.045	≤0.030	8.00~10.00	17.00~19.00	N≤0.1

表 4-8 部分奥氏体型不锈钢的热处理工艺及力学性能

牌号	热处理 /℃	拉伸试验				硬度试验		
		$R_{p0.2}$/MPa	R_m/MPa	A(%)	Z(%)	HBW	HRB	HV
		≥				≤		
12Cr18Ni9	固溶 1010~1150,快冷	205	520	40	60	187	90	200
06Cr18Ni10	固溶 1010~1150,快冷	205	520	40	60	187	90	200
022Cr19Ni10	固溶 1010~1150,快冷	177	480	40	60	187	90	200
06Cr25Ni20	固溶 1030~1180,快冷	205	520	40	50	187	90	200
06Cr19Ni13Mo3	固溶 1010~1150,快冷	177	480	40	60	187	90	200
12Cr18Ni9	固溶 920~1150,快冷	205	520	40	50	187	90	200

4.2.2 奥氏体型不锈钢的焊接性

奥氏体型不锈钢比其他不锈钢容易焊接。其在任何温度下都不会发生相变,对氢脆不敏感,在焊态下奥氏体型不锈钢接头也有较好的塑性和韧性。焊接的主要问题是焊接热裂纹、脆化、晶间腐蚀和应力腐蚀等。此外,因导热性能差,线胀系数大,焊接应力和变形较大。

1. 焊接热裂纹

奥氏体型不锈钢与一般结构钢相比易产生焊接热裂纹,特别是含镍量较高的奥氏体型不锈钢更易产生裂纹。奥氏体型不锈钢的热裂纹以焊缝的结晶裂纹为主,个别钢种在近缝区或多层焊层间也可能产生液化裂纹。焊缝的金相组织、化学成分和焊接应力是导致奥氏体型不锈钢焊接接头产生热裂纹的主要因素。

(1) 焊缝金相组织的影响 奥氏体型不锈钢对热裂的敏感性主要取决于焊缝的金相组织。实践表明,与奥氏体内有少量铁素体的焊缝组织相比,单相奥氏体焊缝组织对热裂纹更为敏感。

1) 焊缝组织图。焊缝组织图是表示不锈钢焊缝金属的化学成分与相组织之间的关系图。不锈钢焊缝组织的类型主要取决于其合金元素的配比。在各种合金元素中，铬是典型的铁素体形成元素，而镍是典型的奥氏体形成元素，其他元素的影响都可按其作用的大小折算成相应的铬或镍当量，记为 Cr_{eq} 或 Ni_{eq}。将一系列不同合金成分的铬当量（把每一种铁素体化元素按其铁素体化作用的强烈程度折合成相当于若干铬之后的总和）、镍当量（把每一种奥氏体化元素按其奥氏体化作用的强烈程度折合成相当于若干镍之后的总和）与其焊态组织对应起来并绘成图，就可得到如图4-3所示的焊缝组织图，又称舍夫勒（Schaeffler）组织图。

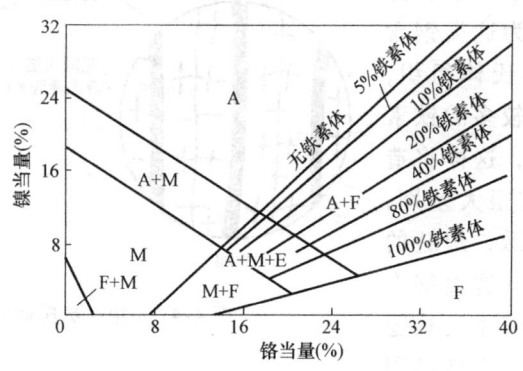

图4-3 舍夫勒（Schaeffler）组织图

图4-3显示了A（奥氏体）、F（铁素体）、M（马氏体）等各种组织的区域范围。根据母材、填充金属的化学成分及稀释率求出焊缝金属的化学成分，计算出铬当量和镍当量，在组织图上即可确定出焊缝金属的组织。反之，可按焊缝组织的要求确定对应的铬当量和镍当量，然后据此选择填充金属或调整焊缝成分。此图还适用于不锈钢与异种钢的焊接。舍夫勒（Schaeffler）组织图中的铬、镍当量（%）的计算公式如下

$$Cr_{eq} = [w(Cr) + w(Mo) + 1.5w(Si) + 0.5w(Nb)]$$
$$Ni_{eq} = [w(Ni) + 30w(C) + 0.5w(Mn)]$$

2）单向奥氏体的焊缝组织。从图4-3看出，A的区域位于图的上方，说明单相奥氏体的含镍量较高。随着含镍量的增加，奥氏体稳定化程度提高，对硫、磷、铅、锑等杂质更为敏感，且易与某些极限溶解度小的元素，如铝、硅、钛、铅、铌等，形成低熔共晶，使金属的实际凝固温度下降，从而增大了结晶温度区间；奥氏体钢的热导率小，线胀系数大，在焊接过程成中易形成较大的焊接拉应力；单相奥氏体焊缝易形成方向性强的粗大柱状晶组织，有利于上述有害杂质和元素的偏析，从而形成连续的晶间液态夹层，如图4-4a所示；熔池凝固过程中，奥氏体钢中开始产生拉伸应变的温度高于一般结构钢，且该温度随焊件厚度和焊接热输入的增大而提高，因而金属在脆性温度区积累的应变量增加。在上述各因素的综合影响下，单相奥氏体型不锈钢焊接接头呈现出较大的热裂敏感性。

3）奥氏体加少量异相的焊缝组织。含镍量较低 [$w(Ni) < 15\%$] 的奥氏体型不锈钢，如18-8型钢，其合金化程度不太高，若焊缝中含有少量（δ-Fe的体积分数在5%左右）δ铁素体，则大大提高了焊缝的抗结晶裂纹能力。这是因为少量δ相能阻止奥氏体晶粒长大，细化凝固亚晶组织，打乱枝晶的方向性，增加晶界和亚晶界的面积，使液态薄膜更为分散地

分布在晶界和亚晶界上,且被δ相分隔成不连续状,从而减弱了低熔点物质的有害作用,如图 4-4b 所示;此外,δ相能改变晶间夹层的成分和性能,起到冶金净化作用。δ相比γ相能固溶更多的杂质元素,例如,硫在δ相中固溶 0.18%,而在γ相中只有 0.05%;磷在δ相中的最大溶解度为 2.8%,而在γ相中只有 0.25%,因此,减少了有害杂质的偏析。所以,为了提高低镍奥氏体型钢焊缝的抗结晶裂纹性能,希望在焊缝内含有体积分数为 2%~8% 的δ相。

对于 $w(Ni)>15\%$ 的奥氏体型不锈钢,则不宜采用上述 γ+δ 双相焊缝来防止结晶裂纹。因为这类钢含镍量高,具有稳定的奥氏体组织,要获得δ相,必须加入较多的铁素体化元素或减少镍含量,这样将造成焊缝与母材的成分有很大差别,导致性能上与母材不一致,焊缝的塑性和韧性偏低。此外,这类钢多属于长期在高温条件下工作的热稳定钢,若钢中有了足以防止结晶裂纹的δ相,则不能防止在高温下长期工作的σ相析出脆化。所以,对高镍奥氏体型不锈钢,需要通过别的途径获得双相组织来改善抗热裂性能。例如,在焊缝中加入适量的铌(碳化物形成元素)或硼,使高镍奥氏体型不锈钢焊缝为 $\gamma+C_1$(一次碳化物)或 $\gamma+B_1$(一次硼化物)的双相组织,这样既可提高抗裂性,又不降低焊缝的高温性能。

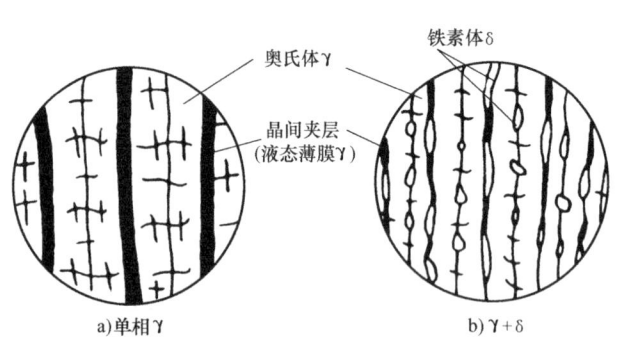

图 4-4 δ相在奥氏体基体上的分布

(2)焊缝化学成分的影响 不锈钢中可能遇到的合金元素在单相奥氏体焊缝和 γ+δ 双相焊缝中对结晶裂纹倾向的影响不完全相同,见表 4-9。

表 4-9 常用合金元素对不锈钢焊缝结晶裂纹倾向的影响

	元素	γ+δ 双相组织焊缝	γ 单相组织焊缝		元素	γ+δ 双相组织焊缝	γ 单相组织焊缝
奥氏体化元素	Ni	显著增大热裂倾向	显著增大热裂倾向	铁素体化元素	Cr	提高抗裂性,$w(Cr)/w(Ni) \geq 1.9~2.3$	无坏作用,形成 Cr-Ni 高熔点共晶,细化晶粒
	C	增大热裂倾向	减小热裂倾向 [$w(C)=0.3\%~0.5\%$,并同时含有 Nb、Ti 等]		Si	减少热裂倾向(焊丝中加入质量分数为 1.5%~3.5% 的 Si)	显著增大热裂倾向 [$w(Si) \geq 0.3\%~0.7\%$]
	Mn	减少热裂倾向;若使δ相消失,则增大热裂倾向	显著提高抗裂性 [$w(Mn)=5\%~7\%$],有 Cu 时增大热裂倾向		Ti	影响不大 [$w(Ti) \leq 1.0\%$ 时] 或细化晶粒,减少热裂倾向	显著增大热裂倾向;当 $w(Ti)/w(C)=6$ 时,减少热裂倾向
	Cu	增大热裂倾向	影响不大(Mn 极少时);显著增大热裂倾向 [$w(Cu) \geq 2\%$]		Nb	易产生区域偏析,减少热裂倾向	显著增大热裂倾向;当 $w(Nb)/w(C)=10$ 时,可减少热裂倾向
	N	提高抗裂性(如能保持 γ+δ 双相组织)	提高抗裂性		Mo	细化晶粒,减少热裂倾向	显著提高抗裂性
	B	—	质量分数为万分之几时,强烈增大热裂倾向;$w(B)=0.4\%~0.7\%$ 时,减小热裂倾向		V	显著提高抗裂性(有细化晶粒和去除 S 的作用)	稍增大热裂倾向;如能形成 VC,可细化晶粒,从而减少热裂倾向
					Al	减少热裂倾向	强烈增大热裂倾向

由表4-9可见，对于低镍 [$w(Ni)<15\%$] 的奥氏体型不锈钢焊缝，增加适量的铁素体化元素可以增加焊缝中δ相的数量，从而能显著提高其抗裂性；而增加奥氏体化元素的含量，则会使焊缝中的δ相减少甚至消失，使热裂倾向增大。对于高镍 [$w(Ni)>15\%$] 的单相奥氏体型不锈钢焊缝，加入适量的锰 [$w(Mn)=5\%\sim7\%$]、钼 [$w(Mo)=2\%\sim2.5\%$]、钨 [$w(W)=2\%\sim2.5\%$]、氮 [$w(N)=0.1\%\sim0.18\%$] 和钒 [$w(V)=0.4\%\sim0.8\%$]，均可提高焊缝的抗裂性。此外，加入少量铈、锆、钽等微量元素，能细化焊缝组织、净化晶界，也对提高单相奥氏体型不锈钢焊缝的抗裂性有显著效果。

(3) 焊接应力的影响　焊接应力是引起裂纹的力学因素。奥氏体型钢的热导率小，而线胀系数大，在焊接热循环的作用下，焊缝在凝固过程中就形成了较大的焊接内应力，为热裂纹的产生创造了力学条件。

(4) 焊接工艺的影响　钢的合金成分一定的条件下，焊接工艺对产生热裂纹也有一定影响。为了避免焊缝枝晶粗大和过热区晶粒粗化，以致增大偏析，应尽量采用小的焊接热输入，而且不应预热，并降低层间温度。为了减小热输入，不应过分增大焊接速度，而应适当降低焊接电流。因为焊接速度过高，必然会加快高温冷却速率，使焊缝在凝固过程中承受大的收缩应变。降低焊接电流可减小熔深，热裂倾向小。

采用合理的接头坡口设计、减少接头的拘束度和合理地安排焊接顺序，以减小焊接应力，都可以防止焊接热裂纹产生。焊接起弧和引出处容易产生裂纹，有条件的应在焊缝两端加引弧板和引出板。若不能采用收弧板，最好用衰减电流收弧，并填满弧坑。

2. 晶间腐蚀

焊接奥氏体型不锈钢时，在接头上有三个部位可能发生晶间腐蚀，如图4-5所示。将在哪一个部位发生晶间腐蚀，则取决于母材和焊缝的成分。

(1) 焊缝区的晶间腐蚀　普通的18-8型钢在多层焊的前层焊缝热影响区达到敏化温度的区域，在晶界上容易析出铬的碳化物，形成贫铬的晶粒边界。若该区恰好露在焊缝表面并与腐蚀介质接触，则会发生晶间腐蚀。

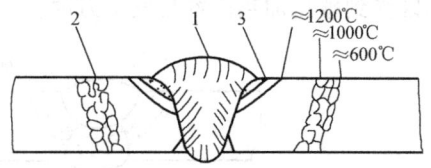

图4-5　18-8型不锈钢焊接接头可能
出现晶间腐蚀的部位
1—焊缝区　2—HAZ敏化区　3—熔合区

防止焊缝区出现晶间腐蚀的方法如下：

1) 通过焊接材料使焊缝金属成为超低碳 [$w(C)<0.03\%$] 的奥氏体。但要注意，若母材不是超低碳的，则会因熔合比的作用使焊缝增碳。

2) 选用含有Ti或Nb等稳定化元素的奥氏体焊接材料。Ti和Nb的含量取决于焊缝中的C含量，一般希望 $w(Ti)/[w(C)-0.02]>8.5\sim9.5$，或 $w(Nb)\geqslant8w(C)$。

3) 调整焊缝化学成分，使奥氏体焊缝中获得少量δ相。使δ相散布在奥氏体晶粒边界上，不致形成连续的贫铬层，况且δ相富Cr，有良好供应Cr的条件，可以抑制γ晶粒形成贫铬层。焊缝中δ相的最佳体积分数为4%~12%。

（2）热影响区敏化区的晶间腐蚀　焊接热影响区敏化区的温度略高于敏化热处理温度，为600~1000℃。产生晶间腐蚀的原因仍然是该区内奥氏体晶粒边界析出铬碳化物造成贫铬层。

防止热影响区出现晶间腐蚀的关键在于母材的选择。普通18-8型钢才会有敏化区存在；对于含Ti或Nb的18-8Ti或18-8Nb型钢，以及超低碳18-8型钢，则不易有敏化区出现。在焊接工艺上，应采取较低的焊接热输入，快速冷却以减少处于敏化加热的时间。

（3）熔合区的晶间腐蚀（刀蚀）　熔合区晶间腐蚀的特点是沿焊接熔合线走向似刀削切口状向内腐蚀，故称刀状腐蚀，简称刀蚀。腐蚀区宽度初期只有3~5个晶粒，逐步扩展到1.0~1.5mm。这种腐蚀只发生在含有Ti或Nb的18-8Ti和18-8Nb型钢的熔合区上。其实质原因也是在晶界有$Cr_{23}C_6$型碳化物沉淀而形成贫Cr层所致。

在含有Ti或Nb的奥氏体型不锈钢焊接接头的过热区内，加热温度超过1200℃的部位，TiC或NbC将全部固溶于γ相晶粒内，冷却时将有部分固溶的碳原子扩散并偏聚于γ晶界处。在随后进行多层焊时，加热到600~1000℃的敏化温度区间内，上述γ晶界偏聚的碳原子浓度增大，同时发生$Cr_{23}C_6$型碳化物沉淀，从而造成该区晶粒边界贫铬，在一定腐蚀介质的作用下，开始从表面产生晶间腐蚀，直至形成刀状腐蚀而破坏。在这里，高温过热和中温敏化相继作用是发生刀蚀的必要条件。

预防含Ti、Nb奥氏体型不锈钢发生刀蚀最有效的方法，是降低钢中碳的质量分数[w(C)<0.06%]，超低碳不锈钢不仅不发生敏化区腐蚀，也不发生刀蚀。在工艺方面，焊接时应尽量减少过热，采用小焊接热输入，避免交叉焊缝，增大焊后冷却速度。双面焊时，与腐蚀介质接触的焊缝应最后施焊；如果不能实现，应当调整焊缝形状、尺寸和焊接参数，使第二面焊缝所产生的敏化温度区（600~1000℃）不落在第一面焊缝表面的过热区上，如图4-6a所示。若落在第一面焊缝表面的过热区上，如图4-6b所示，就会因第一面焊缝的表面过热区受到敏化加热而容易发生刀蚀。

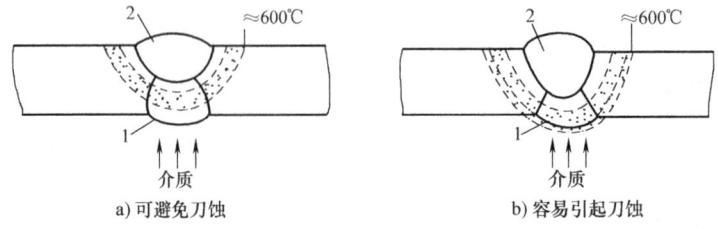

图4-6　第二面焊缝的敏化区对刀蚀倾向的影响

3. 应力腐蚀开裂

奥氏体型不锈钢焊接接头对应力腐蚀更为敏感。因为钢的热导率小，线胀系数大，焊后存在较大的焊接残余应力，为应力腐蚀开裂创造了必要条件。此外，由于焊接热过程导致接头碳化物析出敏化，促进了应力腐蚀的发生。

预防应力腐蚀开裂的措施如下。

（1）减小或消除残余应力　消除焊接残余应力最有效的办法是进行退火热处理。对于

18-8 型钢,退火温度为 850~900℃;对于含钼奥氏体型不锈钢,退火温度为 950~1000℃。在没有进行退火热处理的条件时,通过合理设计焊接结构、焊接中尽量减小接头拘束度和合理安排施焊顺序等,都可在不同程度上减小焊接残余应力。

(2) 选用抗应力腐蚀性能好的母材或焊接材料 可以选择含 Ni 量高的母材及其焊接材料,也可以选择铁素体含量高的奥氏体型不锈钢和焊接材料。因为铁素体相在奥氏体中能对应力腐蚀裂纹扩展起到机械屏障作用,阻止裂纹向前扩展或改变扩展方向以延缓扩展期,而且两相成分不同,其电化学行为也不同。在含 Cl^- 离子介质条件下,铁素体为阳极,可对奥氏体起到电化学保护作用。

(3) 表面处理 应力腐蚀裂纹总是从接触敏感介质一侧的表面开始,逐渐向内部扩展。改变焊件表面状态可以提高其耐蚀性能。常用方法如下:

1) 对敏感侧表面进行喷丸处理,使其产生残余压应力。锤击该表面,也有相同效果。

2) 对敏感侧表面进行抛光、电镀或喷涂,也能提高其耐蚀性能。喷涂是利用铝、锌等金属作为牺牲阳极,用等离子弧和高速气流将这些金属粉末喷涂到不锈钢工作表面,达到电化学防护作用。

4. 焊接接头脆化

对于在低温或高温下工作的奥氏体型不锈钢,焊接时,要防止焊接接头发生脆化。

(1) 低温脆化 焊缝的化学成分和组织状态对低温韧性影响很大,见表 4-10。在 18-8 型钢双相组织焊缝中,铁素体形成元素均可提高焊缝强度,但却降低了其塑性和韧性,其中钛、铌最为明显。因此,为了满足低温韧性的要求,最好不采用 γ+δ 双相组织的焊缝,而使用能形成单一 γ 相焊缝组织的焊接材料。

表 4-10 焊缝化学成分和组织对韧性的影响

部位	主要化学成分(质量分数,%)							组织	$a_K/(J/cm^2)$	
	C	Si	Mn	Cr	Ni	Ti			20℃	-196℃
焊缝	0.08	0.57	0.44	17.6	10.8	0.16		γ+δ	121	46
	0.15	0.22	1.50	25.5	18.9	—		γ	178	157
母材(固溶)	≤0.12	≤1.0	≤2.0	17.0~19.0	8.0~12.0	≈0.7		γ	280	230

(2) 高温脆化 高温下进行短时拉伸或持久强度试验表明,当奥氏体焊缝中含有较多铁素体形成元素或较多的 δ 相时,都会发生显著的脆化现象。这主要是由于焊缝中的 δ 相在高温下发生 σ 相析出而脆化。为了保证焊缝有必要的塑性和韧性,长期工作在高温下的焊缝中所含的 δ 相的体积分数应小于 5%。

当焊件已出现 σ 相时,可加热到 1050~1100℃保温 1h 后水淬,这样可使绝大部分 σ 相重新溶入奥氏体中,即可恢复原性能。

4.2.3 奥氏体型不锈钢的焊接工艺

1. 焊接方法

由于奥氏体型不锈钢具有优良的焊接性,几乎所有熔焊方法和部分压焊方法都可以对其进行焊接。但从经济、实用和技术性能方面考虑，最好采用焊条电弧焊、惰性气体保护焊、埋弧焊和等离子弧焊等，见表4-6。

（1）焊条电弧焊　厚度在2mm以上的不锈钢板仍以焊条电弧焊为主，因为焊条电弧焊的热量比较集中、热影响小、焊接变形较小，能适应各种焊接位置与不同板厚的工艺要求，所用设备简单，所用的焊条类型、规格和品种多，且配套齐全。但是，焊条电弧焊对清渣要求高，易产生气孔、夹渣等缺陷，合金元素过渡系数较小，与氧亲和力强的元素，如钛、硼、铝等易被烧损。

（2）氩弧焊　钨极氩弧焊（TIG）和熔化极氩弧焊（MIG），是焊接奥氏体型不锈钢较为理想的焊接方法。氩气的保护效果好，合金元素过渡系数高，焊缝成分易于控制；由于热源较集中，又有氩气的冷却作用，其焊接热影响区较窄，晶粒长大倾向小；焊后不需清渣，可以实现全位置焊接和机械化焊接。其缺点是设备较为复杂，一般需要使用直流弧焊电源，成本较高。

TIG焊有手工焊接和自动焊接两种，前者较后者熔敷率低些。TIG焊最适于3mm以下的薄板不锈钢的焊接，在石油、化工产业中，各种奥氏体型不锈钢压力容器和管道的对接、换热器管子与管板的焊接以及厚板焊缝的封底焊等广泛采用TIG焊。对于厚度小于0.5mm的超薄板，要求用10~15A的电流焊接，此时电弧不稳，宜用脉冲TIG焊；厚度大于3mm时，有时需要开坡口和采用多层多道焊；通常在厚度大于13mm时，考虑到制造成本，不宜再用TIG焊。

MIG焊有自动和半自动两种。奥氏体型不锈钢厚板（>6mm）宜采用射流过渡形式焊接，焊丝直径通常为0.9~1.6mm，但只适用于平焊和横焊。薄板宜用短路过渡，可以全位置焊接，常用焊丝直径为0.8mm、0.9mm和1.2mm。

为防止背面焊道表面氧化和获得良好成形，底层焊道焊接时，其背面需加氩气保护。

（3）埋弧焊　适于中厚板奥氏体型不锈钢的焊接，有时也用于薄板。由于此方法焊接参数稳定，焊缝成分和组织均匀，且表面光洁，无飞溅，因而接头的耐蚀性能好。但是，埋弧焊的热输入大，熔池体积大，冷却速度小，高温停留时间长，均有促进奥氏体型钢元素偏析和组织过热倾向，容易导致焊接热裂纹的产生，其热影响区耐蚀性也受到影响。因此，对热裂纹敏感的纯奥氏体型不锈钢，一般不推荐用埋弧焊。

（4）等离子弧焊　等离子弧焊是焊接厚度在10~12mm以下的奥氏体型不锈钢板的理想方法。对于0.5mm以下的薄板，采用微束等离子弧焊尤其合适。因为等离子弧热量集中，利用小孔效应技术可以不开坡口，不加填充金属单面焊一次成形，很适用于不锈钢管的纵缝焊接。

2. 焊接材料

通常根据不锈钢材质、工作条件（工作温度、接触介质）和焊接方法来选用焊接材料。原则是选用使焊缝金属的成分与母材相同或相近的焊接材料。

（1）焊条电弧焊　选用奥氏体型不锈钢焊条时，应注意以下几个方面：

1）由于含碳量对不锈钢的耐蚀性能影响很大，因此，选用熔敷金属的含碳量不应高于母材的焊条。

2) 对于在高温下工作的奥氏体型耐热不锈钢，主要应选用能满足焊缝金属的抗热裂性能和接头高温性能的焊条。例如，对于 $w(Cr)/w(Ni)>1$ 的奥氏体型耐热钢，一般应选用 γ+δ 型不锈钢焊条，其中 δ 相的体积分数为 2%~5%；对于 $w(Cr)/w(Ni)<1$ 的稳定型奥氏体耐热钢，一般应选用在保证焊缝金属具有与母材化学成分大致相近的同时，增加焊缝金属中钼、钨、锰等元素的含量，以保证焊缝金属具有良好热强性的同时，提高其抗裂性能。

3) 对于在各种腐蚀介质中工作的耐蚀奥氏体型不锈钢，应按介质种类和工作温度来选用焊条。当工作温度在300℃以上，有较强腐蚀性介质时，应选用含有 Ti 或 Nb 等稳定元素或超低碳的焊条；对于含有稀硫酸或盐酸的介质，常选用含钼或铝、铜的焊条；对于在常温下工作，介质腐蚀性弱或仅为避免锈蚀的设备，从降低生产成本的角度，可选不含 Ti 或 Nb 的不锈钢焊条。

4) 对于要求纯奥氏体型不锈钢的焊缝或在结构刚性很大，焊缝抗裂性能差时，宜选用碱性药皮的奥氏体型不锈钢焊条。

5) 对于具有双相奥氏体型不锈钢的焊缝，因含有一定量的铁素体，其塑性和韧性较好。这时宜选用焊接工艺性能好的钛型或钛钙型药皮类型的焊条。

(2) TIG焊　钨极气体保护焊的焊接材料是保护气体、填充焊丝和电极。焊接奥氏体型不锈钢用的保护气体主要是 Ar，有时可用 Ar+He，但 He 价贵，适合稍厚焊件用。由于用惰性气体保护，焊接过程中合金元素很少被烧损，所以填充焊丝的成分与母材相同或相近。对于薄板的卷边接头，一般不需要填充金属。为了保证焊接电弧稳定，电极宜选用 $w(ThO)$=1.7%~2.2%的（WTh-15）钍钨极，也可用铈钨极。

(3) MIG焊　厚板推荐采用射流过渡进行平焊和横焊，一般采用 $Ar+2\%O_2$ 混合保护气体。与纯 Ar 相比，加入 O_2 有更好的润湿作用，并可改善电弧稳定性。但 O_2 含量过高时，合金元素易烧损。填充焊丝的成分应与母材相同或相近，其直径为 0.8~2.4mm。薄板宜用短路过渡，熔池温度低，易于控制焊缝成形，可全位置焊接。这时的保护气体宜用 $Ar+5\%CO_2$，CO_2 含量不宜过高，否则硅、锰元素损失大，对超低碳奥氏体型不锈钢会造成增碳，故难以保证焊缝质量和耐蚀性能。因此，一般不推荐用 CO_2 焊接不锈钢。

近年用药芯焊丝焊接奥氏体型不锈钢的情况有所增加。焊丝直径最粗达 2.4mm，一般推荐 1.6mm。焊接时的保护有气体保护和自保护或者两者兼用。气体保护焊通常用 CO_2；自保护是在焊丝的药芯内加入造渣、造气、脱氧和合金等药粉，焊接时像焊条一样，进行自保护。例如，采用药芯焊丝 A102-1、YA107-1、PK-YB102、PK-YB107 可以以自保护方式焊接不锈钢 022Cr19Ni10。

(4) 埋弧焊　用于碳钢埋弧焊的焊剂不适合焊接不锈钢，因为会引起铬的损失，并使锰、硅从焊剂溶入焊缝金属中。在冶金上，宜用中性或碱性焊剂。焊接时，Cr、Ni 等元素的烧损可通过加入焊丝或焊剂予以补偿。熔炼焊剂加入脱氧剂和合金元素较困难，很难调剂焊缝金属中 δ 相的含量，所以不适用于奥氏体型不锈钢厚板的焊接，烧结焊剂容易将脱氧剂和合金元素加到焊剂中，有利于对焊缝金属中 δ 相含量的调整和对烧损元素的补充，故烧结焊剂的应用日益增多。

(5) 电渣焊 大厚度奥氏体型不锈钢可采用电渣焊,其保护效果好,基本上没有合金元素被烧损的问题,故可取与母材成分相应的焊丝,其焊剂可以是HJ360、HJ250或SJ602。由于电渣焊热输入大,接头严重过热,因此焊后应进行热处理。

表4-11所列为部分奥氏体型不锈钢弧焊用焊接材料举例。

表4-11 部分奥氏体型不锈钢弧焊用焊接材料举例

牌号	电焊条		氩弧焊焊丝[①]	埋弧焊	
	型号	牌号		焊丝	焊剂
06Cr19Ni10 022Cr19Ni10	E308-16	A102	H08Cr21Ni10	H08Cr21Ni10	HJ260、HJ151 SJ601~SJ608
06Cr18Ni11Nb 07Cr19Ni11Nb	E347-16	A132	H0Cr20Ni10Nb	H0Cr20Ni10Nb	HJ172
06Cr17Ni12Mo2Ti	E316L-16	A022	H00Cr19Ni12Mo2	H00Cr19Ni12Mo2	HJ260,HJ172
022Cr17Ni12Mo2	E316L-16	A022	H00Cr19Ni12Mo2	H00Cr19Ni12Mo2 H0Cr20Ni14Mo3	HJ260,HJ172 SJ601
022Cr19Ni13Mo3	E308L-16	A002	H00Cr19Ni12Mo2	H00Cr20Ni14Mo3	SJ601
022Cr18Ni14Mo2Cu2	E317MoCuL-16	A032	—	—	

[①] TIG焊时主要用纯Ar气体保护,焊稍厚工件时可采用Ar+He;MIG焊射流过渡时用Ar+2%O_2,短路过渡时用Ar+5%CO_2。

3. 焊接工艺要点

(1) 热输入 焊接奥氏体型不锈钢不能用大焊接热输入,一般焊接所需的热输入比碳钢低20%~30%,过高的焊接热输入会造成焊缝开裂,降低耐蚀性能,导致变形严重和接头力学性能改变。采用小电流、低电压(短弧焊)和窄焊道快速焊可使热输入减小,采用必要的急冷措施可以防止接头过热的不利影响。

(2) 焊缝污染 奥氏体型不锈钢焊缝受到污染后,其耐蚀性能和强度将变差。外来污染有碳、氮、氧、水等。碳污染能引起裂纹和改变力学性能并降低耐蚀性能,碳来自车间尘土、油脂、油漆、做标记用的材料和工具中。因此,焊前必须对焊接区表面(坡口及其附近)进行彻底的清洁处理,清除全部碳氢化合物及其他污染物。薄的氧化膜可用浸蚀(酸性)方法清除,也可用机械方法,如使用没用过的不锈钢丝刷或砂轮喷丸等工具和手段去除。

层间若有焊渣必须清除后再焊,以防止产生夹渣,最后焊道表面也应清渣,最好用钢丝刷或机械抛光方法去除。

(3) 焊条电弧焊 在保证焊透和熔合良好的条件下,用小电流快速焊,使焊接熔池受热尽可能小。平焊时,弧长一般控制在2~3mm,直线焊不做横向摆动,其目的是减少熔池热量,防止铬等有利元素烧损。多层焊时,层间温度不宜过高,可待冷到60℃以下再清理焊渣和飞溅物,然后再焊。其层数不宜多,每层焊缝接头应相互错开。不在非焊部位引弧,焊缝收弧一定要填满弧坑,否则会产生弧坑裂纹而成为腐蚀起源点,有条件的尽量使用引弧板和引出板。

焊条为奥氏体型不锈钢焊芯时,由于焊芯电阻大、热导率小,焊接时热量不易散发,加之线胀系数大,药皮跟不上焊芯的膨胀,会出现焊芯发红和药皮开裂、剥落现象。通常应在焊条使用说明中规定的焊接电流许用范围内使用;若无规定,可参照表4-12选用。焊条用前必须按规定烘干。

表4-12 奥氏体型不锈钢焊芯的碱性焊条及其适用电流

焊条直径/mm	平均焊接电流/A	最高电弧电压/V	焊条直径/mm	平均焊接电流/A	最高电弧电压/V
1.6	35~45	24	3.2	90~110	25
2.0	45~55	24	4.0	120~140	26
2.4	65~80	24	5.0	160~180	27

(4) TIG焊 TIG焊适合焊接薄板或底层焊道。为了保证第一道焊缝背面不被氧化,焊接时应同时吹送保护气体。为防止薄板对接焊时发生变形,宜采用如图4-7所示的压紧装置(多为琴键式),背面采用带成形槽铜垫板,内通氩气进行焊缝背面保护,铜垫通水冷却,以加速接头散热。

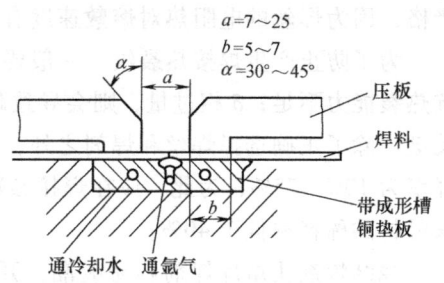

图4-7 薄板对接焊压紧装置

氩气纯度应在99.6%以上,重要结构甚至需要达99.99%;流量一般为10~30L/min,流量过小保护不良,过大则会出现紊流,导致保护也不良,电弧不稳。焊时风速应小于0.5m/s,否则要有挡风设施。

采用恒流直流电源,正接(钨极接负极)法焊接,以减少钨极消耗。尽量用短弧焊,薄板的无间隙对接或封底焊时,经常不加填充焊丝进行焊接。

(5) MIG焊 MIG焊热量集中,熔敷速度大,较适用于厚板焊接。使用恒压或上升特性的直流电源,采用直流反接(焊丝接正极),正接时电弧不稳,故一般不采用。保护气体的使用要注意表4-13中所列事项。其流量大小依焊接电流而不同,短路过渡一般选用12L/min以上的流量,而射流过渡则用18L/min以上流量,风大的地方(0.5m/s以上)应有挡风措施。

表4-13 不锈钢MIG焊时保护气体的使用

保护气体	熔滴过渡方式及其应用	注意事项
$Ar+O_2$ [$w(O_2)<5\%$]	喷射过渡:平焊	因焊道表面有硬氧化膜,故多层焊时应清除焊渣,以防止层间未焊透。若采用高Si系焊丝,则氧化膜能减少
	短路过渡:平、立、封底焊	
	脉冲喷射过渡:全位置焊	
$Ar+CO_2$ [$w(CO_2)<20\%$]	短路过渡:全位置焊	因焊缝含碳量高,对要求耐蚀的情况不宜使用,拘束大及厚板也不宜使用
	适于薄板焊接和打底焊	

表4-14所列为获得良好熔滴过渡形式所用的焊接电流和电弧电压。脉冲MIG焊通常用的电流为100~200A,电弧电压在22~26V范围内,根据所用填充材料和脉冲频率适当调整。在多道焊中,为防止由氧化膜引起的未焊透,可用砂轮将氧化膜除去。

表 4-14 良好熔滴过渡的焊接电流和电弧电压

过渡形式	焊丝直径 /mm	焊接电流 /A	电弧电压/V
射流过渡	1.2	250~300	24~28
	1.6	300~350	28~31
短路过渡	1.2	150~200	15~18

(6) 埋弧焊　埋弧焊焊接奥氏体型不锈钢既可用交流电源也可用直流电源,但细焊丝($\phi 1.6 \sim \phi 2mm$)或薄板焊接多用直流电源。焊接电流比在碳钢中焊接类似焊缝所需电流约低 20%。用于碳钢中的许多接头设计和焊接条件大致也适用于奥氏体型不锈钢,但由于奥氏体型不锈钢具有较高的电阻率和略低的熔化温度,因而在相同的焊接条件下,不锈钢焊丝的熔化速度比碳钢焊丝高 30% 左右。这种高电阻率的焊丝,对其伸出长度的控制也比碳钢严格,因为焊丝的电阻热对熔敷速度有很大的影响。

为了防止产生焊接热裂纹,一般要求焊缝金属中的 $w(\delta \text{-Fe}) = 4\% \sim 10\%$。δ相过少,则抗热裂能力不足;δ相过量,则会导致耐蚀性下降和δ相脆化。控制该含量便成为埋弧焊的关键。除了正确选择焊丝和焊剂之外,还受到母材对焊缝金属稀释的影响。埋弧焊母材的稀释率为 10%~75%,为此,应在焊接参数上和接头坡口设计上控制熔深和焊道形状。一般要求母材的稀释率低于 40%。

烧结焊剂比熔炼焊剂容易吸潮,开罐后应立即使用。当开罐后放置时间较长或已吸潮时,应在 250℃下烘干 1h。

注意:焊接不锈钢的电流不能过大,否则会造成热影响区耐蚀性能降低和晶粒粗大。表 4-15 所列为按焊丝直径确定的电流范围。

表 4-15 奥氏体型不锈钢埋弧焊的焊接电流范围

焊丝直径/mm	2.4	3.2	4.0	5.0
电流范围/A	200~400	300~500	350~800	500~1000

4. 预热和焊后热处理

奥氏体型不锈钢焊接前一般不进行预热,为防止热裂纹产生和铬碳化物析出,希望层间温度低一些,通常在 250℃以下。

焊后一般也不推荐进行热处理,只有在焊后进行冷加工或热加工的场合以及用于易发生应力腐蚀的环境时,才进行热处理。

(1) 固溶处理　固溶处理可使铬碳化物、σ相、焊缝金属中的铁素体固溶,以恢复钢的耐蚀性、韧性和塑性,并可消除由加工和焊接产生的内应力。热处理时,在产生铬碳化物的 500~900℃温度区域内尽快急速冷却。但是,在要求以强度为主的场合,以及虽然要求耐蚀性但已使用稳定化钢或低碳不锈钢的场合,一般不进行这样的热处理。

(2) 消除应力处理　在 800~1000℃的温度下,按板厚 2min/mm 以上的比例保温后再进行空冷的热处理,称为消除应力处理。在接近 900℃的温度下,消除应力的效果较好。

5. 焊接参数

表 4-16~表 4-19 所列为用几种常用焊接方法焊接奥氏体型不锈钢时采用的焊接参数,供参考。

第4章 不锈钢的焊接工艺

表 4-16 奥氏体型不锈钢焊条电弧焊焊接参数

焊件厚度/mm	焊条直径/mm	焊接电流/A		
		平焊	立焊	仰焊
<2	2	40~70	40~60	40~50
2~2.5	2.5	50~80	50~70	50~70
3~5	3.2	70~120	70~95	70~90
5~8	4.0	130~190	130~145	130~140
8~12	5.0	160~210	—	—

表 4-17 奥氏体型不锈钢 TIG 焊焊接参数

板厚/mm	钨极直径/mm	焊接电流/A	焊丝直径/mm	氩气流量/(L/min)
0.3	1	18~20	1.2	5~6
1	2	20~25	1.6	5~6
1.5	2	25~30	1.6	5~6
2	2	35~45	1.6~2	5~6
2.5	3	60~80	1.6~2	6~8
3	3	70~85	1.6~2	6~8
4	3	75~90	2	6~8
6~8	4	100~140	2	6~8
>8	4	100~140	3	6~8

表 4-18 奥氏体型不锈钢 MIG 焊焊接参数

板厚/mm	焊丝直径/mm	焊接电流/A	电弧电压/V	焊接速度/(m/h)	气体流量/(L/min)
2.0	1.0	140~180	18~20	20~40	6~8
3.0	1.6	200~280	20~22	20~40	6~8
4.0	1.6	220~320	22~25	20~40	7~9
6.0	1.6~2.0	280~360	23~27	15~30	9~12
8.0	2.0	300~380	24~28	15~30	11~15
10.0	2.0	320~440	25~30	15~30	12~17

表 4-19 奥氏体型不锈钢埋弧焊焊接参数

焊件厚度/mm	装配时允许的最大间隙/mm	焊接电流/A	电弧电压/V	焊接速度/(m/h)
8	1.5	500~600	32~34	46
10	1.5	600~650	34~36	42
12	1.5	650~700	36~38	36
16	2.0	750~800	36~38	31
18	3.0	800~850	36~38	25

4.3 铁素体型不锈钢的焊接

4.3.1 概述

铁素体型不锈钢在正火状态下以铁素体组织为主，$w(Cr)$ 在 13%~30% 范围内，不含镍，有些加入铁素体稳定化元素，如 Al、Nb、Mo 和 Ti 等；无相变，故不能通过热处理方法强化，存在加热时晶粒长大的不可逆性。低铬铁素体型不锈钢在弱腐蚀介质，如淡水中，有良好的耐蚀性；高铬铁素体型钢有良好的抗高温氧化能力，在氧化性酸溶液，如硝酸溶液中，有良好的耐蚀性，故其在硝酸和化肥工业中被广泛使用。

铁素体型不锈钢分为普通铁素体型钢和高纯铁素体型钢两大类，后者是运用各种精炼技术生产出含间隙元素（C 和 N）极低的一类铁素体型钢。普通铁素体型不锈钢有 06Cr13Al（低铬）、10Cr17（中铬）、008Cr27Mo（高铬）等；高纯铁素体型不锈钢有 008Cr27Mo、008Cr30Mo2 等。

铁素体型不锈钢都存在 475℃ 脆性和 σ 相析出脆化倾向，因此，只能用作 300℃ 以下工作的耐蚀钢和抗氧化钢。在氧化性的酸类及大部分有机酸和有机酸盐的水溶液中，铁素体型不锈钢具有良好的耐酸性，常用于制造化工容器。

4.3.2 铁素体型不锈钢的焊接性

普通铁素体型不锈钢焊接的主要问题有冷裂倾向和焊接接头的脆化。

（1）冷裂倾向　焊接 $w(Cr)>16\%$ 的铁素体型不锈钢时，近缝区晶粒将急剧长大而引起脆化，同时常温韧性较低。如果接头刚性较大，则很容易在接头上产生冷裂纹。在使用铬钢焊接材料时，为了防止过热脆化和产生裂纹，常进行低温预热以使接头处于富韧性状态来焊接。

（2）焊接接头的脆化　这类钢的晶粒在 900℃ 以上极易粗化。加热至 475℃ 附近或自高温缓冷至 475℃ 附近，在 550~820℃ 温度区间停留（形成 σ 相）均会使接头的塑性、韧性降低而脆化。

接头上一旦出现晶粒粗化就难以消除，因为热处理无法细化铁素体晶粒。因此，焊接时应尽量采取小的热输入和较快的冷却速度，多层焊时要严格控制层间温度，避免过热。

若在接头上产生 σ 相和 475℃ 脆化，可通过热处理方法消除。

4.3.3 铁素体型不锈钢的焊接工艺

1. 焊接方法和焊接材料

铁素体型不锈钢通常采用焊条电弧焊、TIG 焊和 MIG 焊，有时也用埋弧焊。所用的焊接材料有两类：同质的铁素体型和异质的奥氏体型。同质铁素体型焊接材料的优点是焊缝颜色与母材相同，线胀系数和耐蚀性相似；但同质焊缝的抗裂性能不高。当要求具有高抗裂性能，而且不能进行预热和焊后热处理时，可采用异质的奥氏体型焊接材料。但要注意：①焊接材料应是低碳的；②焊后不可退火处理，否则易引起晶间腐蚀和脆化；③奥氏体型钢焊缝的颜色和性能与母材不同。

表 4-20 所列为部分铁素体型不锈钢焊条电弧焊和 TIG 焊焊接材料举例。

表 4-20 铁素体型不锈钢焊接材料举例

钢号	焊条电弧焊焊条		氩弧焊焊丝	预热及层间温度/℃	焊后热处理/℃	选择原则
	型号	牌号				
06Cr13	E410-16 E410-15 E410-15	G202 G207 G217	H0Cr14	—	700~760	耐蚀、耐热
	E309-16 E309-15 E310-16 E310-15	A302 A307 A402 A407	H0Cr21Ni10 H0Cr18Ni12Mo2	—	—	高塑性、韧性
10Cr17	E430-16 E430-15	G302 G307	H1Cr17	70~150	700~760	耐蚀、耐热
	E308-15 E316-15 E309-15	A107 A207 A307	H0Cr21Ni10 H0Cr18Ni12Mo2	70~150		高塑性、韧性

2. 焊接热输入

由于铁素体型不锈钢具有强烈的晶粒长大倾向和易于在焊接过程中析出有害的中间相，因此，应尽量采用小的热输入和窄焊道进行焊接，并采取适当措施，提高焊缝的冷却速度以控制接头的过热。

3. 预热与焊后热处理

普通铁素体型不锈钢有冷裂倾向，其脆性转变温度常在室温以上，韧性低，为了防止产生冷裂纹，焊前预热是必要的。但这种钢对过热敏感，预热温度不能高，只能低温预热，最好控制在 150℃ 以下。层间温度也应控制在相应水平，否则会出现晶粒长大和可能产生 475℃ 脆性。

采用同质焊接材料焊接后应进行热处理。热处理的目的在于使接头的组织均匀化，提高其塑性和耐蚀性，同时也能消除焊接应力。热处理温度应低于使晶粒粗化或形成奥氏体的亚临界温度。必须避免在 370~570℃ 之间缓冷，以免产生 475℃ 脆性。

对于已产生 475℃ 脆性和 σ 相脆化的焊接接头，可短时加热到 600℃ 以上空冷来消除 475℃ 脆性；加热到 930~980℃ 急冷来消除 σ 相脆化。

采用奥氏体型钢焊接材料时，不必进行预热和焊后热处理。

4.4 马氏体型不锈钢的焊接

4.4.1 概述

马氏体型不锈钢的 $w(Cr)$ 一般在 12%~18% 范围内，$w(Cr)$ 超过 15% 时，常需加入一定量的镍或适当提高含碳量以平衡组织。

这类钢加热到高温时组织为奥氏体，冷却到室温时则转变为马氏体，故可以通过热处理强化，一般在淬火+回火（调质）状态下使用。

马氏体型不锈钢有下列类型：

（1）普通 Cr13 钢　如 12Cr13、20Cr13、30Cr13 和 40Cr13 等是最为常用的钢种。这类钢经高温加热后空冷即可淬硬，淬火后的强度、硬度随含碳量的增加而提高，但耐蚀性及塑性、韧性却随之降低。

（2）热强马氏体型钢　热强马氏体型钢是以 Cr12 为基础经过复杂合金化的马氏体型钢，如 12Cr12Mo、21Cr12MoV、22Cr12NiVMoV 等。同样，高温加热后空冷也可淬硬。这类钢不仅中温瞬时强度高，而且中温持久性能及蠕变性能也相当优越，耐应力腐蚀及冷热疲劳性能良好。

（3）超低碳复相马氏体型钢　这是一种新型马氏体型高强钢，其特点是 $w(C)$ 降到 0.05% 以下，并添加了镍 [$w(Ni)= 4\% \sim 7\%$]，此外还可能加入少量 Mo、Ti 或 Si 等。经淬火及超微细复相组织回火处理，可获得高强度和高韧性，适用于制作筒体、压力容器及低温制件等。

4.4.2　马氏体型不锈钢的焊接性

马氏体型不锈钢的焊接性和经调质的中低合金钢相似，焊接时的主要问题是易出现冷裂纹。无论马氏体型不锈钢以何种状态供货，焊后接头总会形成淬硬的马氏体组织。当焊接接头刚度大或含氢量高时，在焊接应力作用下，特别是从高温直接冷至 120~100℃ 以下时，很容易产生冷裂纹。含碳量越高，焊缝及热影响区的硬度就越高，对冷裂纹就越敏感。

防止因淬硬造成冷裂纹的最有效方法是进行预热和控制层间温度；为了获得最佳的使用性能和防止产生延迟裂纹，焊后要求进行热处理。

此外，要防止铁素体的产生。含碳量较高的马氏体型不锈钢，如 20Cr13、30Cr13 钢等，经加热 冷却后都可以形成完全马氏体组织。但是，对含奥氏体形成元素碳或镍较少或者含铁素体形成元素铬、钼、钨或钒较多的马氏体型不锈钢，如 12Cr13、14Cr17Ni2 等，其铁素体稳定性偏高，加热到高温后铁素体不能全部转变为奥氏体，淬火后除了得到马氏体外，还会产生一部分铁素体。在粗大铸态焊缝组织及过热区中的铁素体，往往分布在粗大的马氏体晶间（即原奥氏体晶界上），严重时可呈网状分布。这使接头对冷裂更加敏感，高温力学性能恶化。

含铁素体形成元素较多的马氏体型不锈钢具有较大的晶粒长大倾向。当焊接时过热或冷却速度慢时，近缝区会出现粗大的铁素体和晶界碳化物，这会降低焊接接头的塑性。

4.4.3　马氏体型不锈钢的焊接工艺

1. 焊接方法和焊接材料

马氏体型不锈钢可采用各种电弧焊方法焊接。

（1）焊条电弧焊　一般采用与母材同质的低氢型焊条，焊条在焊前需在 350~400℃ 的温度烘干。这类焊缝焊后一定要进行热处理；如果焊后不能进行热处理，则可选用铬镍奥氏体钢焊条。

（2）氩弧焊　TIG 焊焊接质量较好，常用于薄板焊接或多层焊的封底焊。采用直流正接。由于裂纹倾向小，薄板焊接可不预热，厚板可预热 120~200℃。一般选用与母材成分和组织相近的焊丝，以保证与母材匹配。

（3）CO_2 气体保护焊　接头含氢量低，其冷裂倾向比焊条电弧焊小，可用较低的预热温度焊接，可用实心焊丝或药芯焊丝（如 PK-YB102，PK-YB107 等）。

（4）埋弧焊　马氏体型不锈钢的导热性差，易过热，从而容易在热影响区产生粗大组织，故不常用埋弧焊。

表 4-21 所列为部分马氏体型不锈钢焊条电弧焊和 TIG 焊焊接材料举例。

表 4-21　马氏体型不锈钢焊接材料举例

钢号	焊条电弧焊焊条		TIG 焊焊丝	预热及层间温度/℃	焊后热处理/℃	选择原则
	型号	牌号				
12Cr13 20Cr13	E410-15	G207 G217	H0Cr14 H0Cr13	300~350	700~760	耐蚀、耐热
	E309-16 E309-15 E310-16 E310-15	A302 A307 A402 A407	H0Cr21Ni10 H0Cr18Ni	200~300	—	高塑性、韧性
14Cr17Ni2	E430-16 E430-15	G302 G307	H0Cr14 H1Cr3	300~350	700~750 空冷	耐蚀、耐热
	E308-16 E308-15 E309-16 E309-15 E310-16 E310-15	A102 A107 A302 A307 A402 A407	H0Cr21Ni10 H0Cr18Ni	200~300	—	高塑性、韧性

2. 预热与层间温度

焊接马氏体型不锈钢，尤其是在使用与母材同质的焊接材料时，为防止冷裂纹产生，焊前需预热，预热温度通常为 200~400℃。含碳量越高，焊件厚度越大，预热温度应越高，但最好不要高于 M_s 点。多层焊时，层间温度应保证不低于预热温度，以防止在熔敷后续焊缝前就产生冷裂纹。

3. 焊后热处理

为了降低焊缝和热影响区硬度，改善其塑性和韧性，以及减少焊接残余应力，焊后应进行整体或局部高温回火（730~790℃）。对于某些多元合金的马氏体型不锈钢，既不允许焊后尚处高温时就立即回火，也不允许冷却至室温再回火，而应冷却到 150~200℃ 保温 2h，使奥氏体大部分转变成马氏体，然后及时地进行高温回火。

4. 焊接工艺要点

凡是能用于调质状态的低合金高强度钢的焊接工艺，原则上均适用于马氏体型不锈钢。焊接时，所用的焊接热输入应大些，以利于减少冷裂纹倾向，但热输入的增加以不使晶粒粗化为限度。

4.5　双相不锈钢的焊接

随着现代工业技术的发展，传统奥氏体型不锈钢的耐蚀性能力已明显满足不了现代工业的要求，尤其是应力腐蚀引起的断裂。这些问题限制了奥氏体型不锈钢在化工、炼油等工业中的更广泛的应用。自 20 世纪 30 年代以来，各国为解决奥氏体型不锈钢应力腐蚀的问题做了大量工作，在不锈钢系列中开发了新钢种，如奥氏体-铁素体型不锈钢（简称双相不锈钢）。这类钢综合了奥氏体型和铁素体型不锈钢的优点，具有良好的韧性、强度和焊接性，其中屈服强度可达普通不锈钢的 2 倍；其优良的耐中性氯化物应力腐蚀性能远远地超过了 18-8 型不锈钢，并具有良好的耐孔蚀和缝蚀的能力。这类钢中镍含量只有 18-8 型钢的一半，解决了世界上工业用镍资源不足的问题，在石油、化工等产业的工业设备中可取代奥氏体型不锈钢。故这类钢一问世便立即得到了人们的重视。

双相不锈钢中 $w(Cr) = 17\% \sim 30\%$，$w(Ni) = 3\% \sim 7\%$，此外还有 Mo、Cu、Ni(Ti) 等元素。双相不锈钢中碳的质量分数较低 $[w(C) \leq 0.08\%]$，有时还加入强奥氏体形成元素 N。我国从 20 世纪 80 年代开始，将奥氏体-铁素体型不锈钢作为一个独立系列的钢种与奥氏体型、铁素体型和马氏体型不锈钢并列，目前已发展了 Cr19 型、Cr21 型和 Cr25 型三类双相不锈钢，典型钢种有 022Cr19Ni5Mo3Si2N、12Cr21Ni5Ti 和 022Cr25Ni6Mo2N。

通过铬当量和镍当量的计算，再通过舍夫勒不锈钢组织图，找出该类钢所处位置，可判断铁素体相和奥氏体相的含量。三类不锈钢各相的比例（体积分数）大致为：铁素体相为 40%~60%，奥氏体相为 60%~40%。这个相比例为双相不锈钢的理想比例，对提高不锈钢的耐应力腐蚀能力极为有利。

双相不锈钢焊接的主要特点：与纯奥氏体型不锈钢相比，具有较低的热裂倾向；与纯铁素体型不锈钢相比，焊后具有较低的脆化倾向，而且焊接热影响区铁素体粗化程度也较低，故焊接性较好。

由于这类钢焊接性能良好，焊接时可不预热和后热。薄板宜用 TIG 焊，中厚板可用焊条电弧焊。焊条电弧焊时宜选用成分与母材相近的焊条或含碳量低的奥氏体焊条。对于 Cr25 型双相钢，也可选用镍基合金焊条。

双相不锈钢中因有较大比例的铁素体存在，而铁素体型钢所固有的脆化倾向，如 475℃ 脆性、σ 相析出脆化和晶粒粗化依然存在，只是因为奥氏体的平衡作用而获得一定缓解，焊接时仍需注意。焊接无 Ni 或低 Ni 双相不锈钢时，在热影响区有单相铁素体化及晶粒粗化倾向，这时应注意控制焊接热输入，尽量用小电流、高焊速、窄焊道和多道焊，以防止热影响区晶粒粗化和单相铁素体化。层间温度不宜太高，最好冷后再焊下一层。

4.6 低合金钢与奥氏体型不锈钢的焊接

4.6.1 概述

在现代机器制造中，为了满足不同工作条件下对材料的不同要求，通常将不同种的金属焊接起来。其中，以动力装置和化工设备中低合金钢与奥氏体型不锈钢的焊接最为常见。例如，结构中的常温受力构件由低合金钢（低碳或低合金钢）制造，高温或与腐蚀介质接触的部件采用奥氏体型不锈钢制造，然后将二者焊接起来。

低合金钢与奥氏体型不锈钢虽然都是铁基合金，但二者成分相差较大，实质上是异种金属的焊接。异种金属焊接时，存在的问题比同种金属焊接时的问题更多，焊接工艺更为复杂。因为除了金属本身物理、化学性能对焊接性带来的影响外，两种金属材料在成分与性能上的差异，会在更大程度上影响其连接。

需要注意的是，在制订焊接工艺规程时，对两种母材自身的问题，如低合金钢的冷裂纹与脆化、奥氏体型不锈钢的热裂纹等，仍需予以解决。

4.6.2 低合金钢与奥氏体型不锈钢的焊接性

当两种成分、组织性能不同的金属通过焊接而形成连续的焊接接头时，接头部位实质上是成分与组织变化的过渡区，集中了各种矛盾，具体表现如下。

1. 焊缝化学成分的稀释

低合金钢与奥氏体型不锈钢焊接时，焊缝金属平均成分是由两种不同类型的母材和填充金属混合所组成的。由于低合金钢中不含或只有少量的合金元素，如低合金钢熔入焊缝金属的份额增大，则会冲淡焊缝金属的合金浓度，从而改变焊缝金属的化学成分和组织状态。这种现象称为母材金属对焊缝金属的稀释作用。

稀释程度取决于母材金属在焊缝中所占的质量分数，用熔合比表示。奥氏体型不锈钢与低合金钢的焊缝，希望母材在焊缝金属中所占的比例要小，即稀释率小一些，而且要求熔合比稳定，主要由焊接材料来控制焊缝金属的成分和组织，以降低其受熔合比波动的影响程度，从而减少焊接裂纹，保证焊接接头性能。影响焊缝稀释程度的因素很多，如焊缝形状、焊接方法、焊接电流、电弧电压、焊接速度等。

在 Q235 钢与 12Cr18Ni9 钢的焊缝中，如果焊缝被过分稀释，可使焊缝中奥氏体形成元素不足，结果是在焊缝中出现马氏体组织，使焊接接头的脆性增大，导致焊接接头形成裂纹。通过图 4-8 所示的舍夫勒组织图，来分析讨论以各种奥氏体型不锈钢为填充材料，焊接 Q235 钢与各种奥氏体型不锈钢时，对焊缝金属的金相组织以及熔合比变化的影响。首先将钢的合金元素含量折算成铬当量和镍当量，再在图 4-8 中找出相应的点，即可知该焊缝正常冷却组织中的相组成。

12Cr18Ni9 钢与 Q235 钢未焊前，铬当量和镍当量的计算见表 4-22，分别对应图 4-8 中的

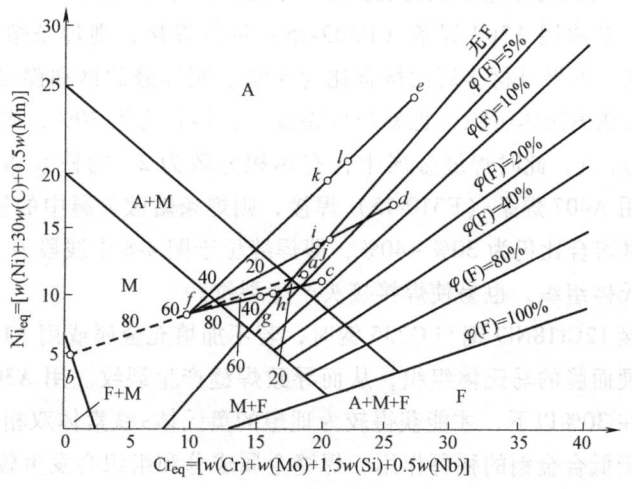

图 4-8　舍夫勒组织图

注：φ（F）代表 F 的体积分数。

a、b 两点。如果不加填充材料进行 TIG 焊，假定这两种金属熔入焊道中的比例各为一半，其熔合比分别为 50%，则在图 4-8 中可找到对应的 f 点。从图中可以看出 f 点所处焊缝金属的位置为马氏体组织。众所周知，马氏体组织是一种硬而脆的组织，容易使焊缝产生裂纹。

表 4-22　Q235 钢与 12Cr18Ni9 钢的铬、镍当量

钢号	化学成分（质量分数，%）					Cr_{eq}(%)	Ni_{eq}(%)	图 4-8 中的位置
	C	Mn	Si	Cr	Ni			
Q235	0.17	1.40	0.35	—	—	0.53	5.8	b
12Cr18Ni9	0.15	2.00	1.00	17~19	8~10	19.5①	14.5②	a

① 计算铬当量时，Cr 的质量分数取 18%。
② 计算镍当量时，Ni 的质量分数取 9%。

对焊接 12Cr18Ni9 钢和 Q235 钢常用的几种焊条的熔敷金属进行铬当量和镍当量的计算，其当量值见表 4-23。

表 4-23　焊条熔敷金属的铬、镍当量

钢号	化学成分（质量分数，%）					Cr_{eq}(%)	Ni_{eq}(%)	图 4-8 中的位置
	C	Mn	Si	Cr	Ni			
A102	0.07	1.22	0.46	19.2	8.5	19.87	11.15	c
A307	0.11	1.32	0.48	24.8	12.8	25.52	16.76	d
A407	0.18	1.4	0.54	26.2	18.8	27.01	24.9	e

首先选用不锈钢焊条 A102（E308-16）作为填充金属，其铬、镍当量对应于图 4-8 中的 c 点。假定两种母材熔入焊缝中的数量相同，即两种母材混合熔化后铬和镍当量仍为原来的 f 点，则当母材金属的熔合比发生变化时，焊缝金属的铬和镍当量将沿线段 fc 各点移动而发生变化。当母材金属熔合比为 40%（即两种母材金属在焊缝金属的质量分数分别为 20%）时，焊缝中的铬和镍当量相当于 g 点；当母材的熔合比为 30% 时，铬和镍当量相当于 h 点，从图 4-8 上看，g、h 两点的焊缝组织为奥氏体+马氏体，焊接接头仍有形成裂纹的可能。在完全相同的条件下，若改用 A307 焊条（E309-15）进行焊接，则焊条熔敷金属的铬和镍当量为图 4-8 中的 d 点。如果母材金属的熔合比为 40%，则焊缝的铬和镍当量相当于图 4-8 中的 i 点，此时焊缝为纯奥氏体组织，也易产生裂纹；若熔合比为 30%，则焊缝中的铬和镍当量相当于图 4-8 中的 j 点，此时焊缝金属中含有体积分数为 2% 的铁素体组织，对抗裂性和耐蚀性均有利。若用 A407 焊条（E310-15）焊接，则焊条熔敷金属中的铬和镍当量为图 4-8 中的 e 点，如果母材熔合比仍为 30%~40%，即焊缝位于图 4-8 中线段 fe 上的 k、l 两点，则焊缝金属为单相奥氏体组织，也易使焊接接头产生裂纹。

由此可见，焊接 12Cr18Ni9 钢与 Q235 钢时，若不加填充金属或用 A102 焊接，焊缝金属不可避免地要出现硬而脆的马氏体组织，从而导致焊缝产生裂纹。用 A307 焊接时，母材金属的熔合比要控制在 30% 以下，才能获得较为理想的奥氏体+铁素体双相组织。

综上所述，由于低合金钢的稀释作用，焊缝金属成分和组织会发生较大变化，但通过焊接材料的选择以及对母材金属熔合比的控制，可以在相当宽的范围内调整焊缝的成分和组织。

2. 凝固过渡层的形成

上面谈到的焊缝化学成分是指焊缝平均化学成分，而实际上母材金属对焊缝金属熔池的稀释程度并非是完全均匀的。在焊缝金属熔池边缘，金属在液态持续时间最短，温度也较熔池中部低，液体金属流动性较差，容易结晶形成固态。由于低合金钢与奥氏体型不锈钢的化学成分相差悬殊，在低合金钢一侧熔池边缘，熔化的母材金属和填充金属不能充分地混合，此侧焊缝金属中低合金钢所占份额较大，且越靠近熔合线，稀释程度就越大；而在焊缝金属熔池的中心，其稀释程度较小。这样，焊接低合金钢与奥氏体型不锈钢焊接，在低合金钢一侧，熔合线的焊缝金属存在一个成分梯度很大的过渡层，宽 0.2~0.6mm。这种成分上的过渡变化区是由熔池凝固特性造成的，故称为凝固过渡层，其特性是高硬度的马氏体脆性层。

3. 碳迁移过渡层的形成

低合金钢与奥氏体型不锈钢的焊接接头，在焊后热处理或高温运行时，由于熔合线两侧的成分相差悬殊，组织也不同，在一定的温度下会发生某些合金元素的扩散。其中扩散最强、影响最明显的是碳。碳从低合金钢母材通过熔合区向焊缝扩散，从而在靠近熔合区的低合金钢母材上形成了一个软化的脱碳层，而在奥氏体型不锈钢焊缝中形成了硬度较高的增碳层，如图 4-9 所示。

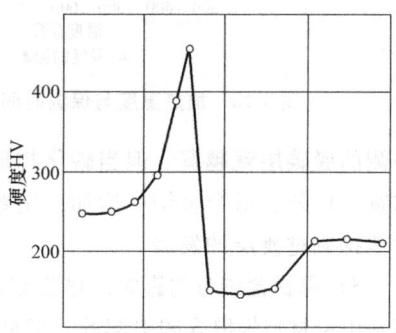

图 4-9 低合金钢与奥氏体型不锈钢焊缝熔合区的硬度分布
（左侧为焊缝，右侧为母材）

过渡层的形成，造成了脱碳层与增碳层硬度的明显差别。长时间在高温下工作时，由于变形阻力不同，将产生应力集中，使接头的高温持久强度和塑性下降，可能导致沿熔合区断裂。

碳的迁移是形成过渡层的主要原因。碳的扩散取决于其本身的扩散能力，还与接头组织和状态有关。具体条件如下：

1) 焊接过程中熔合区两侧分别为固体和液体，此时，碳将由溶解度较低的母材向溶解度较高的熔池过渡。

2) 焊缝凝固后，熔合区两侧分别为奥氏体相和铁素体相，碳将由溶解度低而扩散系数高的铁素体相的母材向溶解度高的奥氏体相焊缝中扩散。

3) 焊缝与母材中碳化物形成元素的种类与数量不同，在低合金钢母材与奥氏体焊缝熔合时，焊缝中有较多比铁更强的碳化物形成元素，促使熔合区附近母材中的渗碳体分解，析出的碳原子越过熔合区扩散到焊缝中，并在熔合区附近形成稳定的碳化物。碳化物形成元素的差别是低合金钢与奥氏体型不锈钢焊接时形成碳迁移过渡层的主要原因。

影响扩散层的形成与发展的因素有以下几个方面：

1) 接头焊后加热温度及保温时间。实践证明，焊接热输入对碳的迁移有影响，即使采用大的热输入，焊后也不一定出现明显的过渡层。而焊后加热到 500℃，保温一段时间后，碳的迁移过渡层开始发展。随着温度升高，发展逐渐变得强烈，到 800℃ 达到最大值。随着加热时间的延长，过渡层随之加宽，如图 4-10 所示。故一般情况下，异种钢接头焊后不宜进行热处理。

2) 碳化物形成元素的影响。奥氏体焊缝中合金元素对碳的亲和力越大，低合金钢母材

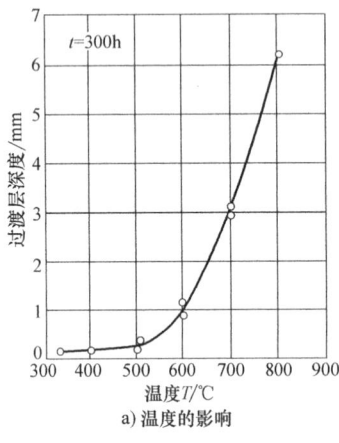
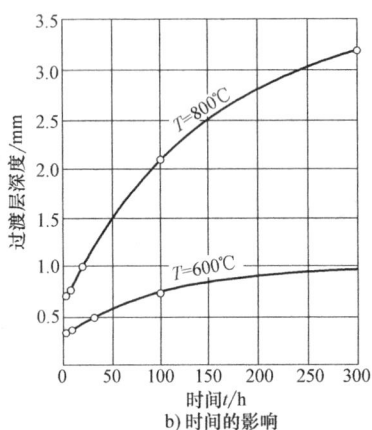

图4-10 加热温度与保温时间对Cr25Ni13钢和低碳钢接头熔合区过渡层深度的影响

一侧的脱碳层就越宽。但当碳化物形成元素达到一定数量后,继续增加其数量,过渡层不再加宽。此外,低合金钢中增加一定数量的碳化物形成元素,如Cr、Mo、V、Ti等,能够有效地抑制过渡层的发展。

3) 母材含碳量的影响。尽管碳从低合金钢向焊缝扩散不是由母材与焊缝含碳引起的,但低合金钢中含碳量越高,过渡层发展得越强烈,硬度升高得越明显,如图4-11所示。

4) 镍的影响。镍是石墨化元素,它会降低碳化物的稳定性,削弱碳与碳化物形成元素的结合力。因此,提高焊缝中的镍含量,有助于抑制碳的扩散。

4. 残余应力的形成

异种钢焊接接头,由于两种钢的线胀系数相差很大,不仅焊接时会产生较大应力,而且在交变温度下工作必然会产生交变热应力,从而有可能发生疲劳破坏。在焊态时,奥氏体焊缝承受拉应力,低合金母材承受压应力;焊后热处理后并未消除残余应力,而只是使焊接残余应力重新分布。焊后热处理后,仍然是奥氏体型钢焊缝承受拉应力,低合金母材承受压应力,解决这一问题的主要方法是选用线胀系数与低合金钢相近的奥氏体焊接材料。

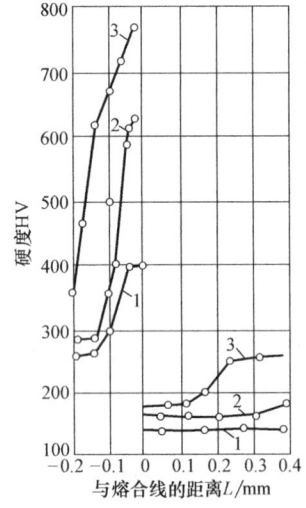

图4-11 母材中含碳量对熔合区显微硬度的影响
1—工业纯铁 [$w(C)=0.06\%$] 2—30钢 [$w(C)=0.32\%$] 3—T7钢 [$w(C)=0.69\%$]

4.6.3 低合金钢与奥氏体型不锈钢的焊接工艺

1. 焊接方法的选择

这类异种钢焊接时应注意选用熔合比小、稀释率低的焊接方法,如焊条电弧焊、钨极氩弧焊、熔化极气体保护焊都比较合适。埋弧焊则需要注意限制热输入,控制熔合比。由于埋弧焊搅拌作用强烈,高温停留时间长,故其形成的过渡层较为均匀。

2. 焊接材料的选择

焊接材料的选择必须考虑接头的使用要求、稀释作用、碳的迁移、残余应力及抗裂性等一系列问题。以 Q235 钢+奥氏体型不锈钢 12Cr18Ni9 的焊条电弧焊为例，对焊接材料考虑以下因素。

（1）分析和调整低合金钢焊缝的稀释作用　为确保焊缝金属成分和组织性能良好，试分别选用 J507(E5015)、A132、A302、A402 等牌号的焊条进行施焊，从分析中得知焊缝金属成分和组织是不同的。用 J507 焊条焊接上述异种钢时，可计算出熔敷金属的铬和镍当量，对应图 4-8 中的 b 点，焊缝金属基本上是马氏体组织，当然是不可采用的。用 A132(E347-16) 焊条施焊时，焊缝组织基本上是奥氏体+马氏体，且靠近 Q235 钢一侧马氏体数量较多，形成脆性破坏起始的区域较大，因而不适用。用 A302(E309-16) 焊条或 A402(E310-16) 焊条施焊时，得到的焊缝金相组织为奥氏体+铁素体。这是由于镍的含量较高，起到了稳定奥氏体组织的作用。可见，为了克服低合金钢的稀释作用，减小过渡层中脆性层的宽度，应选用奥氏体化能力强的填充金属材料。

（2）抑制碳的迁移　提高焊接材料的含镍量，是抑制熔合区中碳的迁移扩散的最有效手段。随着工作温度的提高，要阻止焊接接头中碳的迁移扩散，必须提高镍的含量。通常根据异种钢焊接接头的工作温度，有四个含镍量等级的焊缝。在 350℃ 以下温度工作时，焊缝金属中的 $w(Ni)=10\%$；在 350~450℃ 温度下工作时，$w(Ni)=19\%$；在 450~550℃ 温度下工作时，$w(Ni)=31\%$；而在 550℃ 以上长期工作时，则要求焊缝金属中 $w(Ni)=47\%$。

（3）改变焊接接头的应力分布　在高温下工作的异种钢焊接接头，如果焊缝金属的线胀系数与奥氏体型不锈钢接近，热应力就集中在低合金钢一侧的熔合区内；如果焊缝金属的线胀系数与低合金钢接近，则热应力集中在奥氏体型钢一侧的熔合区内。由于低合金钢通过塑性变形来吸收应力的能力较差，所以热应力在奥氏体型钢一侧比较有利。故选用线胀系数与低合金钢接近的镍基合金 Cr15Ni70 作为填充材料。

（4）提高焊缝金属的抗裂能力　为了解决焊接接头的脆化、过渡层等问题，要求采用高镍的填充金属。但随着焊缝中 $w(Ni)$ 的增加，焊缝的热裂倾向明显增大。为了防止焊缝中出现热裂纹，在不影响使用性的前提下，最好使焊缝中含有 3%~7% 的铁素体组织，以防止热裂纹的产生。而当奥氏体型不锈钢中 $w(Cr)/w(Ni)<1$ 时，焊缝中理想的组织为奥氏体+一次碳化物。

3. 焊接工艺要点

1）为了减小熔合比，应尽量选用小直径的焊条和焊丝，并选用小电流、大电压和高焊接速度。

2）如果低合金耐热钢有淬硬倾向，应适当预热，其预热温度应比低合金钢同种材料焊接时略低一些。

3）堆焊过渡层。对于较厚的焊件，为了防止因应力过高而在熔合区出现开裂现象，可以在低合金钢的坡口表面堆焊过渡层，如图 4-12 所示。过渡层中应含有较多的强碳化物形成元素，具有较小的淬硬倾向，也可用高镍奥氏体型不锈钢焊条堆焊过渡层。过渡层厚度一般为 6~9mm。

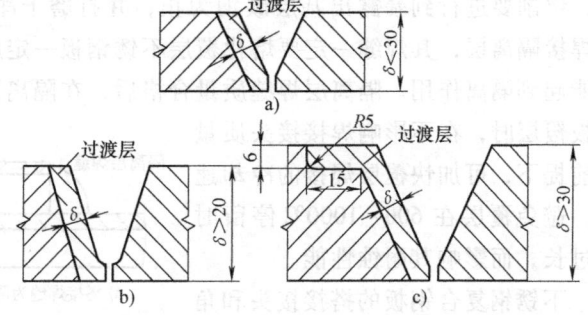

图 4-12　低合金钢坡口表面堆焊的过渡层

4) 低合金钢与奥氏体型不锈钢的焊接接头,焊后一般不进行热处理。

4.6.4 复合钢板的焊接工艺

所谓复合钢板,就是由两种材料复合轧制而成的双金属板。它是由覆层(不锈钢)和基层(碳钢或低合金钢)组成的。接触腐蚀介质或高温的一面由不锈钢板承担,而结构所需强度和刚度则由碳钢或低合金钢板承担。这两种材料的结合既保证了产品具有优良的使用性能,又大大节省了昂贵的不锈钢材料,是一种有发展前景的工艺。它广泛用于石油、化工、制药、制碱和航海等要求耐蚀、耐高温的容器和管道等。其中,以低合金钢与奥氏体型钢合成的不锈钢复合钢板应用最为广泛。

不锈钢复合钢板的两种组成材料由于化学成分和物理性能差异很大,其焊接性也存在重大差异,因而不可能采用单一的焊接材料和焊接工艺进行焊接,而应将覆层和基层区别对待。

1. 焊接方法的选择

不锈钢复合钢板基层或覆层的焊接方法与焊接不锈钢和碳钢或低合金结构钢一样,可以采用焊条电弧焊、埋弧焊、CO_2 气体保护焊及惰性气体保护焊等。但覆层常用焊条电弧焊。

2. 焊接材料的选择

不锈钢复合钢板的焊缝由过渡层(又称隔离层)、基层和覆层三部分组成,各自的焊接材料选择如下:

1) 过渡层焊接材料的选择。为了保证覆层侧焊缝合金不受或少受基层金属的稀释,过渡层的焊接材料不能选用碳钢或低合金钢,必须选用铬、镍含量高于覆层中含量的不锈钢焊接材料。

2) 基层焊接材料的选择。选用与基层材料单独焊接时相同的焊接材料,并以同样的焊接工艺进行焊接。

3) 覆层焊接材料的选择。原则上与单独焊接不锈钢时的焊接材料相同,焊接工艺也相同。

3. 焊接顺序

不锈钢复合钢板对接焊缝的焊接顺序如图4-13所示。先将开好坡口的不锈钢复合钢板装配好,首先焊接基层材料。基层焊接完毕后要对其焊缝进行检查,确认焊缝质量合格后,才能做焊接隔离层的准备工作。在覆层不锈钢板一侧进行铲削,并将待焊根部制成圆弧形。为了防止未焊透,铲削要进行到暴露出基层碳钢为止,并打磨干净。然后焊接隔离层,其焊缝一定要熔化覆层不锈钢板一定厚度,才能起到隔离作用。隔离层焊缝质量合格后,在隔离层焊缝上焊接不锈钢板覆层。焊接不锈钢板覆层时,在不影响焊接接头质量的前提下,可加快覆层焊接的冷却速度,避免覆层在 600~1000℃ 停留时间过长,而影响其耐蚀性能。

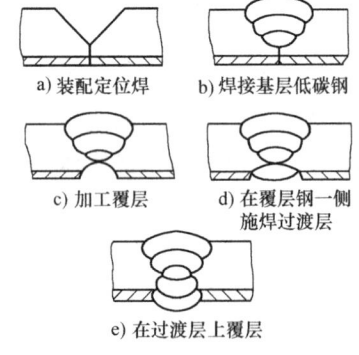

图 4-13 不锈钢复合钢板对接焊缝的焊接顺序

不锈钢复合钢板的搭接接头和角接接头形式如图4-14和图4-15所示。

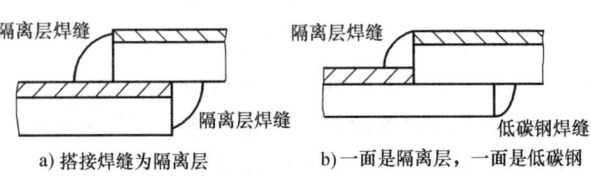

图 4-14 不锈钢复合钢板的搭接接头形式

在待焊区中碳钢和不锈钢共存的部位，要选用隔离层的焊接材料。待焊区都是碳钢时，可以按基层所选用的焊接材料施焊；同样，待焊区都是不锈钢材料时，选用覆层的焊接材料。但是考虑到焊接熔池的深度可能将基层熔化，第一层焊缝仍要选用隔离层的焊接材料。

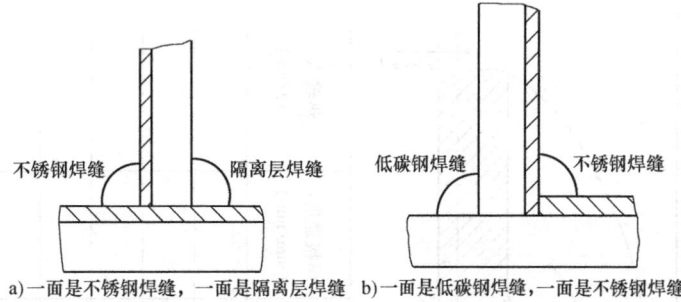

a）一面是不锈钢焊缝，一面是隔离层焊缝　b）一面是低碳钢焊缝，一面是不锈钢焊缝

图 4-15　不锈钢复合钢板的角接接头形式

4. 焊接不锈钢复合钢板时的注意事项

1）下料最好用等离子弧切割，其切割质量比氧乙炔火焰切割高，切口光滑、热影响区小。
2）装配应以覆层为基准，防止错边过大而影响覆层质量，点焊尽可能安排在基层面。
3）焊前对坡口两侧 20~40mm 的范围进行清理。
4）焊接过渡层时应选用最小的焊接电流。

4.7　不锈钢焊接工艺实例

1. 18-8 型奥氏体型不锈钢的焊接工艺

18-8 型奥氏体型不锈钢是应用最广泛、最具代表性的一类奥氏体型不锈钢。这类不锈钢有较好的力学性能，便于进行机械加工、冲压和焊接，可以采用焊条电弧焊、埋弧焊、惰性气体保护焊和等离子弧焊等熔焊方法进行焊接。

在焊前准备和坡口加工中，应十分重视焊接区、坡口表面和焊材表面的清洁度，任何污染都会使焊缝金属增碳，从而降低接头的耐蚀性。对耐蚀性要求较高的不锈钢焊件，焊接区、坡口表面和焊丝表面应用丙酮或去油能力强的其他溶剂擦拭干净。

某不锈钢脱泡罐采用 06Cr19Ni10 材料制成，焊缝代号及分布图如图 4-16 所示，其典型接头的焊接工艺见表 4-24 和表 4-25。

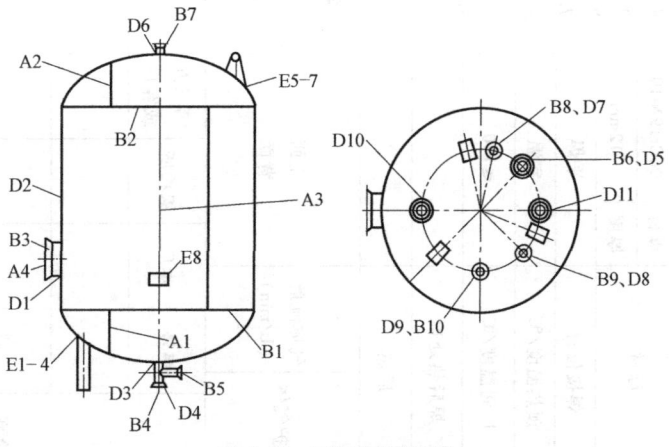

图 4-16　不锈钢脱泡罐

表 4-24 接头焊接工艺卡片（一）

焊接工艺编号	1		焊接技术要求					
件号	封头拼缝		1. 消除坡口内、外侧20mm范围内的油、锈、污物等杂质					
接头名称	对接接头		2. 按筒图要求进行定位焊					
接头编号	A1		3. 检验组对间隙及对口错边量					
母材	06Cr19Ni10		4. 焊条电弧焊第1,2,3层					
厚度	12mm		5. 角磨机清根并磨光					
焊接位置	平焊		6. 焊第4层，焊后清理					
预热温度/℃	室温		7. 焊缝外观检查					
层间温度/℃	≤150		8. 按JB/T 4730.2—2005 进行检测					

层/道	焊接方法	焊接材料		焊接电流		电弧电压/V	焊接速度/(mm/min)	热输入/(kJ/cm)
		牌号	直径/mm	种类/极性	电流/A			
1	焊条电弧焊	A102	φ4.0					
2,3	焊条电弧焊	A102	φ4.0					
4	埋弧焊							

焊后热处理								
保护气体	气体流量/(L/min)	正面						
		背面						
检测	本厂	锅检所	第三方或客户					
	序号							

表4-25 接头焊接工艺卡片（二）

焊接工艺编号									
件号	2	焊接技术要求							
接头名称	壳体纵、环缝	1. 消除坡口内、外侧20mm范围内的油、锈、污物等杂质							
接头编号	对接接头	2. 按简图要求进行定位焊							
	A3、B1	3. 检验组对间隙及对口错边量							
母材	06Cr19Ni10	4. 焊条电弧焊第1、2、3层							
厚度	12mm	5. 角磨机清根并磨光							
焊接位置		6. 焊第4层，焊后清理							
预热温度/℃		7. 焊缝外观检查							
层间温度/℃		8. 按JB/T 4730.2—2005进行检测							

层/道	焊接方法	焊接材料		焊接电流		电弧电压/V	焊接速度/(mm/min)	热输入/(kJ/cm)
		牌号	直径/mm	种类/极性	电流/A			
1	焊条电弧焊	A102	φ4.0	交流	140~160	19~21	120~140	
2、3	焊条电弧焊	A102	φ5.0	交流	160~180	21~23	160~180	
4	埋弧焊	H0Cr21Ni10+HJ260	φ4.0	直流反接	580~630	32~35	45~50	

焊后热处理		
后热		
保护气体	气体流量/(L/min)	正面
		背面

检测	序号	本厂	锅检所	第三方或客户

2. 022Cr18Ti 铁素体型不锈钢的焊接工艺

022Cr18Ti 铁素体型不锈钢焊接接头的形式为对接接头，开 V 形坡口，其尺寸如图 4-17 所示，采用焊条电弧焊进行焊接。由于 022Cr18Ti 钢中含有 Ti，能固溶钢中的碳，所以其组织是完全的铁素体组织。

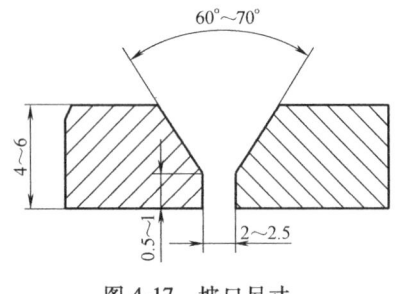

图 4-17 坡口尺寸

为了保证焊透，接头的根部间隙为 2~2.5mm。焊条采用 E308-15（A107），共焊 2 层，第 1 层焊条直径为 3.2mm，焊接电流为 70~80A，电弧电压为 23~25V，焊接速度为 140~160mm/min；第 2 层焊条直径为 4mm，焊接电流为 120~140A，电弧电压为 28~30V，焊接速度约为 300mm/min。在第 1 层冷却后再焊第 2 层。由于采用了小的焊接电流，没有出现接头晶粒长大和脆化现象。

3. 008Cr27Mo 不锈钢蒸发器内衬的焊接工艺

三效逆流强制循环蒸发器是氯碱工业中的主要设备，其气、液相部分在高温强碱介质中工作，设备的腐蚀相当严重，是一般耐酸不锈钢所不能承受的。使用国产 008Cr27Mo 超纯高铬铁素体型不锈钢制造蒸发器内衬，可提高设备的耐蚀性，延长其使用寿命，而且成本低。

（1）008Cr27Mo 钢的性能及焊接性分析 008Cr27Mo 钢的化学成分见表 4-26。

表 4-26 008Cr27Mo 钢的化学成分（质量分数） （%）

C	Cr	Mo	Mn	Si	P	Cu	Ni	N	其他元素
0.003	26.77	1.22	0.04	0.18	0.016	0.03	0.023	0.011	0.12

008Cr27Mo 钢中间隙元素 C+N 的总含量极低，对焊接裂纹和晶间腐蚀不敏感，对高温加热引起的脆化不显著，板厚小于 5mm 时焊前不需预热，焊后也不需进行热处理，焊接接头有很好的塑性和韧性，耐蚀性很好，具有良好的焊接性。但当焊缝中 C+N 的总含量增加时，仍有可能产生晶间腐蚀。因此，焊接工艺的关键是防止焊接材料表面和熔池污染，防止空气中的 N_2 侵入熔池，以免增加焊缝中 C、N、O 的含量而导致晶间腐蚀。

（2）008Cr27Mo 钢的焊接工艺

1）焊接材料。焊接材料中的间隙元素含量应低于母材，焊接时应采用与母材同成分的焊丝作为填充材料。焊丝可选用与母材匹配的专用焊丝或直接从母材板料上取材并剪切成条状。专用焊丝的化学成分见表 4-27。

表 4-27 专用焊丝的化学成分（质量分数） （%）

C	N	O	Cr	Mo	Mn	Si	S	P	Cu	Ni
0.005	0.011	0.0037	26.5	1.08	0.005	0.20	0.009	0.018	0.03	0.023

2）焊接方法。采用手工 TIG 焊，焊机型号为 WS-400、直流正极性，焊枪型号为气冷式 QQ-85/200A 型。氩气纯度大于 99.99%，$w_N<0.001\%$，$w_O<0.0015\%$，$w_H<0.005\%$。

3）焊接热输入。应采用小热输入施焊，在保证焊透的情况下可适当提高焊接速度，采用短弧不摆动或小摆动的操作方法。焊接时，焊丝的加热端应置于氩气的保护中，每层焊道的接头应错开。

多层焊时控制层间温度低于 100℃，以减少焊接接头的高温脆化和 475℃ 脆性。

4）焊接参数。焊接参数见表 4-28。

表 4-28 焊接参数

板厚/mm	焊丝直径/mm	钨极直径/mm	焊接电流/A	电弧电压/V	焊接速度/(mm/min)	氩气流量/(L/min)		
						喷嘴	正面	背面
6	φ2.5	2.5	130~170	16~18	90~120	20	60	60

5）焊接操作。焊接过程中，焊缝的正面和背面焊缝均需得到有效保护，增强熔池保护需采用焊枪后加保护气拖罩的方法。将清理好的工件置于有保护装置的平台上，通入氩气即可进行焊接。拖罩与工件的距离要保持在 0.05~1mm 范围内，焊嘴与焊缝成 110°角，焊丝与焊嘴成 90°角，填丝时注意焊丝不宜拉出过长，高温端要始终置于氩气保护区内，以免由于送丝带入空气而影响保护效果。在施焊过程中，应注意观察焊缝冷却后的颜色，发现有保护不良现象时，应立即停止焊接，检查保护装置。

4.8 06Cr19Ni10 钢焊接实训

1. 任务描述

以典型不锈钢 06Cr19Ni10 为实训载体，完成图 4-18 所示焊件焊接工艺的制订和实施，再经评价等环节进一步优化焊接工艺。

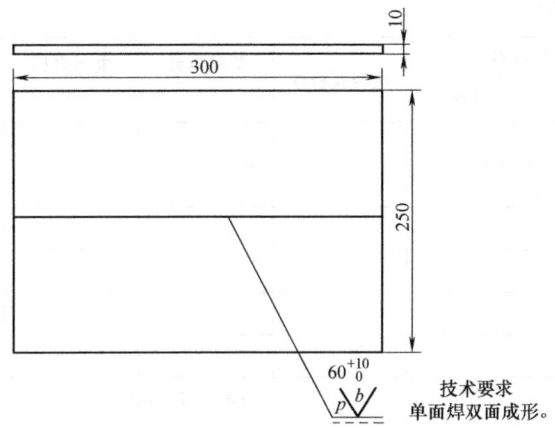

图 4-18 V 形坡口板对接焊件尺寸

2. 实训目标

【知识目标】

1）熟悉 06Cr19Ni10 钢的化学成分、力学性能及焊接性特点。
2）掌握 06Cr19Ni10 钢的焊接工艺要点。
3）学会制定 06Cr19Ni10 钢的焊接工艺。

【能力目标】

1）能够根据技术要求和产品特点，制订 06Cr19Ni10 钢的焊接工艺。
2）具备实施 06Cr19Ni10 钢焊接工艺的基本能力。

3）学会编写焊接工艺卡片。

【情感目标】

自学拓展、信息收集、严谨认真、规范操作及团队合作等。

3. 实训步骤及要求

【第一步】分析焊接性

在多媒体教室里，教师采用启发式、互动式等教学方法，借助工学结合教材、多媒体课件等，讲授06Cr19Ni10钢的成分、组织及焊接性等专业知识，使学生获取06Cr19Ni10钢焊接工艺基本知识。

【第二步】制订焊接工艺

在实训教师的指导下，学生小组在图书馆、资料室、网络机房等场所以自主查阅资料方式获取06Cr19Ni10钢的焊接工艺知识，讨论并制订06Cr19Ni10钢V形坡口板对接平焊工艺，如焊前准备、焊接方法、焊接参数及焊后处理等，填写焊接工艺卡片（表4-29）。

表4-29 焊接工艺卡片

任务名称		V形坡口板对接平焊		母材	06Cr19Ni10钢		保护气体	
学生姓名（小组编号）				时间			指导教师	
焊前准备（如清理、坡口制备、预热等）								
焊后处理（如清根、焊缝质量检测等）								

层次	焊接方法	焊接材料		电源及极性	焊接电流 /A	电弧电压 /V	焊接速度 /(cm/min)	热输入 /(J/cm)
		牌号	规格					

焊接层次、顺序示意图：　　　　　　　　　　　　　　技术要求及说明：

焊接层次（正/反）：

　坡口角度：

　钝边：

　间隙：

第4章 不锈钢的焊接工艺

【第三步】实施焊接工艺（选做）

如焊接实训室具备焊接工艺的实施条件，则在指导教师的帮助下，学生可按照自己所制订的焊接工艺现场施焊，观察焊接工艺的执行过程，结合有关标准及技术要求检验自己所制订的焊接工艺是否合理可行。

通过焊接工艺实训，学生可熟悉焊接设备、工装及相关操作规程，学会调节焊接规范参数，进一步提高焊接操作能力。

【第四步】评价焊接工艺

由指导教师和学生分别对焊接工艺的合理性和可行性进行评价，并将评价结果填入表4-30。通过科学评价和考核，提升学生编制06Cr19Ni10钢焊接工艺的能力。

表4-30 任务记录及评价表

任务名称		06Cr19Ni10钢V形坡口板对接平焊		时间	
地点			指导教师		
班级		小组编号		小组成员	
工作过程记录	(1)准备情况： (2)分析焊接性情况： (3)制订焊接工艺情况： (4)实施焊接工艺情况： (5)操作规范及安全情况：				
学生自评					签名：
组长评价					签名：
教师评价					签名：

【综合练习】
一、填空题
1. 不锈钢是指能耐_____、_____、_____、_____、_____及其溶液和其他腐蚀介质腐蚀的，具有高度化学稳定性的钢种。
2. 按不锈钢使用状态下的金相组织分，有_____、_____、_____、铁素体+奥氏体型和沉淀硬化型不锈钢五类。
3. 金属受介质的_____及_____作用而破坏的现象称为腐蚀，腐蚀形式可归纳为_____和_____两大类。
4. 晶间腐蚀常见于_____不锈钢，该钢对晶间腐蚀的敏感程度与其_____、_____和_____有关。
5. 产生应力腐蚀有三个主要条件：特定_____的金属、特定的_____和足够的_____。
6. 奥氏体型不锈钢焊接的主要问题是_____、_____、_____和_____等。
7. 普通铁素体型不锈钢焊接的主要问题有_____和焊接接头的_____。
8. 马氏体型不锈钢加热到高温时组织为_____，冷却到室温时转变为_____。
9. 防止因淬硬造成冷裂纹的最有效方法是_____和控制_____温度。
10. 低合金钢与奥氏体型不锈钢焊接时应注意选用_____小、_____低的焊接方法。
11. 不锈钢复合钢板的焊缝由_____、_____和_____三部分组成。

二、选择题
1. 不锈钢的共同特点是铬的质量分数一般都在（　　）以上。
   A. 5%　　　　B. 8%　　　　C. 12%　　　　D. 15%
2. （　　）是保证钢能耐蚀的关键元素，随着其含量的增加，钢的化学稳定性也提高。
   A. Cr　　　　B. C　　　　C. S　　　　D. P
3. （　　）是不锈钢中最重要的钢类，其生产量和使用量约占不锈钢总量的70%。
   A. 铁素体型钢　　B. 奥氏体型钢　　C. 马氏体型钢　　D. 双相不锈钢
4. 奥氏体型不锈钢中添加（　　），可使碳化物稳定，提高不锈钢的耐晶间腐蚀能力。
   A. 铬和镍　　B. 钛和铌　　C. 铬和钛　　D. 镍和铌
5. 可采用质量损失法来测定（　　）的平均速度。
   A. 均匀腐蚀　　B. 晶间腐蚀　　C. 应力腐蚀　　D. 点腐蚀
6. （　　）是指介质从金属表面沿晶界向内部扩展，造成沿晶的腐蚀破坏。
   A. 均匀腐蚀　　B. 晶间腐蚀　　C. 应力腐蚀　　D. 点腐蚀
7. 18-8型奥氏体型不锈钢在（　　）加热后对晶间腐蚀最为敏感。
   A. 100～200℃　　B. 250～350℃　　C. 450～850℃　　D. 1000～1500℃
8. 奥氏体型不锈钢产生晶间腐蚀的原因可用（　　）理论来解释。
   A. 增镍　　B. 增铬　　C. 贫镍　　D. 贫铬
9. 应力腐蚀是在（　　）作用下引起的破裂。
   A. 拉应力　　B. 压应力　　C. 腐蚀介质　　D. 拉应力与腐蚀介质共同

10. 奥氏体型不锈钢对热裂的敏感性主要取决于焊缝的（　　）。
   A. 坡口形式　　　B. 接头类型　　　C. 金相组织　　　D. 物理性质
11. 对于 0.5mm 以下的薄板，采用（　　）尤其合适。
   A. 焊条电弧焊　　B. MIG 焊　　　　C. 埋弧焊　　　　D. 微束等离子弧焊
12. 焊接奥氏体型不锈钢用的保护气体主要是（　　），有时可用 Ar+He。
   A. Ar　　　　　　B. CO_2　　　　C. N_2　　　　　D. O_2
13. 奥氏体型不锈钢厚板的 MIG 焊推荐采用（　　）进行平焊和横焊。
   A. 颗粒过渡　　　B. 短路过渡　　　C. 喷射过渡　　　D. 粗滴过渡
14. 一般不推荐用（　　）作为保护气体焊接不锈钢。
   A. Ar　　　　　　B. CO_2　　　　C. N_2　　　　　D. O_2
15. 埋弧焊焊接奥氏体型不锈钢时，焊接电流比在碳钢中焊接类似焊缝所需电流约低（　　）。
   A. 5%　　　　　　B. 10%　　　　　C. 15%　　　　　D. 20%
16. 马氏体型不锈钢焊接的主要问题是易产生（　　）。
   A. 冷裂纹　　　　B. 热裂纹　　　　C. 再热裂纹　　　D. 层状撕裂
17. 低合金钢与奥氏体型不锈钢焊接时，（　　）是形成过渡层的主要原因。
   A. 碳的迁移　　　B. 氢的迁移　　　C. 氮的迁移　　　D. 氧的迁移

三、判断题

（　）1. 晶间腐蚀主要是因为晶界的电极电位低于晶粒的电极电位。

（　）2. 不锈钢比碳钢高温强度高、耐氧化性好，适合在高温下使用。

（　）3. 对于低镍的奥氏体型不锈钢焊缝，增加适量的铁素体化元素可以降低焊缝中 δ 相的数量，从而可显著提高其抗裂性。

（　）4. 应力腐蚀裂纹总是从接触敏感介质一侧的表面开始，逐渐向内部扩展。

（　）5. 当奥氏体焊缝中含有较多铁素体形成元素或较多的 δ 相时，都会发生显著的脆化现象。

（　）6. 对热裂纹敏感的纯奥氏体型不锈钢，一般推荐用埋弧焊。

（　）7. 焊接奥氏体型不锈钢时，焊接材料的选用原则是使焊缝金属的成分与母材相同或相近。

（　）8. 一般不推荐用 CO_2 气体保护焊焊接不锈钢。

（　）9. 用于碳钢埋弧焊的焊剂同样适合焊接不锈钢。

（　）10. 焊接奥氏体型不锈钢时，不能用大焊接热输入，一般焊接所需的热输入比碳钢低 20%~30%。

（　）11. 焊接奥氏体型不锈钢前一般不进行预热。

（　）12. 含铁素体形成元素较多的马氏体型不锈钢具有较大的晶粒长大倾向。

（　）13. 马氏体型不锈钢在焊条电弧焊后一定要进行热处理。

四、简答题

1. 说一说防止晶间腐蚀的主要措施。
2. 预防应力腐蚀开裂的措施有哪些？
3. 简述奥氏体型不锈钢的焊接工艺要点。

4. 普通铁素体型不锈钢的焊接性有哪些特点？
5. 双相不锈钢的焊接特点是什么？
6. 简述低合金钢与奥氏体型不锈钢焊接时存在的问题。
7. 低合金钢与奥氏体型不锈钢焊接时，哪些因素影响碳迁移过渡层的形成与发展？
8. 如何选择不锈钢复合钢板的焊接材料？
9. 如何确定不锈钢复合钢板对接焊缝的焊接顺序？

第 5 章
铸铁的焊接工艺

5.1 概述

5.1.1 铸铁焊接概况

铸铁作为工程和结构材料应用十分广泛，几乎遍及国民经济各个部门，尤其是在机械制造、交通运输、农业机械中占有举足轻重的地位。但铸铁是比较难焊的材料，直至20世纪60年代，铸铁的补焊仍是困扰我国机械工业的"老大难"问题。在机械制造、农业机械中，铸铁件的使用量各占60%~90%以及50%~70%，而当时有缺陷的铸铁件达30%~50%，重新熔化浪费了大量能源和工时。

铸铁与钢相比虽然强度较低、塑性较差，但却具有良好的耐磨性、吸振性、铸造性能和可加工性，又因制造设备简单、生产成本低，所以常用于制造机器的箱体、壳体、机身、机座等大型机件。某些受冲击不大的重要零件，如小型柴油机曲轴等，多用球墨铸铁来制造。但是，铸铁的焊接性差，这限制了它在焊接结构中的应用。目前，铸铁的焊接主要用于铸件缺陷的补焊、损坏铸件的修复，用于生产组合件的场合很少。例如，铸铁生产车间若生产出有缺陷的铸铁件，可通过补焊使其成为合格品，从而可以挽回因缺陷而报废所造成的经济损失；在使用过程中发生断裂或磨损到已无法继续使用的铸件，当没有备件，又不能及时得到替换的情况下，为了减少停机损失，采用焊接方法进行修复，便成了最快最好的选择。

5.1.2 铸铁的种类及其组织

1. 铸铁的种类

铸铁是 $w(C)>2\%$ 的铁碳合金，其中还含有硅、锰及硫、磷等杂质。为了改善铸铁的某些性能，常有目的地加入一些铬、钼、镍、铜、铝等合金元素而成为合金铸铁。

按碳在铸铁中存在的状态和形式不同，可将铸铁分为白口铸铁、灰铸铁、可锻铸铁、球墨铸铁及蠕墨铸铁五类。在铸铁的焊接中，应用最多的是灰铸铁的焊接，球墨铸铁次之，可锻铸铁最少。由于铸铁中碳的存在形式、石墨形状、基体组织及合金元素不同，其性能有很大差别。

（1）白口铸铁 碳在铁中绝大部分以渗碳体（Fe_3C）形式存在，断口呈亮白色。渗碳体硬而脆，其硬度为800HBW左右。因无法机械加工，所以白口铸铁应用不广，主要用做炼钢原料或用于轧辊及其他不需要机械加工的耐磨零件。

（2）灰铸铁　灰铸铁中，碳以片状石墨形式分布于不同基体上，因其断口呈暗灰色而得名。普通灰铸铁中石墨片较粗，如果在浇注之前向铁液中加入少量硅铁或硅钙等孕育剂，进行孕育处理，促使石墨非自发形核，可使灰铸铁的粗片状石墨细化，形成孕育铸铁。

普通灰铸铁具有一定的力学性能和良好的耐磨性、减振性和可加工性，是工业上应用最广泛的一种铸铁。

（3）可锻铸铁　可锻铸铁中，碳以团絮状石墨形式存在。它是将白口铸铁经长时间石墨化退火，使渗碳体分解析出石墨并呈团絮状分布于基体内而形成的，因具有较高的韧度，故称可锻铸铁。与灰铸铁相比，它有较好的强度和塑性，特别是低温冲击韧性较好，耐磨性和减振性优于碳素钢，主要用于制造管类零件及农用机具等。

（4）球墨铸铁　球墨铸铁中，碳以球状石墨形式存在。它是在浇注前向铁液中加入纯镁或稀土镁合金等球化剂而获得的。球墨铸铁因具有较高的强度和韧性，还可通过热处理显著地改善其力学性能，故常用来制造强度较高、形状复杂的铸铁件。

（5）蠕墨铸铁　蠕墨铸铁中，碳以蠕虫状石墨形式存在。在浇注前，向铁液中加入如稀土硅铁、稀土镁钛等稀土合金的蠕化剂，促使石墨呈蠕虫状而成为蠕墨铸铁。蠕墨铸铁为新型铸铁，其生产方式与球墨铸铁相似，力学性能介于灰铸铁与球墨铸铁之间，主要用来制造大功率柴油机气缸盖、电动机外壳等。

2. 铸铁的组织

铸铁的组织主要取决于化学成分与冷却速度。

在铸铁中，碳以石墨形式析出的过程称为石墨化。由于石墨的强度极低，在铸铁中相当于裂缝和空洞，这样就破坏了基体金属的连续性，使基体的有效承载面积减小。铸铁中的碳以石墨或渗碳体两种独立相的形式存在，渗碳体相是不稳定相，石墨相是相对稳定相。因此，在熔融状态下的铁液中，碳有形成石墨的趋势。铸铁石墨化主要与铁液的冷却速度和其化学成分（主要是碳、硅含量）有关，当具有相同成分的铁液冷却时，冷却速度越慢，析出石墨的可能性越大；而碳、硅的存在有利于铁液的石墨化进程，所以对铸铁来说，要求碳、硅含量较高。

在化学元素中，有一些是促使碳以石墨形式析出的元素，称为石墨化元素，如Si、Al、Cu等；另一些则是阻止石墨化的元素，如S、V、Cr等，如图5-1所示。

冷却速度对铸铁组织的影响很大，如图5-2所示。可见，在碳、硅含量一定时，不同的冷却速度可产生不同的铸铁组织。当铸铁液以很快的速度冷却时，便形成珠光体和渗碳体（基体）而构成白口铸铁；当冷却速度足够慢时，便形成由铁素体（基体）和片状石墨构成的灰铸铁；当冷却速度介于上述两者之间时，就会形成由珠光体（基体）和石墨组成的灰铸铁或以珠光体+铁素体

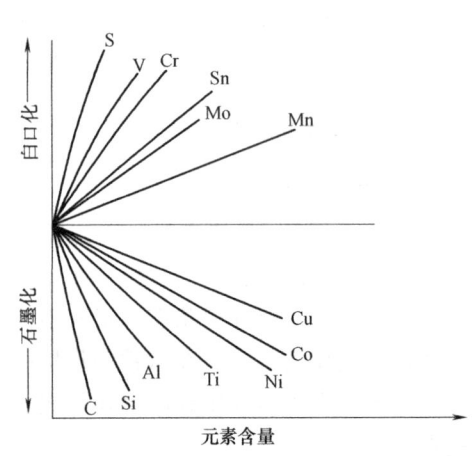

图5-1　合金元素对铸铁石墨化和白口化的影响

为基体的灰铸铁。

灰铸铁的抗拉强度和硬度与它的基体组织、石墨的形态、数量及分布情况密切相关。基体为铁素体组织时,其强度和硬度最低;以珠光体为基体时,其强度和硬度最高。改变基体中铁素体和珠光体的相对含量,即可得到不同抗拉强度和硬度的灰铸铁。粗片状石墨的灰铸铁,其抗拉强度比细片状石墨的低。

其他碳以石墨状态存在的铸铁,其强度和硬度变化也有类似规律。如果它们的基体

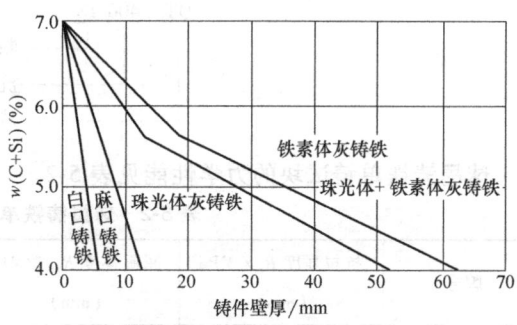

图 5-2 铸件壁厚(冷却速度)和化学成分对铸铁组织的影响

相同的话,则强度便与石墨的形态有关。片状石墨就像裂纹一样,对基体进行分割,从而削弱了其抗拉强度,所以灰铸铁的强度最低;球墨铸铁的石墨呈球状均匀分布于基体上,故其强度、塑性和韧性最高;而可锻铸铁和蠕墨铸铁的性能则介于上述两者之间。

从应用来看,目前灰铸铁因价廉而应用最广,球墨铸铁次之;可锻铸铁因生产周期长,价高而逐渐被球墨铸铁所替代;蠕墨铸铁尚处在推广应用阶段;白口铸铁的应用则很有限。

5.1.3 铸铁的牌号及力学性能

1. 灰铸铁的牌号和力学性能

灰铸铁的牌号由代号和抗拉强度两部分组成。以"灰铁"的汉语拼音首字母"HT"为代号,代号后面紧接一组数字表示其抗拉强度值。例如:

$$\text{HT} \underset{\underset{\text{灰铸铁代号}}{\big|}}{\underset{\text{抗拉强度为250MPa}}{250}}$$

表 5-1 列出了灰铸铁的牌号及单铸试块的力学性能。国家标准 GB/T 9439—2010 规定,灰铸铁牌号按抗拉强度(MPa)最低值分为 HT100、HT150、HT200、HT225、HT250、HT275、HT300 和 HT350 共八个牌号。

表 5-1 单铸试块的最小抗拉强度和硬度值

牌 号	最小抗拉强度 R_m(min)/MPa	布氏硬度 HBW	牌 号	最小抗拉强度 R_m(min)/MPa	布氏硬度 HBW
HT100	100	≤170	HT250	250	180~250
HT150	150	125~205	HT275	275	190~260
HT200	200	150~230	HT300	300	200~275
HT225	225	170~240	HT350	350	220~290

2. 球墨铸铁的牌号和力学性能

球墨铸铁的牌号中以"球铁"的汉语拼音首字母"QT"为代号,其后的第一组数字表示抗拉强度值,第二组数字表示断后伸长率值,两组数字之间用"-"隔开。例如:

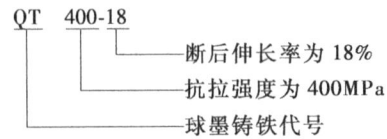

球墨铸铁单铸试块的力学性能见表 5-2。

表 5-2 球墨铸铁单铸试块的力学性能

牌号	抗拉强度 R_m/MPa (min)	屈服强度 $R_{p0.2}$/MPa (min)	断后伸长率 $A(\%)$ (min)	布氏硬度 HBW	主要基体组织
QT350-22L① QT350-22R② QT350-22	350	220	22	≤160	铁素体
QT400-18L	400	240	18	120~175	铁素体
QT400-18R QT400-18	400	250	18	120~175	铁素体
QT400-15	400	250	15	120~180	铁素体
QT450-10	450	310	10	160~210	铁素体
QT500-7	500	320	7	170~230	铁素体+珠光体
QT550-5	550	350	5	180~250	铁素体+珠光体
QT600-3	600	370	3	190~270	珠光体+铁素体
QT700-2	700	420	2	225~305	珠光体
QT800-2	800	480	2	245~335	珠光体或索氏体
QT900-2	900	600	2	280~360	回火马氏体型或屈氏体+索氏体

① 字母"L"表示该牌号有低温（-20℃或-40℃）下的冲击性能要求。
② 字母"R"表示该牌号有室温（23℃）下的冲击性能要求。

5.2 灰铸铁的焊接

5.2.1 灰铸铁的基本特性

常用灰铸铁的化学成分为：$w(C) = 2.6\% \sim 3.6\%$，$w(Si) = 1.2\% \sim 3.0\%$，$w(Mn) = 0.4\% \sim 1.2\%$，$w(P) \leq 0.3\%$，$w(S) \leq 0.15\%$。灰铸铁中的碳有80%以上是以片状石墨形式存在的，除石墨外的基体为铁素体、珠光体或铁素体+珠光体。灰铸铁的抗拉强度低、脆性大，断后伸长率几乎为零，它具有优良的铸造性能、可加工性能，高的耐磨性和减振性。

5.2.2 灰铸铁的焊接性

灰铸铁的特点是碳和硫、磷等杂质含量高，抗拉强度低、脆性大，几乎没有塑性变形能力等，这就增大了焊接接头对冷却速度变化及冷热裂纹的敏感性。其焊接时的主要问题是焊接接头易出现白口和淬硬组织以及易产生裂纹。

1. 焊接接头的白口组织

焊接灰铸铁时，既可能在焊缝金属上，也可能在热影响区上产生白口组织，这取决于焊接时所用的焊接材料和焊后冷却速度。

铸铁焊接接头由焊缝、熔合区、热影响区及母材组成，其中熔合区由半熔化区和未混合区组成，如图 5-3 所示。

焊接铸铁时，由于熔池体积小，存在时间短，加之铸铁内部的热传导作用，使得焊缝及近缝区的冷却速度远远大于铸件在砂型中的冷却速度。因此，在焊接接头中的焊缝及半熔化区上将产生大量的渗碳体，形成白口铸铁组织。

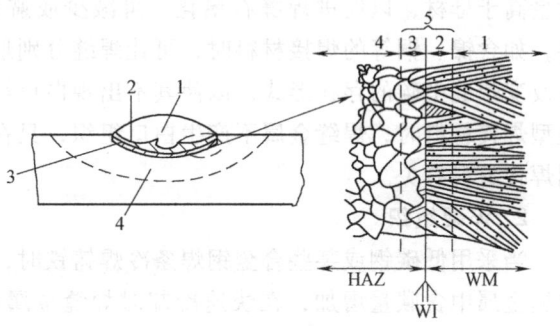

图 5-3 铸铁焊接接头分区
1—焊缝 2—未混合区 3—半熔化区 4—热影响区 5—熔合区

（1）焊缝区的白口组织 焊缝白口组织产生与否取决于焊接时所用的焊接材料。焊接铸铁时，由于所用焊接材料不同，焊缝材质有两种类型：一种是铸铁成分；另一种是非铸铁（如钢、镍、镍铁、镍铜或铜铁等）成分。当焊缝为非铸铁成分（采用非铸铁型的焊接材料）时，使焊缝与母材异质，焊缝上就不会出现白口组织；当焊缝为铸铁成分（采用铸铁型的焊接材料）时，因焊缝与母材同质（同为灰铸铁），熔池冷却速度很快，或碳、硅等石墨化元素含量较低，则渗碳体来不及分解析出石墨，仍以渗碳体形态存在，即产生白口组织。

（2）熔合区的白口组织 母材为灰铸铁，碳以片状石墨形式存在。熔合区很窄，是固相奥氏体型与部分液相并存的区域，温度为 1150~1250℃，石墨全部溶解于奥氏体中。焊缝冷却时，奥氏体型中的碳往往来不及析出石墨，以渗碳体的形态存在而成为白口组织。冷却速度越快，熔合区处就越容易产生白口组织。

当焊缝与母材同质时，如果冷却速度快，则熔合区与焊缝区一样，都会产生白口组织。当焊缝与母材异质时，由于一般采用冷焊，熔合区的冷却速度必然很快，熔合区的白口组织也必然会出现，只不过随所用焊条不同（钢、纯镍、镍铁、镍铜或铜铁焊条等）或焊接工艺不同，白口组织的数量有所差别。目前，采用纯镍焊条对铸铁冷焊时，可以使熔合区的白口组织减到最少。

无论焊缝或熔合区出现白口组织，都会引起严重后果，不仅会造成加工困难，还会导致裂纹等缺陷的产生，因为白口组织既硬又脆，其硬度为 500~800HBW。故灰铸铁焊接应尽量避免产生白口组织。

防止铸铁焊接接头产生白口组织的主要途径如下：

1）减缓冷却速度。减缓焊接接头的冷却速度可延长熔合区处于红热状态的时间，有利于石墨的充分析出，故可实现熔合区的石墨化过程。通常采用的措施是焊前预热和焊后保温缓冷。当焊缝为铸铁时，一般预热温度为 400~700℃；焊缝为非铸铁时，一般采用不预热的冷焊方法，有时可略加预热，预热温度为 100~200℃ 或稍高一些。

2）改变焊缝化学成分。主要是增加焊缝中石墨化元素的含量或使焊缝成为非铸铁组织。当采用铸铁型焊接材料时，在焊芯或药皮中加入一些强石墨化元素（碳、硅等），使其含量高于母材，以促进焊缝石墨化，可减少或避免白口组织产生；当采用非铸铁型焊接材料，如含镍、铜等的焊接材料时，可让焊缝分别形成奥氏体型、非铁金属等非铸铁组织，从而改变焊缝中碳的存在形式，以使其不出现白口组织，并具有一定的塑性。可见，采用非铸铁型焊接材料时，焊缝金属不产生白口组织，只在熔合区上产生白口组织，其产生程度与所用焊接材料有关。

2. 淬硬组织

当采用低碳钢或某些合金钢焊条冷焊铸铁时，焊缝为非铸铁焊缝，由于母材的熔入，使焊缝金属中含碳量增加，在快速冷却时焊缝金属就会产生高碳马氏体型组织，其硬度很高（500HBW 左右），也和白口组织一样，易引发裂纹和使切削加工变得困难。

防止或减少淬硬组织的途径：一是降低冷却速度，这一点与防止白口组织的产生是一致的；二是在采用钢质焊接材料时，尽量避免母材熔化过多而恶化焊缝。

3. 铸铁的焊接裂纹

铸铁焊接时很容易产生裂纹，裂纹的类型主要是冷裂纹，其次是热裂纹。

(1) 冷裂纹　焊接铸铁时产生冷裂纹的温度一般在 400℃ 以下，多发生在焊缝和热影响区上。

1) 产生冷裂纹的主要原因。

① 灰铸铁强度较低，塑性几乎为零，无塑性变形能力。

② 焊件上受到不均匀的加热和冷却，产生热应力和收缩应力。焊件上温差越大，焊接应力就越大。

③ 焊接接头上产生了白口组织和淬硬组织，这些组织又硬又脆，尤其是白口组织不能产生塑性变形，容易引起开裂，严重时会使焊缝及热影响区交界的整个界面开裂而分离。

2) 焊缝上的冷裂纹。焊缝上是否产生冷裂纹，主要取决于焊缝金属的性质。

① 铸铁型（同质）焊缝。是否产生冷裂纹取决于焊缝组织。当焊缝中有白口组织时，容易开裂，因白口组织的收缩率（约为 2.3%）大于母材（灰铸铁）的收缩率（约为 1.26%），焊后会产生较大的收缩应力，而铸铁无法承受大的收缩应力。焊缝中渗碳体量越多，越容易产生裂纹；当焊缝的基体为铁素体或珠光体，而且石墨化过程进行得较充分时，焊缝就不易产生裂纹。因为石墨化过程伴随着体积膨胀，可以松弛部分收缩应力。这时影响开裂的原因主要是石墨的形态及分布情况，粗而长的片状石墨比细而短的片状石墨容易开裂；如果焊缝中的石墨呈团絮状或球状，则具有较好的抗裂性能。

② 非铸铁型（异质）焊缝。是否产生冷裂纹取决于焊缝金属的塑性和焊接工艺的合理配合。当焊缝成为奥氏体型、铁素体或镍基、铜基的焊缝时，由于具有较好的塑性而不易生冷裂纹；当采用低碳钢或其他合金钢焊条进行铸铁电弧冷焊时，第一层焊缝因母材（灰铸铁）的熔入而变成高碳钢，快速冷却时就会产生淬硬组织高碳马氏体型，从而容易产生冷裂纹。

3) 热影响区上的冷裂纹。在电弧冷焊灰铸铁时，热影响区上容易产生冷裂纹。热影响区内的半熔化区（温度范围为 1150~1125℃）及奥氏体型区（温度范围为 820~1150℃）在快速冷却时容易产生渗碳体和马氏体型脆硬组织，当焊接应力超过了它们的强度时就会产生裂纹。

裂纹多为纵向分布，且常出现在半熔化区与奥氏体型区交界处，沿界面开裂，严重时会造成整个焊缝金属剥离下来。

除上述因素易引起冷裂纹外，当焊缝较长、补焊体积或面积过大，以及补焊部位刚性过强时，都有可能引起冷裂纹。有时局部预热造成铸件温差过大也能造成过大热应力而产生裂纹。

4）防止冷裂纹的措施。减小焊接接头内的应力，以及避免焊接接头出现渗碳体和马氏体型（即白口组织和淬硬组织）是防止灰铸铁产生冷裂纹的基本措施。

① 对于铸铁型焊缝，焊前应预热，焊后应缓冷。这样既可减小焊接应力，又能避免白口等脆性组织的产生。

② 对于非铸铁型焊缝，应选用使焊缝具有良好塑性的焊接材料，这样可以松弛焊接应力。

③ 在补焊厚大铸铁件时，采取开窄坡口、内填板等措施来减小焊缝体积，从而减小焊接应力；也可以焊前在坡口内栽丝，以分散焊接应力。

④ 在工艺上，采用短段焊、断续分散焊和焊后锤击焊缝等手段可以减小焊接应力。

（2）热裂纹　铸铁的焊接热裂纹主要出现在焊缝上。铸铁型焊缝对热裂纹不敏感，因为焊缝高温时石墨析出，使体积增加，有助于降低焊接应力。在非铸铁型焊缝中，如果用碳钢焊条，则焊缝极易产生热裂纹；用镍基焊条焊接灰铸铁，也有一定的热裂倾向。

用低碳钢焊条焊接灰铸铁的第一层焊缝最容易产生热裂纹，因为作为母材的灰铸铁，其碳、硫和磷含量高，熔入第一层焊缝的量较多，使钢质焊缝的平均含碳、硫和磷量增加，而碳、硫和磷是促使碳钢产生结晶裂纹的有害元素。所以，第一层焊缝产生热裂纹的概率最大。

用镍基焊条焊接灰铸铁时，也因母材熔入焊缝使硫、磷等有害元素含量增加，而易生成低熔点共晶物，如 $Ni-Ni_3S_5$ 的共晶温度为 644℃，$Ni-Ni_3P$ 的共晶温度为 880℃，故镍基焊缝也有热裂倾向。

防止焊缝金属产生热裂纹的途径是从冶金处理和焊接工艺两方面采取措施。在冶金方面，通过调整焊缝的化学成分，使其脆性温度区间缩小；加入稀土元素，增强脱硫、去磷能力，以减少晶间低熔点物质；使晶粒细化等。在工艺方面，要正确制订冷焊操作工艺，使焊接应力降低和使母材熔入焊缝中的比例（即熔合比）尽可能小等。

5.2.3　灰铸铁的焊接工艺

铸铁属难焊的金属材料，实践表明，除了须正确选择焊接方法及其所用的焊接材料外，还需要有一套与之相适应的焊接工艺措施配合，补焊才能取得成功。

1. 灰铸铁的焊接方法

补焊灰铸铁的常用方法是电弧焊和气焊，此外还有钎焊和手工电渣焊。电弧焊中以焊条电弧焊应用最多，气体保护焊用得较少。

铸铁焊接时产生裂纹是因为其强度低、塑性差，并有焊接应力的作用。因此，防止焊接裂纹产生主要是从减小或消除焊接应力方面着手。国内在焊条电弧焊补焊实践中，总结出了冷焊法、热焊法、半热焊法和不预热焊法；气焊有热焊法、加热减应区法和不预热焊法等。

（1）冷焊法　冷焊法是采用非铸铁型焊条，不对铸铁件预热就进行电弧焊的一种方法。此法劳动条件好，但焊缝性能和颜色与母材常有差异。

（2）热焊法　热焊法是采用铸铁型焊接材料的电弧焊或气焊，焊前对铸铁件整体或较大范围局部预热 600~700℃（呈暗红色），且在 400℃以上焊接。焊后在 600~700℃保温以消除焊接应力。此法效果很好,但劳动条件差。结构复杂且刚性大的铸铁件宜整体预热,局部预热只适用于结构简单、刚性小的铸铁件。

(3) 半热焊法　半热焊法与热焊法的区别在于预热温度较低,在400℃左右。它也是采用铸铁型焊接材料进行焊条电弧焊或气焊。

(4) 不预热焊法　不预热焊法是采用铸铁型焊接材料、大的焊接热输入,焊前不对焊件预热而进行的焊条电弧焊或气焊的方法。此法与冷焊的区别是通过大焊接热输入,使整个补焊区保持在较高温度,以减缓冷却速度和降低焊接应力。

(5) 加热减应区法　此法多在气焊铸铁件时采用。在焊前及焊接过程中,对焊件某些能阻碍焊接区自由伸缩的部位(称为减应区)进行加热,使其在焊时与焊接区同时膨胀,冷却时和焊接区同时收缩,以达到减小焊接应力的目的。

表5-3列出了常用焊接方法补焊铸铁的工艺要点。

表5-3　常用焊接方法补焊铸铁的工艺要点

焊接方法	焊接工艺要点
焊条电弧冷焊	较小的焊接电流和较快的焊速,不做横向摆动(窄焊道),多层焊,尽量不在母材上引弧,少熔化母材,短焊道(10~50mm)断续焊,层间冷却到60~70℃(预热焊时冷却到预热温度)后,再继续焊,焊后及时充分锤击焊缝金属,一般不预热
焊条电弧半热焊	较大的焊接电流、慢焊速、中等弧长,连续焊,一般预热400℃左右并在焊后保温缓冷
焊条电弧热焊	预热500~650℃,并保持工件温度在焊接过程中不低于400℃,焊后600~650℃保温退火消除应力,连续焊,熔池温度过高时稍停顿
铸铁芯焊条不预热焊条电弧焊	坡口面积应不小于8cm^2,深度应不小于7mm,周围用造型材料围筑起凸台,较大的焊接电流、长电弧连续焊,熔池温度过高时稍停顿,焊缝应高出焊件表面5~8mm,以创造熔合区缓冷的条件
预热气焊	预热600~680℃,并保持工件温度在焊接过程中不低于400℃,焊后600~650℃保温退火消除应力,较大的火焰功率,连续焊
加热减应区气焊	正确选定减应区,并用气焊火焰将其加热至600~700℃,用较大功率的气焊炬开坡口(或事先用机械法开坡口),同时保持减应区温度,缺陷处补焊后与减应区一起冷却,减小焊接热应力
不预热气焊	用较大功率的气焊炬开坡口,连续施焊
钎焊	采用气焊火焰或其他热源加热工件并进行钎焊,缺陷处事先用机械法开适当的坡口,并预热和清除油污
气电立焊	与焊条电弧冷焊相同,焊道长度可适当大些
手工电渣焊	用造型材料造型,用碳电极建立渣池并预热,补焊时用碳电极加热另外填充铸铁屑(或直接用铸铁棒电极加热并填充),连续施焊

选择表5-3中所列焊接方法时,主要考虑下列因素:

1) 待焊件的材质和结构特点。需要考虑待焊铸件的化学成分、组织及力学性能;铸件形状、大小、壁厚及复杂程度等。

2) 待焊件的缺陷情况。应了解缺陷的类型(如裂纹、气孔、砂眼、冲溃、错位等),缺陷的大小、所在部位、产生原因等。对于使用过程中产生的问题(如断裂和磨损等),需了解其损坏部位、断口情况和损坏程度等。

3) 对焊后质量的要求。主要需了解对接头的强度、硬度、可加工性的要求和对焊缝颜色与密封性等的要求,这些要求不仅决定选用什么焊接方法,也决定选用什么样的焊接材料。

4) 现场条件与经济性。现场条件包括现有焊接设备、焊接材料的来源情况；对大型焊件需考虑起重和翻身设备条件；预热、保温和缓冷等所需的设备条件等。综合上述因素，在保证焊接质量要求的前提下，选择最简便易行、成本低的焊接工艺方法。

2. 灰铸铁的焊接材料

选择铸铁焊接材料的主要依据是对焊缝质量的要求和所用的焊接方法。

当要求焊缝与母材（灰铸铁）同质时，如果用焊条电弧焊，则选用 Z208 或 Z248 等铸铁型焊条；若用气焊，则选用 RZC 型焊丝。

当对焊缝无同质要求时，如果是焊条电弧焊，则选择能获得良好塑性的非铸铁型焊条，如 Z308、Z408 等镍基焊条或 Z116 钢基焊条。

表 5-4 列出常用铸铁焊条及其相应焊接方法特点。

表 5-4 常用铸铁焊条的性能及主要用途

类别	牌号	型号	焊接方法	适应铸铁种类	焊缝金属抗拉强度 R_m/MPa	熔敷金属硬度 HV	可加工性	抗裂性和其他特点
纯镍铸铁焊条	Z308	EZNi-1 EZNi-2	冷焊	灰铸铁	240~390	120~170	好	好；但焊接球墨铸铁时易裂
镍铁铸铁焊条	Z408 Z438	EZNiFe-1 EZNiFe-2 EZNiFe-3	冷焊	球墨铸铁	390~540	150~210	较好	好；适应多种铸铁
镍铁铜铸铁焊条	Z408A	EZNiFeCu	冷焊	球墨铸铁	390~540	160~190	较好	好；适应多种铸铁，焊芯镀铜是延长石墨型药皮保存期限的方法之一
镍铜铸铁焊条	Z508	EZNiCu-1 EZNiCu-2	冷焊	灰铸铁	190~390	140~180	较好	焊缝收缩率大、易裂，但锤击效果显著，可防止开裂
纯铁芯及碳钢铸铁焊条	Z112 Z100	EZFe-1 EZFe-2	冷焊	灰铸铁	—	—	很差	易产生热裂纹及剥离，熔合性好
高钒焊条	Z116 Z117	EZV	冷焊	高强灰铸铁、球墨铸铁	538~588	200~250	尚可	较好；焊缝不产生热裂纹，但含硅量高时易脆裂
铜钢焊条	Z607 Z612		冷焊	灰铸铁	—	110~400 很不均匀	勉强	好；多层焊易产生气孔
灰铸铁焊条	Z208 Z248	EZC	半热焊 热焊 不预热焊	灰铸铁	170~200	150~240 （与冷却速度有关）	较好、很好 （与工艺有关）	大刚度部位的大缺陷易裂
球墨铸铁焊条	Z258	EZCQ	热焊	球墨铸铁	—	—	—	铸芯、药皮含钇基重稀土球化剂
灰铸铁焊丝	HS401	EZC-1 EZC-2	气焊（热焊、不预热焊）	灰铸铁	—	—	好	大刚度、长焊缝易裂
球墨铸铁焊丝	HS402	EZCQ-1 EZCQ-2	气焊	球墨铸铁	—	—	好	较好；不适于厚大件大缺陷长时间焊接，以免产生球化衰退
黄铜钎焊	HL103	—	钎焊	灰铸铁	≥196	—	好	较好；薄壁易裂

3. 铸铁补焊方法与焊接材料的选用

表 5-5 所列为以机床类机械铸铁件缺陷补焊为例,根据补焊部位及要求,推荐采用的焊接工艺方法及相应的焊接材料。

表 5-5 机床类机械铸铁件补焊的推荐焊接方法

补焊部位及要求			推荐焊接方法
加工面	导轨面(滑动摩擦)	铸造毛坯(有加工余量)	铸铁芯焊条电弧焊热焊,铸铁焊丝气焊热焊
		已加工(加工余量较小)	EZNiCu、EZNi 或 EZNiFe 焊条电弧焊冷焊或稍加预热
	固定结合面	铸造毛坯	铸铁芯焊条电弧焊热焊,铸铁焊丝气焊热焊,铸铁芯焊条不预热电弧焊(刚度大的部位可能裂),手工电渣焊(用于特厚大件)
		已加工	EZNiCu、EZNi 或 EZNiFe 焊条电弧焊冷焊或稍加预热
	要求密封(耐液压部位)	铸造毛坯	铸铁芯焊条电弧焊热焊,铸铁焊丝气焊热焊,铸铁芯焊条不预热电弧焊(刚度大的部位可能裂)
		已加工	EZNiFe 或 EZNi 焊条冷焊或稍加预热(要求耐压不高时可用 EZNiCu 焊条)
非加工面	要求密封(耐液压部位)或要求与母材等强度		EZFeCu、EZNiCu 或自制奥氏体型铁铜焊条冷焊(要求耐压不高时),EZNiFe、EZNi 或 EZV 焊条冷焊或稍加预热(要求耐较高压力时)
	无密封及强度要求		EZFeCu 或自制奥氏体型铁铜焊条冷焊,低碳钢焊条(E5015、E5016、E4303)冷焊

4. 电弧热焊灰铸铁

(1) 特点与适用范围 此法的基本特点是焊前整体或较大范围局部预热至 600~700℃,焊时也维持此温度,焊后需缓冷。它的优点是可避免接头产生白口及淬硬组织,有很好的可加工性;因焊缝与母材温差小,降低了热应力,从而可防止裂纹的产生。此法使用铸铁型焊接材料,使焊缝的组织、性能和颜色与母材接近。其最大缺点是劳动条件恶劣、生产率低、成本高。

在下列情况下,适合采用热焊法:

1) 补焊区不在铸件边角部位,而在中间刚性较大部位,焊接过程中不能自由地热胀冷缩。

2) 长期在高温、腐蚀条件下工作的铸件,内部已有些变质,如气缸排气孔、排气管和锅炉片等。

3) 铸件材质较差,组织疏松粗糙。若用电弧冷焊,则熔敷金属难以与母材熔合。

4) 铸件厚度较大,若不预热则热量不足,难以施焊或焊速太慢。

5) 对焊接区有颜色、密封性要求和要求承受动载荷等重要的零部件。

(2) 焊条 目前,常用的焊条有两种:一种是铸铁芯石墨化型焊条(如 Z248 等);另一种是钢芯石墨化型焊条(如 Z208 等)。前者通过焊芯和药皮向焊缝过渡 C、Si 等石墨化元素,后者主要通过药皮向焊缝过渡石墨化元素。铸铁芯石墨化型焊条的焊芯直径较大,一般为 6~12mm,可用较大电流焊接,故适用于较厚大且有较大缺陷铸件的补焊。

(3) 焊前准备 焊前准备的主要工作是清理缺陷、开坡口和造型。应铲除缺陷直至露出金属，并去除油污；用扁铲或砂轮等开坡口，坡口要有角度，上口稍大，底面应圆滑过渡，如图 5-4 所示。对于较大的或边角处的缺陷，需在缺陷周围造型，如图 5-5 所示。造型材料可用耐火砖、铸造型砂+水玻璃、石墨块等。若在铸件上表面造型，也可用黄泥围筑。用型砂或黄泥造型时，焊前应烘干。

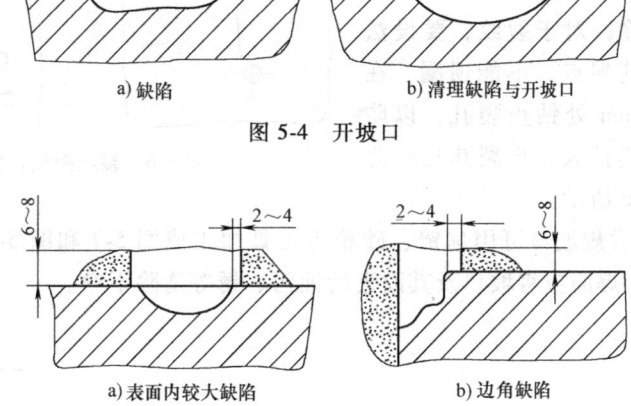

a) 缺陷　　b) 清理缺陷与开坡口

图 5-4　开坡口

a) 表面内较大缺陷　　b) 边角缺陷

图 5-5　造型示意图

(4) 预热　根据铸件的体积（厚度）、结构复杂程度、缺陷位置、补焊处的刚度及预热设备来决定是整体预热还是局部预热。当补焊处刚度大、壁厚、结构较复杂，采用局部预热会引起很大热应力时，必须进行整体预热。当缺陷较小，又位于边角、棱处，预热过程中铸件可自由膨胀时，就可以进行局部预热。

预热时，应控制加热速度不宜快。要使铸件壁厚温差尽可能小，以减小热应力，防止在加热过程中就产生裂纹。

(5) 焊接操作　按焊件壁厚选择焊条直径，宜选粗一些的焊条；按直径确定焊接电流，每毫米焊条直径取 40~50A；电弧长度比正常稍拉长些，使药皮中的石墨充分熔化；从缺陷中心引弧，逐渐移向边缘，小缺陷应连续填满，大缺陷逐层堆焊直至填满；电弧在缺陷边缘处不宜停留过长时间，以减少母材熔化量和防止造成咬边；渣多时要及时扒渣，否则易产生夹渣缺陷；焊接过程中始终保持预热温度，否则要重新加热才能继续进行焊接。

(6) 焊后处理　焊后须保温缓冷，常用保温材料覆盖。重要铸件最好进行消除应力热处理，焊后立即将工件放在炉中加热至 600~700℃，保温一段时间，然后随炉冷却。

5. 电弧冷焊灰铸铁

(1) 特点与适用范围　主要特点是不对焊件预热，焊接区保持“冷”的状态。它的优点是节省燃料和能源，劳动条件好。但不易避免熔合区白口，需要有一套严格的冷焊操作工艺相配合，才能避免产生焊接裂纹。

此法适用于经机械加工不允许变形和破坏工件表面的铸件；体积很大，预热有困难的铸件；缺陷位于铸件边角处的，对焊缝金属无颜色要求的，或刚度大而缺陷小的铸件的补焊。

(2) 焊条　所选用的非铸铁型焊条，其焊缝金属要有良好的塑性，能经受锤击并达到降低焊接应力的目的，避免产生焊接裂纹。

焊后不需机械加工时，一般选用铜铁铸铁焊条、高钒铸铁焊条和氧化型钢芯铸铁焊条，有时也用普通低碳钢焊条，如 J427、J507 等。若操作得当，则能保证补焊区的密封性。

焊后要求机械加工时，宜选用镍基铸铁焊条，即纯镍、镍铜合金或镍铁合金铸铁焊条。这些焊条能保证密封性和可加工性。若能对坡口进行低温预热（如 200℃ 左右），则补焊区的可加工性将更好。

（3）焊前准备

1）清理缺陷。对于砂眼、缩孔等缺陷，应彻底将其消除；对于裂纹，要设法查清走向、分枝及其端点，不能遗漏。在裂纹端点前方 0~6mm 处钻止裂孔，以防裂纹在开坡口时继续扩大。止裂孔孔径为 $\phi 4 \sim \phi 6$mm，如图 5-6 所示。

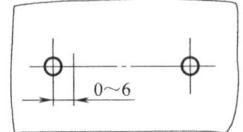

图 5-6　裂纹两端止的裂孔

2）坡口准备。常规坡口可用扁铲、砂轮等工具加工成图 5-7 和图 5-8 所示形式。坡口面尽可能平整圆滑，焊前应将坡口及其附近的油污、锈等清除干净。

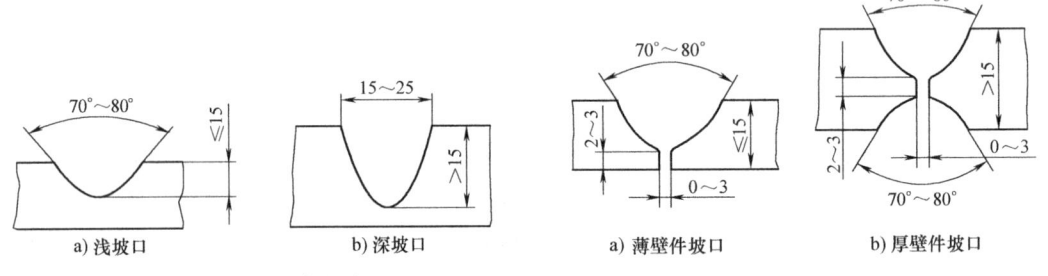

图 5-7　非穿透缺陷的坡口　　　　图 5-8　穿透缺陷的坡口

（4）焊接操作　为了减少熔合区的白口组织，消除焊接应力，降低焊缝硬度，防止产生裂纹或焊缝剥离，需要采取短段、断续、分散焊，小电流、浅熔深，锤击焊缝和运用退火焊道的电弧冷焊操作工艺。多层焊时，与母材相连的第一层焊缝的质量十分关键，必须特别细心地施焊。

短段、断续、分散焊是对焊缝分段施焊，每段焊道要短，不能连续焊接。但可以分散在多处起焊，如图 5-9 所示。每小段的长度根据不同条件可在 10~15mm 或稍长一些范围内变化。每焊完一小段焊道就立即进行锤击，待冷却到可用手触摸（60℃）或室温时再焊下一段。这样做是为了防止焊接区局部过热，保持该区处于较低温度，以减少与整体温度的差别，达到减小焊接应力的目的。

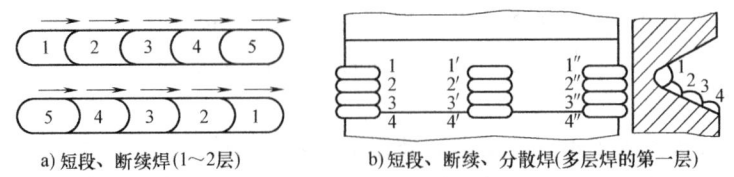

图 5-9　电弧冷焊操作方法

小电流、浅熔深是指采用较小的焊条直径和较小的焊接电流进行焊接，在保证焊缝与母材良好熔合的前提下有较浅的熔深。一般 $\phi 2.5$mm 的焊条用 60~90A 的电流，$\phi 3.2$mm 的焊条用 80~120A 的电流。当采用分段倒退法施焊时（图 5-9），采用短弧，焊速稍快以缩短高温停留时间。运条时不摆动,必要时可用挑弧焊法尽量减小熔深,以减少溶入焊缝中的碳和硫、磷杂质。薄的熔合区使其中的石墨来不及完全熔解而保留下来,白口组织得以减少甚至消除。若采用大电流,则熔深增大,使熔合区白口层加厚,这不仅会给加工带来困难,还可能造成焊缝剥离或焊缝上产生热裂纹(因熔合比大,母材过多熔入而恶化焊缝)。

锤击焊缝是指焊完每一小段焊道后,立即用带圆角的尖头小锤子锤击焊缝。先从弧坑开始,快速锤击锤遍整条焊道。底部焊缝锤击不便,可用圆刃扁铲轻捻。锤击力不宜大,以焊缝产生塑性变形又不损坏熔合区为限。这样既可松弛焊接应力,防止产生裂纹,又可锤紧焊缝微孔,增加焊缝的致密性。锤子重约 0.5~1kg,顶端圆角半径为 3~6mm。

运用退火焊道是指补焊加工面的线状缺陷时,如只焊一层,则该焊道底部熔合区较硬,不易进行机械加工。若将该焊道的上部铲去一些,再焊上一层,可使先焊一层底部受到退火作用而变得软一些,以改善补焊区的可加工性。

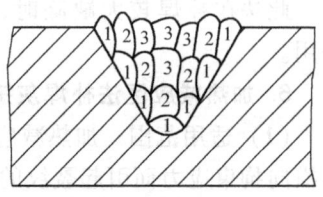

图 5-10 多层焊顺序

多层焊时,第一层焊后就可按图 5-10 所示顺序焊接后面各层,以减小焊接应力。焊接各层时,也按焊接第一层的操作进行。

(5) 特殊工艺措施 下面介绍几种灰铸铁电弧冷焊时采取的特殊工艺措施。

1) 栽丝焊法。当母材材质差(如断口晶粒粗大、强度低等)、焊缝强度高(如用普通碳钢焊条、高钒焊条等焊接时)、缺陷体积大而焊接层数多或工件受力大时,可采取图 5-11 所示的栽丝法。在母材坡口面上钻孔攻螺纹,拧入钢质螺钉,将露出部分的表面和焊缝金属焊成一体,通过螺钉分担部分焊接应力,防止焊缝剥离和提高补焊强度。

还可以如图 5-12 所示设置钢质加强筋于坡口内,用焊缝在其周围填满坡口,加强筋承受了巨大的焊接和工作应力,进一步提高了接头的强度和刚度。

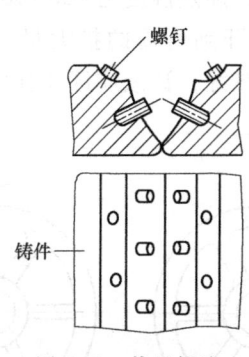

图 5-11 栽丝焊法

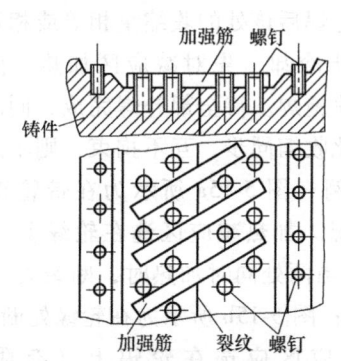

图 5-12 装加强筋焊法

栽丝法的操作要领是,螺钉直径、数量和栽入深度视坡口大小和铸件壁厚而定,厚壁大坡口用 φ10mm 左右的螺钉,拧入深度为 20~30mm,间距为 30~50mm,露出长度以大于螺钉直径为宜。先绕螺钉焊接,再焊螺钉之间部分。螺钉根部与母材要焊住,补焊时尽可能控制螺钉少熔化。

2) 加钢垫板补焊法。当补焊厚大铸件且坡口较深、较大时,在坡口内放入每片厚度约 4mm 的低碳钢垫板,如图 5-13

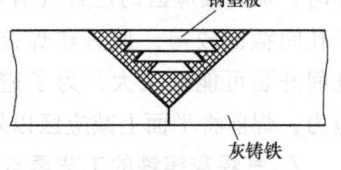

图 5-13 加钢垫板补焊法

所示。在垫板周边用抗裂性能高且强度高的铸铁焊条（如 Z408、Z116 等）将母材与低碳钢垫板焊在一起，在上下垫板之间可焊上塞焊缝。此法大大减少了焊缝金属用量，因而又进一步减小了焊接应力，有利于防止剥离裂纹的产生，还有利于缩短补焊时间并节省焊条。

3) 组合焊接法。组合焊接法是用两种性能不同的焊条按一定的程序补焊同一缺陷的焊接方法。通常第一层（或第一层和第二层）采用可加工性和抗裂性较好的镍基焊条焊接，起到过渡层作用；以后各层采用普通低碳钢焊条填满，如图 5-14 所示。

此法在补焊较大缺陷时，为了节省贵重焊条而常被采用。

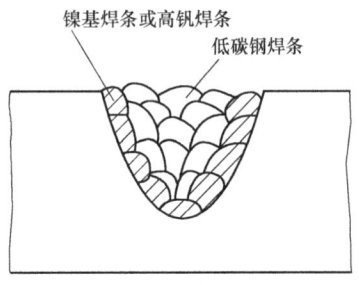

图 5-14　组合焊接法

6. 加热减应区法补焊灰铸铁

(1) 适用范围　加热减应区法主要用于防止焊接接头因横向拘束应力而引起裂纹的铸铁的补焊，由于不能减小焊缝纵向应力，因而只能用于较短焊缝的焊接。通常在框架结构或带孔洞的箱体结构上有断裂缺陷时可用此法，对整体性强、无孔洞的铸铁件则难以采用。

(2) 加热方法　一般采用气体火焰加热，用大号焊炬如 H01-20。

(3) 加热部位　加热部位的选择是决定此法成败关键。总的原则是选择那些阻碍补焊区热胀和冷缩的部位。当加热该区域时，它的热膨胀应能带动待焊处的缝隙向外张开；热源移去后随着温度下降，又能使该缝隙缩小。如果加热时待焊处的缝隙不但不张开，反而闭合，则说明加热部位选错了。

(4) 加热温度　此法的实质是让焊接区在整个焊接过程中的热胀和冷缩是自由的，以达到减小拘束应力的目的。因此，对减应区加热的面积大小和温度高低应控制在使待焊处缝隙的张开量与焊后该处的收缩量相等或相近。视壁厚不同，加热温度为 400~900℃。

(5) 同步冷却　先对减应区加热，使待焊处缝隙张开到所需的扩大量（1~1.5mm）后，立即快速施焊。待全部补焊完成，同时撤去减应区的热源，让减应区和补焊区一起冷却下来，若彼此收缩同步，互不拘束，则不产生应力和裂纹。

(6) 举例　图 5-15a 所示为在带轮轮辐处断裂的情况。加热减应区选在轮缘上（有阴影线处），当两处同时加热时，断裂处将有 ΔL 的张开量；图 5-15b 所示为在轮缘处断裂，此时加热减应区应选在轮辐上（有阴影线处）。

图 5-16 所示为变速箱轴承座孔间裂纹补焊时，加热减应区的位置（有阴影线处）。由于孔间截面较薄，加热和焊接时，发生其他孔间开裂可能性很大，为了避免孔间产生热应力，焊前将平面上减应区以外的部分全部用湿泥覆盖住，以防止其升温。

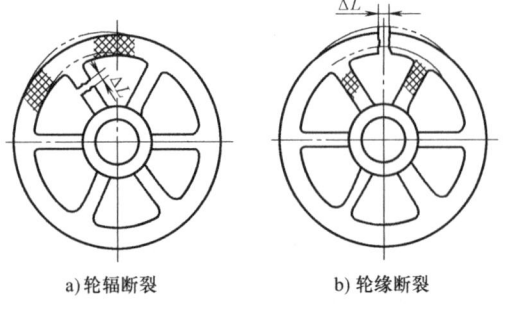

a) 轮辐断裂　　b) 轮缘断裂

图 5-15　带轮轮辐、轮缘断裂

7. 气焊灰铸铁的工艺要点

气焊时，由于氧乙炔焰的温度比电弧焊低得多，而且火焰分散、热量不集中，焊接加热时间长，补焊区加热体积大，焊后冷却速度缓慢，有利于焊接接头的石墨化过程。然而，由于加热时间长，局部区域过热严重，导致加热区产生很大的热应力，容易引起裂纹。因此，气焊灰铸铁件时，对刚度较小的薄壁铸件可不预热；对结构复杂或刚度较大的焊件，应采用整体或局部预热的热焊法；有些刚度较大的铸件，可采用加热减应区法施焊。

图 5-16 变速箱轴承座孔间裂纹

（1）焊丝 灰铸铁气焊用的填充金属为焊丝，其型号及化学成分见表 5-6。

在铸铁焊丝型号中：R 表示焊丝；Z 表示用于铸铁焊接；C 表示熔敷金属类型为铸铁；H 表示焊丝中含有合金元素。

表 5-6 灰铸铁气焊用焊丝的型号及化学成分（质量分数）（%）

焊丝型号	C	Si	Mn	P	S	Ni	Mo	Fe
RZC-1	3.20~3.50	2.70~3.00	0.60~0.75	0.50~0.75	≤0.10	—	—	余量
RZC-2	3.20~4.50	3.00~3.80	0.30~0.80	≤0.50		—	—	
RZCH	3.20~3.50	2.00~2.50	0.50~0.70	0.20~0.40		1.20~1.60	0.25~0.45	

（2）焊剂 为了去除焊接过程中生成的氧化物和改善润湿性能，常使用焊剂，又叫焊粉。常用的有 CJ201 焊剂，也可使用硼砂或脱水硼砂。

焊剂 CJ201 的熔点较低，约为 650℃，呈碱性，能将气焊铸铁时产生的高熔点 SiO_2 复合成易溶的盐类。其配方中各成分的质量分数分别为 H_3BO_3 18%、Na_2CO_3 40%、$NaHCO_3$ 20%、MnO_2 7%、$NaNO_3$ 15%，有潮解性，能有效地去除铸铁在气焊过程产生的硅酸盐和氧化物，有加速金属熔化的功能。

焊接时需注意：

1）焊接前将焊丝一端煨热蘸上焊剂，在焊接部位红热时撒上焊剂。

2）焊接时不断用焊丝搅动，使焊剂充分发挥作用，则焊渣容易浮起。

3）如焊渣浮起过多，可用焊丝将焊渣随时拨去。

（3）焊前准备 焊前准备工作与焊条电弧焊补焊基本相同，厚件需开坡口，其形状和尺寸要求不高，小缺陷可用火焰直接对缺陷进行清理和开坡口。

需选用功率大的气焊炬，否则将难以消除气孔、夹杂。

常使用大号焊炬 H01-20。铸铁壁厚不大于 20mm 时，用 ϕ2mm 的焊嘴；铸铁壁厚大于 20mm 时用 ϕ3mm 的焊嘴。

（4）操作工艺

1）火焰。焊接过程中，必须使用中性焰或弱碳化焰，火焰要始终覆盖住熔池，以减少碳、硅的烧损，保持熔池温度。

2）焊接。先用火焰加热坡口底部使之熔化形成熔池，将已烧热的焊丝蘸上焊剂迅速插入熔池，让焊丝在熔池中熔化而不是以熔滴状滴入熔池。焊丝在熔池中不断往复运动，使熔池内的夹杂物浮起，待熔渣在表面集中后，用焊丝端部蘸出排除。若发现熔池底部有白亮夹杂物（SiO_2）或气孔，则应加大火焰，减小焰心到熔池的距离，以便提高熔池底部温度使夹杂物浮起，也可将焊丝迅速插入熔池底部，将夹杂物、气体排出。

3) 收尾。到最后的焊缝应略高于铸铁件表面，同时将流到焊缝外面的熔渣重熔，待焊缝温度降至处于半熔化状态时，用冷的焊丝平行于铸件表面迅速将高出部分刮平，这样焊缝便没有气孔、夹渣，且外表平整。

5.3 球墨铸铁的焊接

5.3.1 球墨铸铁的焊接特点

球墨铸铁是在熔炼过程中加入定量的镁、铈、钇等球化剂进行球化处理，使石墨以球状存在于基体内。与碳以片状石墨形式存在的灰铸铁相比，其力学性能明显提高。

球墨铸铁的焊接性有很多与灰铸铁相似，不同之处在于：

1) 球墨铸铁的白口化倾向及淬硬倾向比灰铸铁大。因为上述球化剂有阻碍石墨化及提高淬硬临界冷却速度的作用。焊接时，铸铁型焊缝及半熔化区更易形成白口组织，奥氏体型区更易出现马氏体型组织。

2) 由于球墨铸铁的强度、塑性与韧性比灰铸铁高，常用于较为重要的场合，因此，相应地对其接头的力学性能要求更高、更严格。要求焊接接头达到与各强度等级的球墨铸铁母材相匹配，比灰铸铁的焊接更为困难。

5.3.2 球墨铸铁的焊接工艺

球墨铸铁的焊接工艺和灰铸铁焊接相似，焊接方法主要是气焊和焊条电弧焊，焊接材料也分球墨铸铁（同质）型和非球墨铸铁（异质）型两种，后者多用于电弧冷焊。

1. 气焊

气焊加热和冷却过程比较缓慢均匀，球化剂损失少，有利于石墨球化，从而可减少白口和淬硬组织的形成，对减小裂纹倾向有利。此外，气焊火焰预热工件比较方便，适用于中小缺陷的补焊。补焊大缺陷时，则因生产率低而变得不经济。

气焊用焊丝可按表 5-4 选用。当采用含有钇基重稀土球化剂的 HS402 球墨铸铁焊丝补焊时，焊缝石墨球化稳定、白口倾向较小，接头性能可满足 QT600-3、QT450-10 等球墨铸铁的要求。当采用含有稀土镁球化剂的球墨铸铁焊丝时，为了防止球化衰退，连续补焊的时间应当缩短。

中、小型球墨铸铁件采用不预热工艺补焊时，应注意焊接操作和焊后保温。厚大铸件缺陷补焊应预热 700~800℃，配合焊剂，用中性焰或弱还原焰焊接，焊后需进行缓冷。具体操作与灰铸铁气焊相同。

2. 球墨铸铁型焊条电弧焊

焊接球墨铸铁用的同质焊条有两类：一类是球墨铸铁芯外涂含球化剂和石墨剂的药皮，通过焊芯和药皮共同向熔池过渡球化剂使焊缝中的石墨球化，如 Z258 焊条；另一类是低碳钢芯外涂含球化剂和石墨剂的药皮，通过药皮使焊缝中的石墨球化，如 Z238 焊条。

焊接工艺要点如下：

1) 清理缺陷、开坡口。小缺陷应扩大到 $\phi 30 \sim \phi 40 \mathrm{mm}$，深 8mm 以上。

2) 采用大电流、连续焊工艺。焊接电流（A）按 $I = (30 \sim 60) d$ 选择，d 为焊条直径

（mm）。

3）中等缺陷应连续填满；较大缺陷应采取分段或分区填满再向前推移的方式，保证补焊区有较大的焊接热输入量。

4）对刚度大部位较大缺陷的补焊，应采用加热减应区法或焊前预热200~400℃，焊后需缓冷，以防止产生裂纹。

5）若需焊态加工，焊后应立即用气体火焰加热补焊区至红热状态，并保持3~5min。

3. 非球墨铸铁型焊条电弧冷焊

异质焊缝电弧冷焊用的焊条主要有镍铁铸铁焊条（如Z408等）及高钒焊条（如Z116、Z117等）。用Z408焊条焊接时，接头强度接近QT450-10球墨铸铁，但塑性相差较大（1%~5%）；用高钒焊条焊接时，焊缝的抗拉强度和断后伸长率都较高，硬度小于250HBW，但半熔化区白口较宽，接头可加工性较差，因此主要用于非加工面的补焊。若焊后退火，则可降低硬度和改善可加工性。焊条电弧焊接操作要领与灰铸铁焊条电弧冷焊相同。

也可采用CO_2气体保护焊焊接球墨铸铁件，使用H08Mn2Si细焊丝（$\phi0.6~\phi1.0mm$），低电压、小电流、浅熔深焊接，熔合区白口较小，接头强度有所提高。此外，还可采用镍铁合金焊丝氩弧焊。

5.4 铸铁焊接工艺实例

1. 高压液压缸的焊接

注射机高压液压缸内径为220mm，壁厚60mm，重约0.5t，最大工作压力为30MPa，材质为高强度灰铸铁（$R_m \geq 320MPa$）。因超压工作在法兰直角处产生了长30mm的裂纹，由于液压缸的工作条件，必须将该裂纹焊好后才能使用。第一次采用纯镍焊条未预热连续焊，因焊接工艺错误而失败；第二次改用A107局部650℃热焊连续焊，因焊接工艺和焊条出错造成过大热应力，使裂纹大大延长；第三、第四次采用铸铁型焊条整体热焊气焊和电弧焊，因技术问题也未能成功，虽未裂，但打压渗漏；第五次采用了正确的电弧冷焊工艺，但却选用了强度低、熔合差、易热裂的镍铜合金焊条，试压渗漏。

经计算，此液压缸缸壁的最大工作应力为54MPa，约为R_m的17%，许用应力选择正确，但安全系数并不太大，因此焊接接头强度应不低于母材，即$R_m \geq 320MPa$，坡口应尽量开透；如果采用异质焊条，高钒焊条、镍铁合金焊条都能胜任，细丝CO_2气体保护焊也可以。最后选择了镍铁合金焊条及栽丝法：M8螺钉，间距20mm、深25~45mm各异；$\phi3.2mm$焊条，130A电流，直流正接以利于熔合。按异质焊条电弧冷焊工艺严格施焊，先焊坡口栽钉面过渡层，注意坡口间隙不点固，不先焊连接缝，使之处于较自由收缩的状态。焊第一层连接缝焊缝应厚些，从坡口一端开始顺序向另一端进行，逐层填满坡口，焊缝最后呈均匀的凹形，焊接方向与裂纹方向垂直。虽然裂纹由开始的30mm经前五次失败的焊接延长至300mm，但第六次焊接获得了完全成功。最后进行试压，每加压5MPa停留一段时间逐步消除应力，最后加至35MPa无渗漏，并正常使用了多年。

2. 刨床立柱铸造缺陷的电弧冷焊

刨床立柱的铸造缺陷如图5-17所示，该缺陷长170mm、宽60mm、深40mm。清理、修整坡口后用浇包耐火泥造型并烘干，距坡口边缘5~8mm。用两把焊钳同时连续施焊，一次焊成，焊缝高出母材 5mm，焊后石棉覆盖。焊后熔合良好，未开裂。

3. 2110 型柴油机缸体下部断裂缺陷的不预热气焊

柴油机缸体下部断裂，如图 5-18 所示。采用不预热气焊（冷焊），焊前将缸体与下曲轴箱用螺栓紧固定位。先焊裂纹 1，裂纹 2、3 均张开约 2mm，立即焊裂纹 2，同时间断对裂纹 1 补充加热，焊完裂纹 2 后仍加热裂纹 1，使裂纹 3 间隙达到 2mm 后立即焊裂纹 3，然后自然冷却。

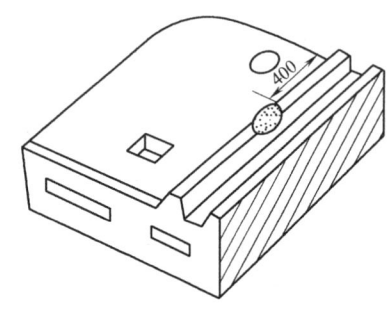

图 5-17 刨床立柱的铸造缺陷

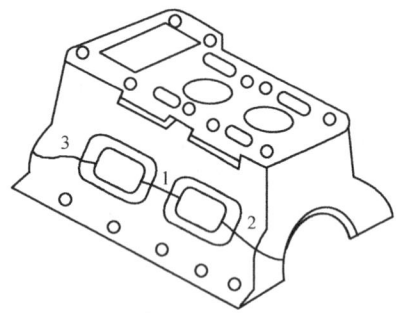

图 5-18 2110 型柴油机缸体下部断裂缺陷

5.5 灰铸铁焊接实训

1. 任务描述

以灰铸铁为实训载体，完成灰铸铁底座裂纹（图 5-19）补焊工艺的制订和实施，再经评价等环节进一步优化补焊工艺。

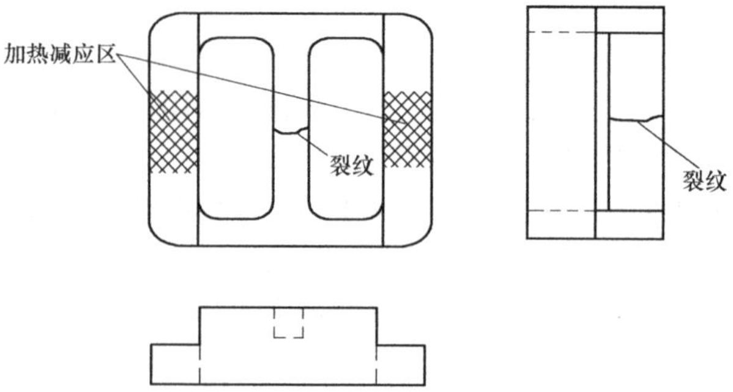

2. 实训目标

【知识目标】

1）熟悉灰铸铁的化学成分、力学性能及焊接性特点。

2）掌握灰铸铁的补焊工艺要点。

3）学会制订灰铸铁件的补焊工艺。

图 5-19 灰铸铁底座及其裂纹

【能力目标】

1）能够根据技术要求和产品特点，制订灰铸铁的补焊工艺。

2）具备实施灰铸铁补焊工艺的基本能力。

3）学会编写焊接工艺卡片。

【情感目标】

自学拓展、信息收集、严谨认真、规范操作及团队合作等。

3. 实训步骤及要求

【第一步】分析焊接性

第5章 铸铁的焊接工艺

在多媒体教室里，教师采用启发式、互动式等教学方法，借助工学结合教材、多媒体课件等，讲授灰铸铁的成分、组织及焊接性等专业知识，使学生获取灰铸铁焊接工艺基本知识。

【第二步】制订焊接工艺

在实训教师的指导下，学生小组在图书馆、资料室、网络机房等场所以自主查阅资料方式获取灰铸铁的焊接工艺知识，讨论并制订灰铸铁件的焊接工艺，如焊前准备、焊接方法、焊接参数及焊后处理等，填写焊接工艺卡片（表5-7）。

表5-7 焊接工艺卡片

任务名称		底座裂纹补焊	母材	灰铸铁	保护气体	
学生姓名(小组编号)			时间		指导教师	
焊前准备 (如清理、坡口制备、预热等)						
焊后处理 (如清根、焊缝质量检测等)						

层次	焊接方法	焊接材料		电源及极性	焊接电流 /A	电弧电压 /V	焊接速度 /(cm/min)	热输入 /(J/cm)
		牌号	规格					

焊接层次、顺序示意图：	技术要求及说明：

【第三步】实施焊接工艺（选做）

如焊接实训室具备焊接工艺的实施条件，则在指导教师的帮助下，学生可按照自己所制订的焊接工艺现场施焊，观察焊接工艺的执行过程，结合有关标准及技术要求检验自己所制订的焊接工艺是否合理可行。

通过灰铸铁焊接工艺实训，学生可熟悉灰铸铁件的焊接工艺，进一步提高灰铸铁件焊接工艺的操作能力。

【第四步】评价焊接工艺

由指导教师和学生分别对焊接工艺的合理性和可行性进行评价，并将评价结果填入表5-8中。通过科学评价和考核，提升学生编制灰铸铁焊接工艺的能力。

表 5-8 任务记录及评价表

任务名称	灰铸铁底座裂纹补焊		时 间	
地 点		指导教师		
班 级		小组编号	小组成员	
工作过程记录	(1)准备情况： (2)分析焊接性情况： (3)制订焊接工艺情况： (4)实施焊接工艺情况： (5)操作规范及安全情况：			
学生自评	签名：			
组长评价	签名：			
教师评价	签名：			

【综合练习】

一、填空题

1. 铸铁与钢相比虽然_____较低、_____较差，但却具有良好的耐磨性、吸振性、铸造性和可加工性。
2. 铸铁的焊接主要用于铸件缺陷的_____、损坏铸件的_____，用于生产组合件的场合很少。
3. 按碳在铸铁中存在的状态和形式不同，可将铸铁分为_____、_____、_____、_____及_____五类。
4. 铸铁的组织主要取决于_____与_____。
5. 灰铸铁焊接时的主要问题是焊接接头易出现_____和_____以及易产生裂纹。
6. 铸铁焊接时很容易产生裂纹，裂纹的类型主要是_____，其次是_____。
7. 选择铸铁焊接材料的主要依据是对_____的要求和所用的_____。
8. 电弧热焊灰铸铁时，造型材料可用_____、_____、_____等。

二、选择题

1. 铸铁是碳的质量分数大于（　　）的铁碳合金，其中还含有硅、锰及硫、磷等杂质。
   A. 1%　　　　　　B. 2%　　　　　　C. 3%　　　　　　D. 4%
2. 铸铁中的碳以石墨或（　　）两种独立相的形式存在。
   A. 铁素体　　　　B. 奥氏体　　　　C. 马氏体　　　　D. 渗碳体
3. 在铸铁中，碳以（　　）形式析出的过程称为石墨化。
   A. 石墨　　　　　B. 奥氏体　　　　C. 马氏体　　　　D. 渗碳体

4. （　　）的存在有利于铁液的石墨化进程。
   A. 碳和铁　　　B. 碳和硅　　　C. 硅和铁　　　D. 铁和锰
5. 焊缝白口组织产生与否取决于焊接时所用的（　　）。
   A. 焊接材料　　B. 焊接方法　　C. 焊接工艺　　D. 焊接速度
6. 采用（　　）对铸铁冷焊时，可以使熔合区的白口组织减到最少。
   A. 结构钢焊条　B. 纯镍焊条　　C. 纯铜焊条　　D. 焊接速度
7. 灰铸铁的焊接应尽量避免产生（　　）组织。
   A. 铁素体　　　B. 奥氏体　　　C. 马氏体　　　D. 白口
8. 减缓（　　），通常采用的措施是焊前预热和焊后保温缓冷。
   A. 冷却速度　　B. 焊接速度　　C. 送丝速度　　D. 加热速度
9. 铸铁的焊接热裂纹主要出现在（　　）上。
   A. 热影响区　　B. 焊缝　　　　C. 熔合区　　　D. 母材
10. 用低碳钢焊条焊接灰铸铁的第一层焊缝最容易产生（　　）。
    A. 冷裂纹　　　B. 热裂纹　　　C. 再热裂纹　　D. 层状撕裂
11. （　　）是采用非铸铁型焊条，对铸铁件不预热就进行电弧焊的一种方法。
    A. 冷焊法　　　B. 热焊法　　　C. 半热焊法　　D. 不预热焊法
12. 热焊法的基本特点是焊前整体或较大范围局部预热至（　　），焊时也维持此高温，焊后需缓冷。
    A. 200~300℃　 B. 300~400℃　 C. 400~500℃　 D. 600~700℃
13. 铸铁的焊接中，（　　）具有去除焊接过程中生成的氧化物和改善润湿性能的作用。
    A. 焊剂　　　　B. 熔剂　　　　C. 耦合剂　　　D. 渗透剂

三、判断题（正确的打√，错误的打×）
（　　）1. 球墨铸铁是在浇注前向铁液中加入纯镁或稀土镁合金等球化剂而获得的。
（　　）2. 在铸铁中，碳以石墨形式析出的过程称为石墨化。
（　　）3. 铸铁石墨化主要与铁液的冷却速度和其化学成分有关。
（　　）4. 焊缝为非铸铁成分时，焊缝与母材异质，焊缝上就会出现白口组织。
（　　）5. 气焊灰铸铁过程必须使用中性焰或弱碳化焰。

四、简答题
1. 防止铸铁焊接接头产生白口组织的主要途径有哪些？
2. 焊接灰铸铁时，防止冷裂纹产生的措施有哪些？
3. 何为加热减应区法？
4. 选择灰铸铁的焊接方法时，应考虑哪些因素？
5. 电弧热焊灰铸铁有哪些优缺点？
6. 电弧冷焊灰铸铁的操作工艺要点是什么？
7. 何为栽丝焊法？
8. 加热减应区法补焊灰铸铁的操作要领是什么？

第6章 常用非铁金属的焊接

6.1 铝及铝合金的焊接

6.1.1 概述

1. 化学和物理性能

纯铝是银白色的轻金属,其密度为 2.7g/cm³,约为钢的 1/3;电导率较高,仅次于金、银、铜,居第四位;热导率比钢高两倍左右;熔点为 658℃,加热熔化时颜色无明显变化。它具有面心立方结构组织,无同素异构转变。其塑性和冷、热压力加工性能好,但强度低。

纯铝的化学活泼性强,与空气接触时,就会在其表面生成一层致密的 Al_2O_3 薄膜,这层氧化膜可防止冷的硝酸及醋酸的腐蚀,但其在碱类和含有氯离子的盐类溶液中将被迅速破坏而引起强烈腐蚀。纯铝中所含杂质越少,形成氧化膜的能力越强。随着杂质的增加,其强度增加,而塑性、导电性和耐蚀性下降。

铝合金是在纯铝中加入合金元素,如镁、锰、硅、铜、锌等后获得的不同性能的金属材料。

2. 铝及铝合金的种类

铝及铝合金的种类可归纳为:

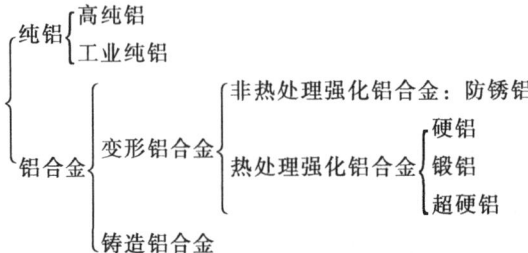

纯铝分高纯铝和工业纯铝两大类,高纯铝主要用做导电元件和制作要求高的铝合金。工业纯铝中铝的质量分数在 99% 以上,其中的主要杂质为铁和硅,可制作电缆、电容器等,很少直接制作受力结构零件。

在纯铝中加入各种合金元素后,可提高其强度和获得其他性能。按合金系列,铝及铝合金可分为 1×××系(工业纯铝)、2×××系(铝-铜)、3×××系(铝-锰)、4×××系(铝-硅)、

5×××系（铝-镁）、6×××（铝-镁-硅）、7×××（铝-锌）、8×××系（其他）共八类合金；按工艺性能特点分为变形铝合金（又称加工铝合金）和铸造铝合金两大类。变形铝合金是单相固溶体组织，它的变形能力较好，适合锻造及压延；铸造铝合金中存在共晶组织，流动性好，因而适于铸造。铝合金又分为非热处理强化和热处理强化两种类型。

(1) 非热处理强化铝合金　主要通过加入锰、镁等元素的固溶强化来提高合金的强度，因而有铝锰合金和铝镁合金两种。由于它们都具有优良的耐蚀性能，故统称防锈铝合金。这类铝合金还具有很好的塑性、压力加工和焊接性能，所以是目前铝合金中应用最广的一种。但这种类型的铝合金不能通过热处理提高其力学性能，只能用冷作变形强化。

(2) 热处理强化铝合金　这种类型的铝合金是通过固溶处理、淬火时效等工艺来提高其力学性能的，分为硬铝、锻铝和超硬铝三类。

硬铝的主要成分是铝、铜、镁。超硬铝的成分在硬铝的基础上又增添了锌，这些元素可有限地固溶于铝中形成铝基固溶体，多余元素与铝形成一系列金属间化合物。通过淬火+时效热处理，可有效地控制合金元素在铝中的固溶度和化合物的弥散度，从而实现对合金力学性能的控制。硬铝和超硬铝具有高强度的同时还具有较高的塑性，其主要缺点是耐蚀性较差，焊接性也随着强度的提高而变差。另外，合金中含锌量较多，故产生晶间腐蚀及焊接热裂纹的倾向较大。

锻铝在高温下具有良好的塑性，故适于制造锻件及冲压件。可以通过淬火+时效强化。铝-镁-硅锻铝的强度不高但有优良的耐蚀性，没有晶间腐蚀倾向，焊接性能良好。铝-镁-硅-铜锻铝的强度较高，但耐蚀性随强度的增强而变差。

铸造铝合金分为铝-硅、铝-铜、铝-镁和铝-锌合金四类，其中铝-硅合金用量最大。与变形铝合金相比，铸造铝合金的最大优点是铸造性能优良、耐蚀性较好、可加工性好，但塑性低，不宜进行压力加工。

6.1.2　铝及铝合金的焊接性

铝及铝合金可以焊接，但必须掌握其焊接性特点及可能出现的问题，以便选择合适的焊接方法和相应的工艺措施。

(1) 极易氧化　铝与氧的亲和力极强，任何温度下都会被氧化，在母材表面生成氧化铝（Al_2O_3）薄膜，其厚度为 0.1~0.2μm，熔点高（2050℃），组织致密，保护着母材表面。焊接时，该氧化膜妨碍母材熔化和熔合，易出现未焊透缺陷；氧化膜密度（约为铝的1.4倍）大，不易浮出熔池表面，容易在焊缝中形成夹渣缺陷。

此外，氧化膜电子逸出功低，易发射电子，使电弧漂移不定。因此，焊前需考虑清除氧化膜，焊时需加强保护以防止焊接区被氧化，并不断破除可能新生的氧化膜。

(2) 需强热源焊接　铝及铝合金的热导率、电导率高，热容量大，其热导率约为钢的4倍，焊接时比钢的热损失大。因此，要求用能量集中的强热源焊接。

若要达到与钢相同的焊接速度，则焊接热输入需为钢的2~4倍。由于导电性好，电阻焊时比钢需要更大容量的电源。

(3) 易产生气孔　液态铝可溶解大量氢气，固态时则几乎不溶解。因此，氢在焊接熔池快速冷却、凝固结晶过程中，若来不及逸出熔池表面，就会在焊缝中形成气孔。

(4) 易形成热裂纹　铝的高温强度低、塑性差（纯铝在640~656℃间的断后伸长率小于0.69%），线胀系数和结晶收缩率却比钢大一倍。焊接时在焊件中会产生较大的热应力和变形,在脆性温度区间内易产生热裂纹。这是铝合金,尤其是高强度铝合金焊接中常见的缺陷之一。此外,焊后内应力大,将影响结构长期使用的尺寸稳定性。

(5) 合金元素易蒸发和烧损　铝合金所含的低沸点合金元素,如镁、锌、锰等,在焊接电弧和火焰的作用下,极易蒸发和烧损,从而改变了焊缝金属的化学成分和性能。

(6) 固态转变为液态无色泽变化　铝及铝合金从固态转变为液态时,无明显的颜色变化,加上其高温下的强度和塑性低,使操作者难以掌握加热温度,有时会引起熔池金属的塌陷与焊穿。

(7) 焊接热对基体金属的影响　非热处理强化铝合金若在冷作硬化状态下焊接,热影响区的峰值温度超过再结晶温度(200~300℃),则冷作硬化效果会消失而出现软化;热处理强化铝合金无论是在退火状态还是时效状态下焊接,若焊后不经热处理,则其接头强度均低于母材。这种软化在焊缝、熔合区和热影响区都可能产生。焊接热输入越大,性能降低的程度也越严重。

尽管铝及铝合金焊接时有上述特点和易产生的问题,但总的来说,纯铝、非热处理强化的变形铝合金的焊接性良好,只是热处理的变形铝合金的焊接性较差。只要针对这些问题和特点,正确地选择焊接方法和填充材料,采用合理的工艺措施,完全能够获得质量良好的焊接接头。

6.1.3　铝及铝合金焊接方法的选择

铝及铝合金的焊接方法很多,它们各具特色和适用场合。常用的焊接方法有气焊、焊条电弧焊、钨极氩弧焊(TIG)、熔化极氩弧焊(MIG)、等离子弧焊、电阻焊和钎焊等。真空电子束焊、超声波焊、储能焊、激光焊、爆炸焊和电渣焊等多在特殊情况下采用。

选择上述焊接方法时,必须综合考虑母材的牌号(化学成分)、焊件厚度、接头形式、生产条件、使用要求和经济条件等因素。

表 6-1 列出了部分铝及铝合金对几种主要焊接方法的适应性。

表 6-1　部分铝及铝合金对几种主要焊接方法的适应性

焊接方法	材料牌号及其相对焊接性				适用厚度范围/mm	
	工业纯铝	铝-锰合金	铝-镁合金		铝-铜合金	
	1070A 1035 1200	3A21	5A05 5A06	5A02 5A06	2A12 2A16	适用范围	一般界限
钨极氩弧焊	好	好	好	好	差	1~10	0.9~25
钨极脉冲氩弧焊	好	好	好	好	尚可	1~10	0.9~25
熔化极氩弧焊	好	好	好	好	尚可	≥1	≥1
熔化极脉冲氩弧焊	好	好	好	好	尚可	≥2	≥0.8
电阻焊(点、缝焊)	较好	较好	好	好	较好	—	铝箔~4
气焊	较好	较好	差	尚可	差	0.5~10	0.3~25
碳弧焊	较好	较好	差	差	差	1~10	—
焊条电弧焊	较好	较好	差	差	差	3~8	—
电子束焊	好	好	好	好	较好	3~75	—
等离子弧焊	好	好	好	好	尚可	1~10	—

注:1. 特殊情况下,要求采取特殊工艺措施,改善其焊接质量。
　　2. 厚度大于10mm时,推荐采用熔化极氩弧焊。
　　3. 焊接过程可在真空室中或氩气保护气氛中进行。

从表中看出，凡是热功率大、能量集中和保护效果好的焊接方法，对铝及铝合金的焊接都是合适的。作为生产手段，气焊和焊条电弧焊已经逐渐被氩弧焊（TIG 和 MIG）取代，而仅用于补焊修复和焊接不重要的焊接结构。

6.1.4 铝及铝合金的焊接材料

焊接铝及铝合金用的焊接材料与所用的焊接方法有关。

1. 焊条

焊条电弧焊用的铝及铝合金焊条种类较少，标准规定的只有三个型号，见表6-2。铝焊条涂料极易吸潮，应安全存放，用前应在150℃下烘干1~2h。

表6-2 铝及铝合金焊条

牌号	型号	药皮类型	焊芯主要成分 （质量分数）（%）	应用范围
L109	E1100	盐基型	Al≥99.00	主要焊接纯铝及一般接头强度要求不高的铝合金焊件
L209	E4043	盐基型	铝硅合金：Si=4.5~6.0，Al余量	焊接纯铝件、铝硅铸件、一般铝合金及锻铝、硬铝，但不宜焊铝镁合金
L309	E3003	盐基型	铝锰合金 Mn=1.0~1.5，Al余量	焊接铝锰合金、纯铝及其他铝合金

2. 焊丝

气焊、氩弧焊和等离子弧焊用的填充金属一般为铝棒和光铝焊丝。目前常用的焊丝有与母材成分相近的标准型号焊丝，见表6-3。在缺乏标准型号焊丝时，可以从母材上切下狭条代用，其长度为500~700mm，厚度与母材相同。

表6-3 部分铝及铝合金焊丝（摘自 GB/T 10858—2008）

类别	焊丝型号	化学成分代号	GB/T 10858—1989	类别	焊丝型号	化学成分代号	GB/T 10858—1989
铝	SAl 1070	Al 99.7	SAl-2	铝镁	SAl 5554	AlMg2.7Mn	SAlMg-1
铝	SAl 1200	Al 99.0	SAl-1	铝镁	SAl 5654	AlMg3.5Ti	SAlMg-2
铝	SAl 1450	Al 99.5Ti	SAl-3	铝镁	SAl 5654A	AlMg3.5Ti	SAlMg-2
铝铜	SAl 2319	AlCu6MnZrTi	SAlCu	铝镁	SAl 5556	AlMg5Mn1Ti	SAlMg-5
铝锰	SAl 3103	AlMn1	SAlMn	铝镁	SAl 5556C	AlMg5Mn1Ti	SAlMg-5
铝硅	SAl 4043	AlSi5	SAlSi-1	铝镁	SAl 5183	AlMg4.5Mn0.7(A)	SAlMg-3
铝硅	SAl 4047	AlSi12	SAlSi-2	铝镁	SAl 5183A	AlMg4.5Mn0.7(A)	SAlMg-3

注：SAl 表示铝及铝合金焊丝，四位数字表示焊丝型号。

纯铝焊丝中铁与硅含量之比应大于1，以防止形成热裂纹。对具有一定耐蚀要求的纯铝接头，应选用纯度比母材高一级的纯铝焊丝。

较为通用的铝合金焊丝是 SAl 4043，该焊丝液态金属流动性好，凝固时收缩率小，故具有较好的抗热裂性能，还能保证其力学性能，常用于焊接除铝镁合金以外的其他各种铝合金。当用 SAl 4043 焊丝焊接硬铝、超硬铝、锻铝等高强度铝合金时，焊缝虽具有一定抗裂性能，但接头强度只有母材的 50%~60%。因此，对接头强度要求较高时，宜选用与母材成分相近或特殊牌号的焊丝。

焊接铝镁合金时，常选用比母材中 $w(Mg)$ 高 1%~2% 的合金作为焊丝。焊丝中加入少量钛、钒、锆等合金元素可作为变质剂细化焊缝组织。

3. 焊剂

在气焊和碳弧焊过程中需使用焊剂，目的是去除焊接时熔池中生成的氧化膜及其他杂质，以保证焊缝质量。一般焊剂应具有如下作用：

1）溶解和彻底清除覆盖在铝板及熔池表面上的 Al_2O_3 薄膜，并在熔池表面形成一层熔融性及挥发性强的熔渣，可保护熔池免受连续氧化。

2）排除熔池中的气体、氧化物及其他杂质。

3）改善熔池金属的流动性，以保证焊缝成形良好。

通常焊剂是各种钾、钠、锂、钙等元素的氯化物和氟化物的粉末混合物。使用时，先用洁净的蒸馏水把焊剂调成糊状（每 100g 焊剂加入约 50mL 水），然后涂于焊丝表面及焊件坡口两侧，厚度为 0.5~1.0mm。或用灼热的焊丝端部直接蘸上干的焊剂施焊，这样可以减少熔池中水的来源，避免产生气孔。

4. 保护气体

焊接铝及铝合金用的惰性气体主要是氩（Ar）和氦（He）。由于氦比氩贵，故氩气应用得最为广泛。氩弧具有良好的清理（氧化膜）作用，且引弧容易，很适于铝及铝合金的焊接。但是氩弧产生的热量较少，适于焊接薄板；且氩气比空气重，立焊和仰焊的保护效果不及氦气。所以当焊接厚铝板或者仰焊或立焊时，常采用氩、氦混合气体或纯氦气进行保护。

焊接铝及铝合金用的氩气的纯度大于或等于 99.9% 即满足要求。

6.1.5 焊前准备及焊后清理

1. 焊前准备

焊前准备工作主要是坡口准备和焊前清理，根据需要，有时要进行工装准备和预热等。

（1）焊前清理 焊前必须严格清除焊接区和焊丝表面的氧化膜和油污等。生产上常用化学清洗和机械清理两种方法。首先用丙酮或四氯化碳等有机溶剂除去焊件坡口的油污，两侧坡口的清理范围应不小于 50mm。清除油污后，坡口及其附近（包括焊接板等）的表面，可用锉削、刮削、铣削或用不锈钢丝刷清理至露出金属光泽，使用的钢丝刷应定期进行脱脂处理。

对焊丝去油污后，应采用化学方法去除氧化膜。可用 5%~10% 的 NaOH 溶液，在 70℃ 的温度下浸泡 30~60s，然后水洗，再用 15% 左右的 HNO_3 在常温下浸泡 2min，然后用温水洗净，并使其干燥。

清理好的焊件和焊丝不得有水迹、碱迹或被沾污。经清理后的工件和焊丝应尽快投入焊接使用，因为存放过程中表面又会重新产生氧化膜。如果在潮湿气候下使用，应在清理后 4h 内施焊，若存放时间过长，则需重新清理。

（2）焊缝衬垫（板） 铝及铝合金在高温时强度低，液态流动性能好，单面对接平焊时焊缝金属容易下塌。为了保证焊透同时又不致引起塌陷，焊前在接头反面采用带槽的衬垫（板），以便焊接时能托住熔化金属及附近金属。垫板可用石墨、纯铜或不锈钢等制成，其尺寸如图 6-1 所示。

（3）预热 薄小铝焊件一般不必预热；对于厚度超过 5~10mm 的厚大铝件，适当预热可以减少焊接所需热输入，对大型复杂焊件还可以减小其焊接应力，防止裂纹和气孔的产

第6章 常用非铁金属的焊接

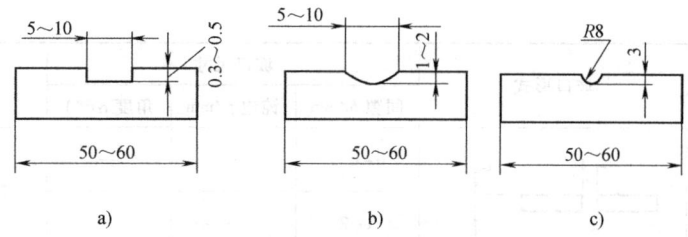

图 6-1 垫板尺寸

生。预热温度不宜过高,一般为 100~300℃,多数不超过 150℃,$w(Mg) = 3\% \sim 5.5\%$ 的铝合金预热温度不应高于 120℃,其层间温度也不应超过 150℃,否则会降低其耐应力腐蚀性能。预热方法可用氧乙炔火焰或喷灯对焊件局部加热。

2. 焊后清理

焊后残留在焊缝表面及其附近的焊剂、熔渣会在使用中继续破坏铝板表面的氧化膜保护层,从而引起接头的严重腐蚀。因此,焊后应及时将这些残留物清除干净。清理的方法和步骤如下:

1) 将焊件浸在 40~50℃ 的热水中,用硬毛刷仔细刷洗焊接接头。
2) 在温度为 60~80℃、浓度为 2%~3% 的铬酐水溶液或重铬酸钾溶液中浸洗 5~10min,并用硬毛刷刷洗。
3) 在热水中再冲刷洗涤。
4) 风干、烘干或自然干燥。

6.1.6 铝及铝合金的焊接工艺

1. 钨极氩弧焊(TIG)

目前,钨极氩弧焊已成为焊接铝及铝合金的主要方法,它又分为手工钨极氩弧焊和自动钨极氩弧焊两种类型。钨极氩弧焊可以焊接板厚为 1~20mm 的重要焊接结构,其主要优点是热量集中,电弧稳定,焊缝成形美观、组织致密,接头强度和塑性高,可获得优质接头。如果采用脉冲氩弧焊,可以实现对电弧功率和焊缝成形的控制,使焊接变形更小,热影响区更窄,可以焊接更薄的铝板和进行全位置焊接。

(1) 接头形式和坡口准备 钨极氩弧焊铝及铝合金的接头形式有对接、搭接、角接和 T 形接头等,接头的几何形状与焊接钢材时相似。但因铝及铝合金的流动性更好且焊枪喷嘴尺寸较大,因而一般都采用较小的根部间隙和较大的坡口角度。

表 6-4 列出了几种常用坡口形式及尺寸。

表 6-4 钨极氩弧焊常用坡口形式及尺寸

焊件厚度 δ/mm	坡口形式	坡口尺寸			备 注
		间隙 b/mm	钝边 p/mm	角度 α(°)	
1~2		<1	2~3	—	不加填充焊丝

(续)

焊件厚度 δ/mm	坡口形式	坡口尺寸			备注
		间隙 b/mm	钝边 p/mm	角度 α(°)	
1~3		0~0.5	—	—	双面焊,反面铲焊根
3~5		1~2	—	—	
3~5		0~1	1~1.5	70±5	双面焊,反面铲焊根
6~10		1~3	1~2.5	70±5	
12~20		1.5~3	2~3	70±5	
14~25		1.5~3	2~3	α_1:80±5 α_2:70±5	反面焊,反面铲焊根,每面焊两层以上
管子壁厚≤3.5		1.5~2.5	—	—	用于管子可旋转的平焊
3~10 (管子外径30~300)		<4	<2	75±5	管子内壁可用固定垫板
4~12		1~2	1~2	50±5	共焊1~3层
8~25		1~2	1~2	50±5	每面焊2层以上

坡口加工方法包括剪切、锯切、机械加工、电弧切割、磨削、凿和锉等。厚度在12mm以下的铝板可剪切,但剪切刃应保持清洁和锋利,以得到清洁、光滑的边缘。

板边可用等离子切割,其切割速度高且精确。碳弧只可进行气刨,不适于切割,因其表面质量差,且有残余碳,必须用钢丝刷清除。

复杂的坡口,如T形或U形坡口采用机械加工,如铣或靠模铣等。锉仅用于去除表面过于粗糙的部分或进行局部修理。

坡口角度、钝边高和间隙三者相互关联。当厚度相同,而坡口角度较小时,间隙就要增大;坡口角度较大、钝边较小时,应适当减小间隙,以防止烧穿。

(2) 焊接电流的种类 钨极氩弧焊可用交流电或直流电。交流电有正弦交流(50Hz)、方波交流和脉冲交流;直流电有普通直流和脉冲直流。焊接铝及铝合金用得最多的是交流电。

用直流电焊接铝，当电极接正（即反接法）时，铝表面发生去除氧化膜的净化（即阴极破碎）作用，但熔深不大。相反，当电极接负（即正接法）时，熔深良好，但没有净化作用，两者不可兼得。所以钨极氩弧焊一般不用直流电焊接铝及铝合金。

如果采用交流电焊接铝及铝合金，由于电极正负交替，就可以在获得良好净化作用的同时获得令人满意的熔深。但是用正弦波交流电，其设备需有消除直流分量的隔直装置。若采用方波交流电，尤其是采用可变频率和可变脉冲宽度的方波交流电时，就可以不需隔直装置和稳弧装置，焊接时电弧稳定且热效率高，可以根据需要调节净化作用和所需熔深。若采用脉冲电流，则能精确地控制电弧能量及其分布，可以实现对焊接熔池的控制，对薄板焊接或全位置焊接很有利。

（3）焊接工艺

1）手工钨极氩弧焊。根据工件厚度和接头形式，有加填充焊丝和不加焊丝两种操作。

① 焊接参数。包括钨极直径、焊丝直径、焊接电流、电弧电压、氩气流量、喷嘴直径、钨极伸出长度、喷嘴与工件间的距离等，见表6-5。

表6-5 纯铝、铝镁合金手工钨极氩弧焊的参考焊接参数

板材厚度/mm	焊丝直径/mm	钨极直径/mm	预热温度/℃	焊接电流/A	氩气流量/(L/min)	喷嘴直径/mm	焊接层数（正面/反面）	备注
1	1.6	2	—	45~60	7~9	8	正1	卷边焊
1.5	1.6~2.0	2	—	50~80	7~9	8	正1	卷边或单面对接焊
2	2~2.5	2~3	—	90~120	8~12	8~12	正1	对接焊
3	2~3	3	—	150~180	8~12	8~12	正1	V形坡口对接
4	3	4	—	130~200	10~15	8~12	1~2/1	V形坡口对接
5	3~4	4	—	180~240	10~15	10~12	1~2/1	V形坡口对接
6	4	5	—	240~280	16~20	14~16	1~2/1	V形坡口对接
8	4~5	5	100	260~320	16~20	14~16	2/1	V形坡口对接
10	4~5	5	100~150	280~340	16~20	14~16	3~4/1~2	V形坡口对接
12	4~5	5~6	150~200	300~360	18~22	16~20	3~4/1~2	V形坡口对接
14	5~6	5~6	180~200	340~380	20~24	16~20	4/1~2	V形坡口对接
16	5~6	6	200~220	340~380	20~24	16~20	4/1~2	V形坡口对接
18	5~6	6	200~240	360~400	25~30	16~20	4~5/1~2	V形坡口对接
20	5~6	6	200~260	360~400	25~30	16~20	4~5/1~2	V形坡口对接
16~28	5~6	6	200~260	360~400	25~30	16~20	2~3/2~3	双V形坡口对接
22~25	5~6	6~7	200~260	360~400	30~35	20~22	3~4/3~4	双V形坡口对接

② 操作要领。手工钨极氩弧焊操作时应注意焊炬、焊丝与工件三者处于正确的空间位置，如图6-2所示。平板对接焊时，焊炬与工件间的角度为70°~80°；角接时为35°~45°。焊丝与工件间的角度在10°左右。一般采用左向焊法，焊枪均匀、平稳地向前直线移动。弧长应恒定，不加焊丝对接焊时，弧长为0.5~2.0mm；加焊丝时，弧长为4~7mm。

焊丝和焊嘴的运作须协调配合，母材尚未达到熔化温度时，焊丝端部应处在电弧附近的氩气保护层内预热待焊，当熔池形成并具有良好的流动性时，立即从熔池边缘送进焊丝，焊丝熔化而滴入熔池形成焊缝。

进行可旋转的铝管对接平焊时，焊嘴应处于稍带上坡焊的位置，如图6-3所示，以利于

焊透。厚壁管子焊接第一层时不填丝，直接用焊炬熔透根部，以后几层再填充焊丝。

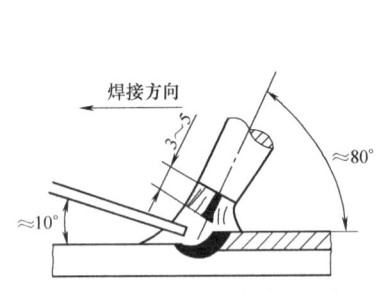

图 6-2 手工钨极氩弧焊焊炬、焊丝与工件之间的位置

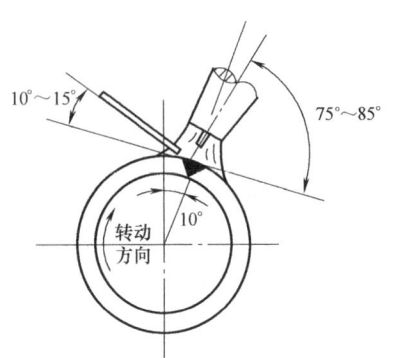

图 6-3 管子对接焊时，焊嘴、焊丝和管子之间的位置

焊接结束时，在没有引出板的情况下，要注意填满弧坑才能断弧，否则会引起弧坑裂纹。有些焊接设备设有焊接电流衰减装置，能很好地解决此问题，按下停焊按钮（或松开按钮）后，焊接电流逐渐减小，使弧坑处再补充少量焊丝金属。无电流衰减装置时，应在接近熄弧处加快焊接速度和送丝速度，将弧坑填满后，逐渐拉长电弧而实现熄弧。

2）自动钨极氩弧焊。焊枪是由焊接小车自动行走时带动其移动，焊丝由送丝机构从氩弧前方自动送进。

① 焊接参数。自动钨极氩弧焊比手工钨极氩弧焊多送丝速度和焊接速度两项焊接参数。对于同样厚度的铝板，自动焊比手工焊所用的焊接电流、喷嘴孔径、氩气流量和焊接速度大。

表 6-6 所列为自动钨极氩弧焊铝及铝合金的焊接参数。

表 6-6 自动钨极氩弧焊铝及铝合金焊接参数

板厚/mm	坡口形式	钨极直径/mm	焊丝直径/mm	焊接电流/A	焊接速度/(m/h)	送丝速度/(m/h)	氩气流量/(L/min)	焊接层数
2	I	3~4	1.6~2	170~180	19	18~22	16~18	1
3	I	4~5	2	200~220	15	20~24	18~20	1
4	I	4~5	2	210~235	11	20~24	18~20	1
6	V(60°)	4~5	2	230~260	8	22~26	18~20	2
8~10	V(60°)	5~6	3	280~300	7~6	25~30	20~22	3~4

注：采用交流电。

② 操作要领。因焊枪自动移行，故对装配质量的要求比手工钨极氩弧焊更高，而且要保证焊炬与工件之间相对位置恒定，并与焊缝轴线严格对中。焊前应将钨极尖端调节在焊缝中心线上，它与焊件间的距离保持在 0.8~2mm 的范围内，钨极伸出喷嘴长度为 6~10mm，如图 6-4 所示。

按工件厚度和工艺要求，可加入焊丝或不加焊丝。卷边接头、端接接头或厚板第一层焊缝，一般不加焊丝，点焊炬自动前移熔化一次，后面各层均需加入焊丝。焊丝与工件间的夹角为 10°左右，焊丝伸出长度约为 10~13mm。送丝速度应等于焊丝熔化

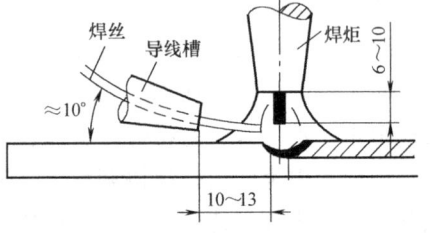

图 6-4 自动钨极氩弧焊焊炬、焊丝与工件之间的相对位置

速度,且焊丝端部恰好位于氩气保护区内。随着焊件厚度的增加,焊接速度适当减慢;随着焊接速度加快,应适当加大氩气流量。

3) 交流脉冲钨极氩弧焊。铝及铝合金薄板的焊接,单面焊背面成形焊、立焊、仰焊、管子全位置焊以及装配条件下的定位焊时,很适合采用脉冲钨极氩弧焊。通过调节脉冲特征参数,如脉冲电流、基值电流、脉宽比等,能有效地控制焊缝成形;由于热输入量小,故焊接热影响区窄,焊件变形小。实践表明,脉冲钨极氩弧焊对提高铝合金接头的强度、塑性和改善抗热裂纹性能有显著作用。

脉冲钨极氩弧焊的焊接参数除脉冲电流及其维持时间(脉宽比=脉冲时间/脉冲周期)、脉冲频率外,均与一般钨极氩弧焊相同。选择这些参数时应注意:脉冲电流增加,可增大穿透能力,获得较大的熔深,但过大的电流会使钨极过早烧损,通常取等于或稍大于普通连续钨极氩弧焊所需的焊接电流作为脉冲电流;维弧电流影响熔池金属的冷却与结晶,焊接铝薄板时,为了减小焊接变形和防止焊漏,宜选较小的维弧电流;脉宽比的选择以热输入足够为限,脉宽比过小,则电弧不稳定,脉宽比过大,就失去了脉冲焊的意义,焊接铝及铝合金一般取30%~40%较合适。脉冲频率的选取必须与焊接速度相匹配,因为脉冲焊缝是由焊点连续搭接而成的,要使焊缝连续和致密,必须使焊点之间有一相互重叠量。表6-7所列为脉冲钨极氩弧焊常用的脉冲频率范围。

表6-7 脉冲钨极氩弧焊常用的脉冲频率范围

焊接方法	手工焊	自动焊焊接速度/(mm/min)			
		200	283	366	500
脉冲频率/Hz	1~2	3	4	5	6

表6-8所列为两种铝合金交流脉冲TIG焊的焊接参数。

表6-8 两种铝合金交流脉冲TIG焊的焊接参数

材料	厚度 /mm	焊丝直径 /mm	脉冲电流 /A	基值电流 /A	脉冲频率 /Hz	脉宽比 (%)	电弧电压 /V	气体流量 /(L/min)
5A03	1.5	2.5	80	45	1.7	33	14	5
5A03	2.5	2.5	95	50	2	33	15	5
5A06	2.0	2	83	44	2.5	33	10	5

2. 熔化极氩弧焊(MIG)

熔化极氩弧焊有自动焊和半自动焊两种形式。前者由自动焊接小车带焊枪移动完成焊接,后者由焊工手持焊枪操作,焊丝均从送丝机构经由焊枪自动送进。熔化极氩弧焊主要用于中等厚度以上铝及铝合金的焊接。自动焊适于形状规则的纵缝或环缝且处于水平位置的焊接;半自动焊较机动灵活,适于短焊缝、断续焊缝或较复杂结构的全位置焊缝的焊接。

通常使用直流电源,而且多数是直流反接(即焊丝接正)。如果用直流脉冲电源,则可以对焊丝熔化和熔滴过渡进行控制,既可以改善电弧稳定性,又可以在小于平均焊接电流的情况下,实现熔滴喷射过渡和全位置焊接。

半自动焊多用小直径焊丝,这时应采用恒压(即平特性)电源和等速送丝。通过调节送丝速度来获得所需的焊接电流,以达到良好的熔合和熔深;通过调节电弧电压来达到焊丝熔滴的喷射过渡。大直径焊丝只能用于平焊位置的自动焊,这时应采用恒流(陡降特性)

电源和变速送丝。焊接时主要调节电流大小,而送丝速度是由自动系统调节的,以维持弧长。

(1) 坡口准备 铝板厚度小于6mm时不需开坡口,间隙应小于0.5mm;铝板厚度在6mm以上时,需要加工成V形或X形坡口。自动焊时,钝边尺寸较大,坡口角度应加大到100°左右,或采用窄间隙等特殊坡口和焊接工艺。自动焊的装配质量高于半自动焊,间隙大于1mm时可用半自动焊预堆一层焊缝,以免引起焊穿。

(2) 焊接工艺

1) 自动熔化极氩弧焊。自动熔化极氩弧焊的主要焊接参数有焊丝直径、焊接电流、电弧电压、送丝速度、焊接速度、喷嘴孔径和氩气流量等。通常先根据焊件厚度选择坡口形状和尺寸,再选择焊丝直径和焊接电流。

为了获得优质的焊接接头,自动熔化极氩弧焊焊接铝合金时,一般采用较低的电弧电压(27~31V)和较大的电流,使熔滴呈亚喷射状过渡,即介于喷射过渡与短路过渡之间。一般认为这种过渡形式可使电弧稳定、飞溅少、熔深大、阴极破碎区宽、焊缝成形美观等。由于焊接电流和焊接速度较大,氩气流量也相应加大。

表6-9所列为纯铝和部分铝合金自动熔化极氩弧焊的焊接参数。

表6-9 纯铝、铝镁合金、硬铝自动熔化极氩弧焊的焊接参数

板材牌号	焊丝牌号	板材厚度/mm	坡口形式	坡口尺寸			焊丝直径/mm	喷嘴孔径/mm	氩气流量/(L/min)	焊接电流/A	电弧电压/V	焊接速度/(m/h)	备注
				钝边/mm	坡口角度/(°)	间隙/mm							
5A05	SAl 5556	5	—	—	—	—	2.0	22	28	240	21~22	42	单面焊双面成形
1060、1050A	1060	6	—	—	—	0~0.5	2.5	22	30~35	230~260	26~27	25	正反面均焊一层
		8	V形	4	100	0~0.5	2.5	22	30~35	300~320	26~27	24~28	
		10	V形	6	100	0~1	3.0	28	30~35	310~330	27~28	18	
		12	V形	8	100	0~1	3.0	28	30~35	320~340	28~29	15	
		14	V形	10	100	0~1	4.0	28	40~45	380~400	29~31	18	
		16	V形	12	100	0~1	4.0	28	40~45	380~420	29~31	17~20	
		20	V形	16	100	0~1	4.0	28	50~60	450~500	29~31	17~19	
		25	V形	21	100	0~1	4.0	28	50~60	490~550	29~31	—	
		28~30	双V形	16	100	0~1	4.0	28	50~60	560~570	29~31	13~15	
5A02 5A03	5A03 5A05	12	V形	8	120	0~1	3.0	22	30~35	320~350	28~30	24	
		18	V形	14	120	0~1	4.0	28	50~60	450~470	29~30	18	
		20	V形	16	120	0~1	4.0	28	50~60	500~700	28~30	18	
		25	V形	16	120	0~1	4.0	28	50~60	490~520	29~31	16~19	
2A11	SAl 4043	50	双V形	6~8	75	0~0.5	4.2	28	50	450~500	24~27	15~18	也可采用双面U形坡口,钝边6~8mm

注:1. 正面焊完后必须清根,然后进行反面焊接。
  2. 焊炬向前倾斜10°~15°。

在平板对接或筒体纵缝焊接前，应在接缝两端焊上与母材成分和厚度相同的引弧板和引出板。焊接时，喷嘴端部至焊件的距离应保持在 12~22mm 之间。距离过大，则气体保护不良；距离过小，则会恶化焊缝成形。焊接环焊缝时，收弧处可与起弧处重叠 100mm 左右，这种重熔起弧处有利于排除可能存在的缺陷。收弧处过高的部分用风铲修平。

2）半自动熔化极氩弧焊。半自动熔化极氩弧焊的焊接参数，除焊接速度由操作者控制外，其余和自动熔化极氩弧焊相似。对于相同厚度的铝锰、铝镁合金，焊接电流应降低 20~40A，而氩气流量应增大 10~15L/min。

半自动熔化极氩弧焊的焊接速度与板厚、焊接电流和电弧电压等有关。掌握焊枪移动速度，应使得电弧永远保持在熔池上面，移动过快易出现熔合不良，移动过慢则易导致烧穿或熔宽过大。一般采用左向焊法，焊枪喷嘴略向前倾，倾角为 15°~20°，如图 6-5 所示。焊厚板时角度小些，接近于垂直，以获得较大熔深；焊薄板时角度宜大些。喷嘴端部与工件间的距离宜保持在 8~20mm 之间，焊接铝镁合金时宜短，以减少镁合金的烧损。焊丝伸出喷嘴的长度为 10~25mm。

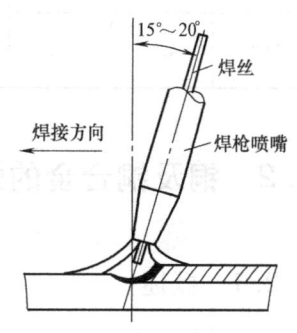

图 6-5　半自动熔化极氩弧焊焊枪喷嘴倾角

3）脉冲熔化极氩弧焊。脉冲熔化极氩弧焊和脉冲钨极氩弧焊在原理上是相似的，脉冲特征参数也相同。但是，脉冲熔化极氩弧焊用的是直流脉冲电源，而钨极氩弧焊用的是交流脉冲电源。

利用脉冲熔化极氩弧焊除了可实现对焊丝熔化及熔滴过渡的控制、改善电弧稳定性、可用小的平均焊接电流实现熔滴喷射过渡，以及进行全位置焊接外，还有一个重要优点，就是可用粗焊丝焊接薄铝板。例如，普通熔化极氩弧焊焊接 2mm 厚的铝板时，一般使用 ϕ0.8mm 的铝细焊丝，这样的焊丝刚性小，送丝很困难，焊接过程不稳定。而脉冲熔化极氩弧焊可用 ϕ1.6mm 的粗铝焊丝焊接，实现了稳定送丝的要求，而且粗丝比细丝产生焊接气孔的倾向小。

脉冲熔化极氩弧焊可对 3~6mm 厚的铝板实现 I 形坡口单面焊双面成形工艺，厚度大于 6mm 的铝板（或铝管），一般需开坡口。

脉冲熔化极氩弧焊的焊接参数主要有脉冲电流、基值电流、脉冲通电时间、脉冲休止时间、焊丝直径、送丝速度、焊接速度和氩气流量等。选择这些参数时，需考虑母材的种类、厚度、焊缝的空间位置及熔滴过渡形式等。熔化极氩弧焊以喷射过渡为主要熔滴过渡形式，为此，焊接电流一定要大于喷射过渡临界电流值，这样才能实现稳定的焊接过程。在脉冲焊接情况下，无论脉冲电流是什么样的波形，其脉冲峰值电流一定要大于此条件下喷射过渡的临界电流值。脉冲电流和脉冲通电时间都是决定焊缝形状和尺寸的主要参数，随着脉冲电流的增大和脉冲通电时间的延长，焊缝熔深和熔宽增大，调节这两个参数，就可以获得不同的焊缝熔深和熔宽。基值电流主要用以维持电弧稳定燃烧，在脉冲熔化极氩弧焊中还可用以调节焊接热输入，以控制预热和冷却速度。平焊对接焊缝时，宜用较大的基值电流；空间位置焊时，则宜用较小的基值电流。脉宽比宜选 25%~50%，空间位置焊缝应选择较小的脉宽比，以保证电弧有一定的挺直度；对热裂倾向大的铝合金，也宜选用较小的脉宽比。根据实现稳定喷射过渡的要求，脉冲频率可在 30~120 次/s 范围内选取。

表 6-10 所列为纯铝、铝镁合金半自动脉冲熔化极氩弧焊的焊接参数。

表 6-10　纯铝、铝镁合金半自动脉冲熔化极氩弧焊的焊接参数

合金牌号	板厚/mm	焊丝直径/mm	基值电流/A	脉冲电流/A	电弧电压/V	脉冲频率/Hz	氩气流量/(L/min)	备　　注
1035	1.6	1.0	20	110~130	18~19	50	18~20	焊丝牌号 1053,喷嘴孔径 16mm
1035	3.0	1.2	20	140~160	19~20	50	20	焊丝牌号 1053
5A03	1.8	1.0	20~25	120~140	18~19	50	20	喷嘴孔径 16mm,焊丝牌号 5A03
5A05	4.0	1.2	20~25	160~180	19~20	50	20~22	喷嘴孔径 16mm,焊丝牌号 5A05

6.2　铜及铜合金的焊接

6.2.1　概述

1. 铜及铜合金的种类

铜及铜合金具有优良的导电性能、导热性能以及在某些介质中优良的耐蚀性能,某些合金还具有较高的强度,因而其应用十分广泛,仅次于钢和铝。铜及铜合金可分为四大类,即纯铜、黄铜、青铜和白铜,其中纯铜及黄铜应用较多,白铜应用很少。

(1) 纯铜　纯铜是 Cu 的质量分数不低于 99.9% 的工业纯铜。其密度为 $8.89g/cm^3$,熔点为 1087℃,具有面心立方晶格的晶体结构。纯铜呈紫色,它具有以下特性:

1) 优良的导电性,在金属中仅次于银,纯度越高,导电性越好。

2) 导热性好,仅次于金和银,约是铝的 1.5 倍。

3) 在大气、海水中有良好的耐蚀性。

4) 有良好的常温和低温塑性,但在 400~700℃ 的高温下,其强度和塑性显著降低。

5) 退火状态下强度和硬度低,经冷加工变形后强度可成倍增加而塑性成倍降低。再经 500~600℃ 退火,又能恢复其塑性。

由于纯铜的强度低,一般不用做结构元件,主要用于制造导线和导电元件,以及散热器、热交换器中的传热元件。

纯铜中的杂质主要有铅、铋、硫、氧等,它们的含量对纯铜的性能影响较大。一般来说,杂质含量越高,其塑性、韧性及传导性越差。

(2) 黄铜　黄铜是铜锌合金的总称,因其颜色是黄色而得名。铜中只含锌的铜合金称为简单(普通)黄铜(如 H96、H90);在简单黄铜中再加入少量锡、锰、铝、硅、铁等元素而获得的多元铜合金称为复杂(特殊)黄铜(如 HSn90-1)。

黄铜的强度、硬度比纯铜高,而且耐蚀性好,常用于制造船舶零件、弹壳、管嘴、轴承等。

(3) 青铜　青铜是除铜锌、铜镍以外所有铜基合金的总称,主要有铜锡、铜铝、铜硅合金等,依照其主要合金成分而分别称为锡青铜、铝青铜、硅青铜。青铜具有比纯铜和黄铜更高的强度、耐磨性及耐蚀性,常用来铸造各种耐磨、耐蚀(耐酸、碱、蒸汽等)的零件,

如轴瓦轴套、阀体、泵壳、蜗轮等。

（4）白铜　白铜是铜镍合金，因颜色接近白色而得名。白铜的力学性能很高，而且耐蚀性也很好，常用于制作船舶和电气工业的冷凝管。

2. 铜及铜合金的成分和性能

纯铜根据其含氧量不同，可分为普通工业纯铜、磷脱氧纯铜和无氧纯铜。其中，普通工业纯铜的牌号以"T"为首，后接级别数字，如T1、T2、T3等，其化学成分和物理性能见表6-11和表6-12。

表6-11　普通工业纯铜的化学成分（质量分数）　　（%）

牌号	代号	Cu+Ag(最小值)	P	Bi	Sb	As	Fe	Ni	Pb	Sn	S	Zn	O
一号铜(T1)	T10900	99.95	0.001	0.001	0.002	0.002	0.005	0.002	0.003	0.002	0.005	0.005	0.02
二号铜(T2)	T11050	99.90	—	0.001	0.002	0.002	0.005	—	0.005	—	0.005	—	—
三号铜(T3)	T11090	99.70	0.002	—	—	—	—	—	0.01	—	—	—	—

表6-12　铜和铁的物理性能对比

金属材料	热导率/[W/(m·K)]		线胀系数(20~100℃)/(10⁻⁶/K)	比热容(20℃)/[J/(g·K)]	表面张力/(mN/cm)
	20℃	1000℃			
Cu	393.6	326.6	16.4	0.3489	12(1200℃)
Fe	54.8	29.3	14.2	0.4602	18.35(1550℃)

由表6-12可见，铜的热导率极高，焊接时散热很快，为保证其良好地熔透，需要采用大功率、大热输入的焊接方法。散热快还使液态熔池存在的时间明显缩短，不利于冶金反应充分完成，而且容易造成气孔、裂纹、夹渣等缺陷。设计接头形式时，要考虑到焊两被焊零件厚度相差不能太大，以免由于散热条件的差别使得一侧来不及熔透，而另一侧已熔穿。液态熔池存在时间短会使冶金反应无法充分完成，也影响焊缝的良好成形。

黄铜的$w(Zn)=30\%$时，为单一的α相组织，塑性最好；当$w(Zn)>39\%$时，就会出现金属间化合物β相，这时强度提高而塑性下降。为了进一步提高黄铜的力学性能、耐蚀性能、铸造或切削工艺性能，在普通黄铜中加入少量的锡、锰、铅、硅、铝、镍、铁等元素，就成为特殊黄铜，如锡黄铜、锰黄铜、铅黄铜、硅黄铜等。其牌号、化学成分和性能等详见GB/T 5231—2012。

铜及铜合金液态时流动性很好，如果单道焊而又不加衬垫要一次焊透，则很难保证焊缝正、反两面都成形良好，此时必须采用石墨、铜、石棉、焊剂等作为衬垫材料。

液态铜极易吸收氧、氢等气体，造成气孔、裂纹等缺陷，所以要求很好地保护熔池。氢与氧反应生成水蒸气，也可能造成气孔，适当地进行预热有助于减少或防止这类气孔产生。

6.2.2　铜及铜合金的焊接性

由于铜及铜合金独特的物理化学性能，焊接时如不采取相应的工艺措施，则很容易出现以下问题。

1. 难熔合焊缝成形能力差

铜的熔点比钢低，但其导热性特别好，常温下的热导率约为铁的7倍，在1000℃时的热导率则约为铁的11倍之多（参见表6-12）。焊接时若采用与一般钢材相同的焊接参数，由于大量的热将散失于工件内部，坡口边缘难以熔化，会造成填充金属与母材不能很好地熔合，容易形成未焊透。并且随工件板厚增加，这一问题显得尤为突出。所以必须采取预热和加大焊接热源功率等措施。

铜在熔化温度时，表面张力比铁小1/3，流动性比钢大1~1.5倍。因此，表面成形能力差。当用大功率熔化极气体保护焊或埋弧焊时，熔化金属易流失。为此，单面焊时，背面需使用衬垫（板）等成形装置。

2. 焊接应力与变形大

铜的线胀系数比铁大15%，而收缩率比铁大1倍以上，又由于铜的导热能力强，冷却凝固时变形量大，当焊接刚性大的焊件或焊接变形受阻时，就会产生很大的焊接应力，成为导致焊接裂纹的力学原因。

3. 易产生热裂纹

铜与很多种杂质或化合物都会形成低熔点共晶，如Cu_2O+Cu，$Cu+Bi$，$Cu+Cu_2S$，$Cu+Pb$等低熔点物质以液态形式分布于枝晶间或晶界处，割断了晶粒之间的联系，使铜的高温强度降低，热脆性增加，在焊接应力的作用下，很容易在焊缝或热影响区上产生热裂纹。此外，结晶温度区间的大小也会影响结晶裂纹倾向，所以必须控制杂质及合金的含量，或在焊缝金属中加入脱氧的合金元素，如Si、Mn、P等。在焊接工艺上，则应当尽量减小接头的拘束度，或通过预热来减缓冷却速度，降低焊接应力。

除此之外，由于氢的溶入，焊缝金属在凝固和冷却过程中，过饱和的氢向金属微晶隙中扩散，造成很大的压力，削弱了焊缝金属的晶间结合力，从而也会产生裂纹。

4. 易产生气孔

焊接铜及铜合金时，形成焊缝气孔的倾向很大。一方面是由多种因素造成熔池内产生气泡，如氢在固态和液态铜中的溶解度差别极大，结晶时氢逸出形成气泡；熔池中锌、磷等沸点低的元素蒸发也会形成气泡；熔池中氢和CO会与Cu_2O作用形成水蒸气和CO_2气体，也会形成气泡。

$$Cu_2O+2H\rightarrow 2Cu+H_2O\uparrow$$
$$Cu_2O+CO\rightarrow 2Cu+CO_2\uparrow$$

由于铜及铜合金的热导率极高，所形成的气泡往往来不及逸出，如果残留在焊缝中就会造成气孔。

为防止铜及铜合金焊缝产生气孔，必须减少氢、氧的含量；填充金属中尽量减少低沸点元素，以免产生气体；预热以延长熔池存在时间，使气泡来得及逸出；采用含有铝、钛等强脱氧元素的填充材料来减少气体来源。

5. 接头性能下降

（1）接头塑性显著下降　因铜及铜合金一般不发生相变，焊缝和热影响区晶粒易长大，造成各种脆性低熔点共晶出现于晶界，其结果是使接头的塑性和韧性显著下降。

（2）导电性能下降　铜越纯，其导电性能就越好，焊接过程中任何杂质或合金元素的加入，都会使焊缝的导电性能下降。

（3）耐蚀性变差　铜合金的耐蚀性是依赖于锌、锰、镍、铝等合金元素获得的，焊接时这些元素的蒸发、烧损会使接头的耐蚀性降低。

改善接头性能的主要措施是控制杂质含量，加强对焊接区的保护，以减少合金元素的烧损，通过合金化对焊缝进行变质处理，减少热的作用和焊后进行消除应力处理等。

6.2.3 焊接方法与焊接材料

铜及铜合金的焊接方法很多，如熔焊、电阻焊、软硬钎焊和其他特殊焊接方法。其中，熔焊是最为常用的焊接方法，其次是钎焊。电阻焊仅适于有限种类的铜及铜合金，而其他焊接方法多用于特殊场合。

1. 焊接方法

熔焊中主要是电弧焊和气焊，而电弧焊又以钨极氩弧焊（TIG）和熔化极惰性气体保护焊（MIG）应用最多，效果最佳。选择焊接方法时，仍然需要针对被焊材料的成分、性能特点、焊件厚度、结构复杂程度和对接头使用性能的要求，结合各种焊接方法的工艺特点和现场设备条件进行综合考虑，其原则是尽量采用大功率、高能量密度的焊接方法。表 6-13 中列出了纯铜和黄铜主要熔焊方法的使用范围。

表 6-13 纯铜和黄铜主要熔焊方法的使用范围

焊接方法 （热效率 η）	纯铜 焊接性	黄铜	简要说明
TIG(0.65~0.75)	好	较好	用于薄板（厚度小于 12mm）的焊接，采用直流正接
MIG(0.70~0.80)	好	较好	板厚大于 3mm 时可用，板厚大于 15mm 优点更显著，电源极性为直流反接
等离子弧焊(0.80~0.90)	较好	较好	板厚为 3~6mm 可不开坡口一次焊成，最适合 3~15mm 中厚板的焊接
焊条电弧焊(0.75~0.85)	差	差	采用直流反接，对操作技术要求高，适用于板厚 2~10mm
埋弧焊(0.80~0.90)	较好	尚可	采用直流反接，适用于 6~30mm 的中厚板
气焊(0.30~0.50)	尚可	较好	易变形，成形不好，用于厚度小于 3mm 的不重要结构的焊接
碳弧焊(0.50~0.60)	尚可	尚可	采用直流正接，电流大、电压高，劳动条件差，已逐渐被淘汰，只用于厚度小于 10mm 的铜件

2. 焊接材料

（1）焊丝 焊丝是气焊、碳弧焊、TIG 焊、MIG 焊和埋弧焊等焊接方法中使用的填充金属。铜及铜合金焊接用的焊丝，除必须满足焊缝金属的性能和焊接工艺性能方面的要求外，还应能控制杂质含量和提高脱氧性能。表 6-14 中列出了部分铜及铜合金用标准焊丝，其余焊丝见 GB/T 9460—2008。

表 6-14 部分铜及铜合金焊丝（摘自 GB/T 9460—2008）

类别	焊丝型号	化学成分代号	GB/T 9460—1988	类别	焊丝型号	化学成分代号	GB/T 9460—1988
铜	SCu1898	CuSn1	HSCu		SCu6560	CuSi3Mn	HSCuSi
黄铜	SCu4700	CuZn40Sn	HSCuZn-1	青铜	SCu5210	CuSn8P	HSCuSn
	SCu6800	CuZn40Ni	HSCuZn-2		SCu6100A	CuAl8	HSCuAl
	SCu6810A	CuZn40SnSi	HSCuZn-3		SCu6325	CuAl8Fe4Mn2Ni2	HSCuAlNi
	SCu7730	CuZn40Ni10	HSCuZnNi	白铜	SCu7158	CuNi30Mn1FeTi	HSCuNi

注：SCu 表示铜及铜合金焊丝，四位数字表示焊丝型号。

在铜及铜合金焊丝中加入硅、锰、磷等元素，是为了加强脱氧能力、减少焊缝中的气孔。但脱氧剂加入量不宜过高，否则焊缝会形成过多的高熔点氧化夹杂。硅在焊接黄铜时可防止锌的蒸发、氧化，减少焊接时的烟雾，而且还能提高焊缝的流动性、抗裂性能和耐蚀性。加入锡可提高焊缝的耐蚀性，也可提高焊缝的流动性，改善工艺性能。加入铁可提高焊缝的强度和耐蚀性，但塑性会降低。

必须严格控制焊丝中铋、铅和硫等杂质的含量，其质量分数均应小于0.01%。磷虽然能脱氧，但含量过多后会使接头导电性能下降。因此，对导电性能要求高的铜及铜合金，不宜选用含磷的焊丝。

(2) 焊条 为了减少焊缝中的气孔，所有焊条均采用低氢型药皮直流反接（焊条接正）。通常在焊条的涂料中加入硅铁、锰铁、钛铁、铝铁、铝铜等，目的是向焊接熔池过渡硅、锰、钛、铝等脱氧元素，以获得良好的焊缝金属力学性能。

焊条电弧焊焊接铜及铜合金用的焊条型号有ECu、ECuSi、ECuSi-B和ECuAl等。其中ECu为纯铜焊条，在大气及海水介质中具有良好的耐蚀性，用于焊接脱氧或无氧铜构件；ECuSi适用于纯铜、硅青铜及黄铜的焊接，以及化工管道等内衬的堆焊；ECuSi-B适合焊纯铜、黄铜、磷青铜，堆焊磷青铜轴衬、船舶推进器叶片等；ECuAl用于铝青铜及其他铜合金，铜合金与钢的焊接以及铸件的补焊等。

(3) 焊剂 埋弧焊焊接铜及铜合金的焊剂可借用焊接低碳钢的焊剂，如HJ431、HJ260和HJ150等。气焊和碳弧焊焊接铜及铜合金需采用焊剂，以去除熔池金属中的氧化物和防止焊缝金属被氧化。气焊和碳弧焊通用的焊剂主要由硼酸盐、卤化物或它们的混合物组成，如CJ301的化学成分为17.5%的$Na_2B_4O_7$，77.5%的H_3BO_3，余量为$AlPO_4$（质量分数）。

(4) 保护气体 铜及铜合金电弧焊用的保护气体主要是惰性气体氩气和氦气。氮气高温时不与铜发生反应，也可作为保护气体。但是，铜在氮气中焊接，熔池金属流动性降低，焊缝易产生气孔，故主要在钎焊中采用。

6.2.4 纯铜的熔焊工艺

1. 纯铜的焊接特点

纯铜中以无氧铜比较易焊，含氧铜的焊接性略差。厚度小于6mm的焊件多用气焊、焊条电弧焊、TIG和等离子弧焊，大厚度多用MIG焊和埋弧焊。因纯铜对氢和氧敏感，焊前须将填充金属和待焊的表面清理干净。接头主要是对接接头，因为搭接接头和T形接头散热快，很少应用。为防止铜液流失，焊缝背面常用衬垫，如钢垫、石墨垫、石棉垫或黏结软垫等。因铜的热导率高，焊前通常需预热至300℃以上。

2. 纯铜的气焊

(1) 焊前准备 按铜板厚度开不同坡口，见表6-15。经清理后进行定位焊，定位焊焊缝长度取20~30mm，间距为150~300mm。定位焊所用焊丝与焊接时相同，焊前应在坡口间隙内涂一层焊剂，火焰功率比焊接时稍大，对大焊件定位焊宜用分段对称定位焊法，焊缝余高不得超过坡口深度的2/3。

为了减小焊接应力，防止出现气孔、裂纹和未焊透等缺陷，焊前需预热，薄板、小尺寸焊件取400~500℃，厚大件预热达600~700℃。小件做整体预热，大件可局部预热，局部预热用氧乙炔焰或煤气火焰等进行。

表 6-15 气焊纯铜对接接头的坡口形式与尺寸

厚度/mm	<3	3~10	10~20
坡口形式与尺寸	间隙 0~2	V形坡口 60°~90°，间隙 2~4	双Y形坡口 60°~90°，间隙 2~4

（2）焊丝和焊剂　用 HSCu（牌号 HS201）型焊丝，如果接头不要求具有良好的导电性和导热性，则采用青铜焊丝，如 HSCuSi 和 HSCuSn。采用 CJ301 焊剂，如果采用一般纯铜丝或从母材上切条，应在焊剂中加入脱氧剂。

焊剂的用法是用水把焊剂调成糊状涂在焊道或焊丝上，用火焰烤干后即可施焊。

（3）工艺要点

1）焊接参数。纯铜的热导率高，一般用比焊碳钢大 1~2 倍的火焰能量进行焊接。火焰能量是通过选用焊炬及其焊嘴号和调节可燃气体流量来实现的。表 6-16 所列是按纯铜板厚推荐的焊接参数。

表 6-16 磷脱氧纯铜气焊的焊接参数

板厚/mm	焊丝直径/mm	根部间隙/mm	乙炔气体流量/(L/min)	预热气体流量/(L/min)	焊炬及焊嘴号	
					焊炬	焊嘴号
1.5	1.6	无	4	无	H1~2	4~5
3.0	2.0	1.5	6	无	H1~6	3~4
4.5	3.0	2.0	8	12	H1~12	1~2
6.0	4.0	3.0	12	12	H1~12	2~3
9.0	5.0	4.5	14	16	H1~12	3~4
12.0	6.0	4.5	16	16	H1~12	3~4

2）操作技术。气焊纯铜时用中性焰；一般采用左向焊法，这有利于防止金属过热和晶粒长大倾向；当焊件厚度大于 6mm 时，宜采用右向焊法，以得到较厚的焊道，又能防止铜液流到熔池前方，从而可减少夹渣倾向。

焊接过程中，要控制好熔池温度，长焊缝宜采用逆向分段退焊法，以减小焊接应力和变形。

3）焊后处理。纯铜气焊后的力学性能比母材低，脱氧铜焊后可达母材退火状态的强度，含氧铜焊后只能达母材强度的 70%~80%。为了改善接头性能，可以对接头进行锤击或热处理。对厚度小于 5mm 的焊件在冷态下进行锤击，用球形或平面铁锤沿焊缝两侧约 100mm 范围内均匀锤击；对厚度在 5mm 以上的焊件，可在 250~350℃ 间锤击。锤后再将焊件加热到 550~650℃，在水中急冷。

3. 纯铜的焊条电弧焊

（1）焊前准备　按铜板厚度制备不同的坡口。厚度小于或等于 5mm 时不开坡口；厚度大于 5mm 可开 V 形或双 Y 形坡口，见表 6-17。定位焊和坡口清理与气焊时基本相同。当板厚超过3mm时，焊前必须预热，预热温度一般为400~600℃，预热温度随板厚和外形尺寸的增大而相应提高，最高可达750~800℃。为了控制焊缝背面成形，接头背面常用衬垫。

铜焊条都是碱性低氢型的，用前须在350~400℃下，烘干1~2h。

表6-17 纯铜焊条电弧焊对接接头的坡口形式与尺寸

厚度/mm	2~4	5~10	10~20
坡口形式与尺寸			

（2）工艺要点 应选用ECu（T107）焊条，也可选用ECuSn-B（T227）焊条，电流为直流反接。纯铜焊条电弧焊的推荐焊接参数见表6-18。随着预热温度的提高，焊接电流相应取低值。

表6-18 纯铜焊条电弧焊的推荐焊接参数

厚度/mm	2	3	4	5	6	8	10
焊条直径/mm	3.2	3.2或5	4	4或5	5~7	5~7	5~7
焊接电流/A	110~150	120~200	150~220	180~300	200~350	250~380	250~380

焊接时应用短弧，焊条不宜做横向摆动，可沿焊缝做往复直线运动，使熔池存在时间较长，以利于气体逸出。长焊缝应采用逆向分段退焊法，焊接速度尽可能快，以减少焊件变形和防止接头过热。多层焊时应彻底清除层间熔渣。

焊后最好用平头锤锤击焊缝，以消除焊接应力和改善接头性能。焊接场地空气要流通或有人工通风设施，以排出焊接烟尘及有害气体。

4. 纯铜的TIG焊

（1）焊前准备 钨极氩弧（TIG）焊主要用于薄板和厚件底层焊道的焊接。表6-19所列为纯铜手工钨极氩弧焊的坡口形式与尺寸，其他准备工作同焊条电弧焊。

表6-19 纯铜手工钨极氩弧焊的坡口形式与尺寸

厚度/mm	≤3	4~10	≥10
坡口形式与尺寸			

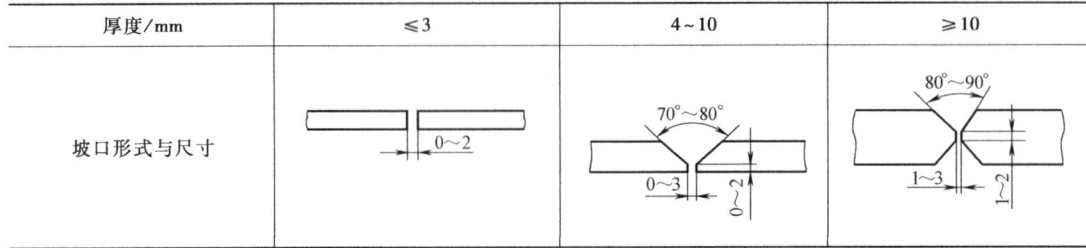

（2）工艺要点 一般选用HSCu（HS201）焊丝做填充金属，如果采用不含脱氧元素的普通纯铜丝做填充金属，则焊时需用CJ301焊剂，焊前用无水乙醇（酒精）将其调成糊状，刷涂于待焊表面。使用恒流（陡降特性）直流电源，通常采用直流正接。小于1mm的薄纯铜件可用直流脉冲电源，如WSM—250型脉冲TIG焊机。

纯铜手工钨极氩弧焊的焊接参数见表6-20。

第6章 常用非铁金属的焊接

表 6-20 纯铜手工钨极氩弧焊的焊接参数

板厚/mm	钨极直径/mm	焊丝直径/mm	电流/A	氩气流量/(L/min)	预热温度/℃	备注
0.3~0.5	1	—	30~60	8~10	不预热	卷边接尖
1	2	1.6~2.0	120~160	10~12	不预热	—
1.5	2~3	1.6~2.0	140~180	10~12	不预热	—
2	2~3	2	160~200	14~16	不预热	—
3	3~4	2	200~240	14~16	不预热	单面焊双面成形
4	4	3	220~260	16~20	300~350	双面焊
5	4	3~4	240~320	16~20	350~400	双面焊
6	4~5	3~4	280~360	20~22	400~450	—
10	5~6	4~5	340~400	20~22	450~500	—
12	5~6	4~5	360~420	20~24	450~500	—

通常采用左向焊法，焊前用高频振荡器引弧或在碳块、石墨块上接触引弧，然后移入坡口区焊接。操作时注意不同焊缝情况下焊炬、焊丝和工件之间的位置，如图 6-6~图 6-8 所示，喷嘴与工件之间的距离以 10~15mm 为宜，这样既便于操作、观察，又可获得良好保护。厚板多层焊的层数不宜过多，底层焊道必须熔合良好，防止产生气孔、裂纹等缺陷。层间温度不应低于预热温度，焊下一层前，要用钢丝刷清理焊缝表面的氧化物。

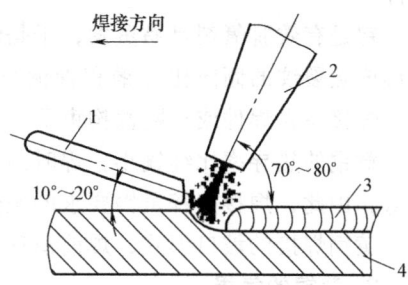

图 6-6 手工钨极氩弧焊操作示意图
1—焊丝 2—焊枪 3—焊缝 4—工件

5. 纯铜的 MIG 焊

厚度大于 12mm 的纯铜，一般都采用熔化极氩弧（MIG）焊。MIG 焊可用更大的焊接电流，因而电弧功率大、熔敷率高、熔深大。

MIG 焊的坡口形式与 TIG 焊相似，由于 MIG 焊的穿透力强，不开坡口时的厚度极限尺寸及钝边尺寸比 TIG 焊可增大，坡口角度可减小，一般不留间隙。

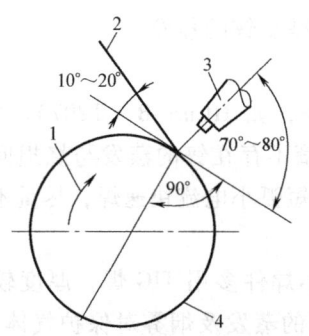

图 6-7 环缝焊接示意图
1—工件转动方向 2—焊丝 3—焊枪 4—工件

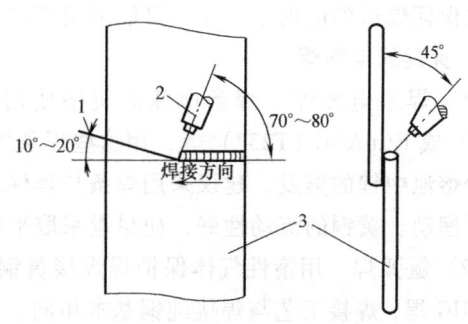

图 6-8 搭接横焊示意图
1—焊丝 2—焊枪 3—工件

应选用含脱氧元素的纯铜焊丝 HSCu（HS201）。为提高焊接效率，一般采用大电流、高焊速的焊接参数。与 TIG 焊相比，焊接同样厚度的纯铜件时，焊接电流增大 30% 以上，焊速可提高一倍，由于熔池增大，氩气流量也相应加大。通常采用恒压（平特性）电源，直流反接。

MIG焊的熔滴过渡形式与电流密度有关，随着电流密度增大，熔滴过渡从短路过渡转为喷射过渡。只有喷射过渡才能获得稳定的电弧、较大的熔深和良好的焊缝成形，通常用于平焊和横角焊位置的焊接，而滴状过渡和短路过渡适用于立焊或仰焊。

6.2.5 黄铜的熔焊工艺

1. 黄铜的焊接特点

黄铜焊接的主要问题除前面6.2.2节所述外，还有焊接时锌的蒸发和烧损。锌的沸点低，仅为904℃，在焊接高温下将大量蒸发，气焊时蒸发量达25%，焊条电弧焊时达40%。焊缝含锌量减少，会引起接头耐蚀性能和力学性能下降；锌的蒸发，易使焊缝产生气孔；锌蒸气氧化成白色烟雾状的氧化锌，妨碍焊接操作，且对人体有害，焊接时要求有较好的通风条件。

锌是有效脱氧剂且易蒸发，于是焊接黄铜时氢的溶解和熔池金属的氧化问题不突出，而且形成热裂纹的倾向比纯铜和青铜小。但黄铜的线胀系数大，易引起较大的焊接应力和变形，焊接厚大焊件或在刚性拘束下焊接时易引起冷裂纹。

黄铜的热导率比纯铜小，焊时预热温度比纯铜低得多。黄铜的导热性随含锌量的增加而降低，因此，焊接高锌黄铜要求的预热温度比低锌黄铜低。但前者锌的蒸发比后者严重。

黄铜焊接的坡口形式，焊前清理所用设备、操作方法等与纯铜焊接相似。

2. 黄铜的气焊

气焊黄铜可以减少和防止锌的蒸发和烧损，因而被广泛应用。气焊黄铜用的填充焊丝有HSCuZn-1、HSCuZn-2、HSCuZn-3和HSCuZn-4，相当于统一牌号HS220、HS222、HS221和HS224。气焊黄铜用的焊剂有粉状和气状两种。

一般厚度大于12mm的黄铜焊件需要预热，温度为300~450℃；16mm以上或较大焊件的预热温度应提高到500~550℃。

焊接时使用轻微的氧化焰，以使熔池表面形成氧化锌薄膜，防止熔池中的锌进一步蒸发和氧化。采用左向焊法，焰心与焊件表面的距离为6~10mm。所用焊炬功率比焊接纯铜的小，在保证焊透的前提下，应尽可能采用高的焊接速度，减少锌的蒸发。

3. 黄铜的电弧焊

（1）焊条电弧焊　焊条电弧焊黄铜使用硅青铜焊条，如HCuSi-B（T207）、ECuSn-B（T227）或ECuAl-C（T237）等，用这些焊条焊接时，熔滴不存在锌的蒸发与烧损问题。为了减少熔池中锌的蒸发，建议采用焊条与焊件基本垂直、短弧小电流快速焊，尽量不做横向及前后摆动。黄铜的流动性好，应尽量采取平焊位置。

（2）氩弧焊　用惰性气体保护焊焊接黄铜较普遍，小焊件多用TIG焊，厚度较大的焊件用MIG焊，焊接工艺与焊接纯铜基本相同。为了减少锌的蒸发及烟雾对保护气体的破坏，最好选用不含锌的焊丝。对普通黄铜宜采用锡青铜焊丝HSCuSn；对高强度黄铜宜采用硅青铜或铝青铜焊丝，如HSCuSi和HSCuAl等。

TIG焊用直流正接或交流，交流焊接时锌的蒸发比直流正接时少些。MIG焊用直流反接。薄焊件一般不预热，焊件厚度大于10mm时需预热。低锌黄铜推荐用100~300℃预热，高锌黄铜的预热温度可低些。预热还可以减小焊接电流,提高焊接速度,有利于减少锌的蒸发。焊接时焊丝尽量置于电弧与母材之间,避免电弧对母材直接加热,母材主要靠熔池金属的传热来加热熔化,其目的也是减少锌的蒸发。尽可能采用单层焊,板厚小于5mm的接头最好一次焊成。

6.2.6 铜及铜合金的钎焊

1. 铜及铜合金的硬钎焊

(1) 钎料 铜及铜合金硬钎焊的钎料熔化温度在450℃以上,常常在600~850℃之间,随合金种类和零件用途而不同。常用的硬钎焊钎料有以下几种类型。

1) 银基钎料。主要成分是银、铜和锌,有的还加入少量的锡和镍,熔点较低。其牌号是HL3××,如HL302、HL303、HL304、HL306、HL322等。采用银基钎料时,接头的装配间隙以0.05~0.25mm为宜。银基钎料适合钎焊铜与各种铜合金、铜与钢等。由于含银,这种钎料的价格比较高。

2) 铜磷钎料。主要成分是铜和磷,有的还加入一些锡,其牌号是HL2××,如HL201、HL202、HL204、HL208等。铜磷钎料具有一定的自钎作用,润湿性良好,有时可以不加或少加钎剂进行钎焊。合适的接头装配间隙为0.02~0.15mm,接头的耐蚀性好,但比较脆。各种铜磷钎料分别适用于电机及仪表中铜及铜合金的钎焊。

3) 铜锌钎料。主要成分是铜和锌,有时加入少量锡、硅、镍等。这种钎料的熔点高而耐蚀性差,多用于不太重要的接头。其牌号是HL1××,如HL101、HL102、HL103、HL104等。铜锌钎料钎焊时的接头装配间隙为0.07~0.25mm。各种铜锌钎料分别适用于纯铜、黄铜、白铜的钎焊,其接头强度、韧度都较低。

此外,含金的钎料具有良好的钎焊性,但价格昂贵,一般应用很少,只在有特殊要求时才采用。

(2) 钎剂 铜及其合金硬钎焊使用的钎剂有两大类:一类以硼酸盐和氟硼酸盐(KBF_4、HBO_3、B_2O_3等)为主,其作用是较好地清除氧化膜,并能很好地漫流,获得令人满意的钎焊效果,配合银基钎料或铜磷钎料适用于各种铜合金;另一类则以氯化物和氟化物($ZnCl_2$、NH_4Cl、$CdCl_2$、$LiCl$、KCl、NaF等)为主,是高活性钎剂,适于钎焊含铝的各类铜合金,但此类钎剂的腐蚀性极强,焊后必须彻底清除接头上的残渣,以免日后造成腐蚀损坏。

(3) 钎焊方法 绝大多数钎焊方法如炉中钎焊、火焰钎焊、烙铁钎焊、感应钎焊等,都可以用于铜及其合金的硬钎焊。可以根据工件尺寸、使用要求、批量大小,并结合钎料、钎剂的种类来选定钎焊方法。

2. 铜及铜合金的软钎焊

铜及大多数铜合金的软钎焊性是比较好的,如纯铜、铜锡合金、铜锌合金、铜镍合金、铜铬合金等,软钎焊时都不存在大问题。但含有硅、铝和铁的铜合金则要求使用专门的钎剂以去除表面的氧化膜。

(1) 钎料 铜及其合金软钎焊使用的钎料主要是锡铅软钎料。但锡可能与铜形成合金且会扩散。铜合金会与锡形成固溶体,但当锡的含量超过固溶度时,会生成一种或多种金属间化合物(如Cu_6Sn_5),造成接头脆化及强度降低。因此,确定焊接参数时必须考虑到防止和减少生成金属间化合物的问题。

（2）钎剂　铜合金表面在清理后会很快又生成新的氧化膜，因而必须在清理后迅速施加钎剂并进行钎焊。使用50%锡+50%铅和95%锡+5%锑（质量分数）的钎料时，可选用含氯化锌和氯化铵的液态或膏状钎剂，但必须注意腐蚀问题。

无腐蚀性的有机钎剂和树脂型钎剂用于焊接含锌或含锡的铜合金时效果较好，但必须事先清理好合金表面，并涂上薄层钎剂。

必须注意的是，无论是有机钎剂或无机钎剂，在软钎焊之后一定要清除钎剂残余物，以免日后发生腐蚀损坏。尤其是在潮湿环境下工作的接头，更应彻底清除钎剂残余物。

（3）钎焊方法　软钎焊的加热方法很多，浸入温度高于钎料熔点的液态介质中加热、电阻加热、红外线加热等都有应用。在一些印制电路板的生产中，流水线上常用波峰焊方法。

6.3　钛及钛合金的焊接

6.3.1　概述

钛及钛合金具有很多优良性能，是航空、航天工业中的重要结构材料，在石油、化工和船舶工业中也越来越多地得到了应用。

1. 钛的基本特性

（1）物理特性　纯钛呈银白色，具有密度小、熔点高、导热性差、线胀系数小、电阻率大等特点，见表6-21。

表6-21　钛与几种常用金属物理性能的比较

性　　能	Ti	Fe	Cu	Al
密度（20℃）/（g/cm）^{3}	4.5	7.8	8.9	2.7
熔点/℃	1668	1579	1083	660
比热容（0~500℃）/[J/(g·K)]	0.54	0.46	0.38	0.89
热导率（20℃）/[W/(m·K)]	15	67.4	384	200.8
电阻率（20℃）/10^{-6}Ω·cm	42.1	9.7	1.72	2.68
线胀系数（0~100℃）/10^{-6}/K	8.2	11.9	16.5	24.3
弹性模量/（kN/mm^2）	109.2	196	120	71.1

（2）化学性能　钛化学性质活泼，与氧有很强的亲和力，室温下清洁表面也会迅速形成稳定而坚韧的氧化膜。由于氧化膜的保护作用，钛及钛合金在海水及大多数酸、碱、盐的介质中具有优良的耐蚀性能，所以在化学工业和造船工业中得到广泛应用。

钛的化学活性随温度升高而增强，在高温下，其表面氧化层厚度增加，温度高于648℃时，钛的抗氧化能力急剧下降。

钛在固态下能吸收气体，加热至300℃时，就开始吸收氢，加热至400℃时吸收氧，在600℃时开始吸收氮。纯钛中含有这些气体元素使其强度显著提高，而塑性急剧下降，所以氧、氮、氢是钛中的有害杂质。

（3）力学性能　纯钛的塑性、韧性很好，特别是低温韧性非常好。在550℃时其性能仍保持不变，具有很好的热稳定性。

纯钛的抗拉强度不高，但可以加入合金元素进行强化。经合金强化得到的钛合金，具有比钢和铝都大的比强度（抗拉强度/密度），见表6-22。比强度是评价航空及航天工业用材的一个重要指标，所以钛合金在航空、航天工业中被广泛采用。

表6-22　工业合金的比强度

合金材料	抗拉强度 R_m/MPa	密度 ρ/(g/cm)^3	比强度 R_m/ρ
铝合金	490~588	2.7	181~218
镁合金	245~274	1.9	129~144
超高强度钢	1274~1470	7.8	163~188
钛合金	980~1372	4.5	218~305

（4）物理冶金特性　钛在885℃以下具有密排六方晶体结构，称α钛；高于885℃时将发生同素异构转变，成为体心立方晶体结构，称β钛。根据对钛的同素异构转变温度的影响，可把常用的合金元素分为三类：

1）α稳定元素，能提高α钛的稳定性。铝属于这一类元素，它以置换方式固溶于钛中，使钛强化。铝是各种钛合金中都含有的基本合金元素，其质量分数最高达7%。氧、氮、碳也是α稳定元素，它们以间隙方式固溶于钛中，在强化钛的同时，又会导致显著脆化，故属于有害杂质，要严格限制其含量。

2）β稳定元素，能提高β钛的稳定性。例如，V和Mo等与钛形成置换固溶，使强度提高而不显著降低塑性；Co、Cr、Mn、Fe、Cu、Si、H等，其中氢以间隙方式溶入钛中，并促进共析转变，且以片状或针状氢化钛（TiH_2）析出能引起严重的脆化，故属有害杂质。

3）中性元素。它们在α钛和β钛中都能无限固溶，对β↔α转变温度影响不大，但对钛能起强化作用，如Sn、Zr等。

2. 钛及钛合金的种类与性能

钛及钛合金按生产工艺特性分，有变形钛及钛合金、铸造钛及钛合金和粉末冶金钛及钛合金三大类，目前工业上应用最广的是变形钛及钛合金。按照钛的同素异构体或退火组织，可分为α型、β型和α-β型钛及钛合金。国家标准分别用"TA"代表α型、"TB"代表β型、"TC"代表α-β型钛及钛合金。

钛及钛合金板材的室温力学性能见表6-23。

表6-23　钛及钛合金板材的室温力学性能

合金系和类型	牌号	名义化学成分	板厚δ/mm	R_m/MPa	A(%)	室温弯曲角度(°)(不小于)	热处理
工业纯钛（α型）	TA1	工业纯钛	0.3~2.0 2.1~10.0	370~530	40 30	140 130	退火
	TA2	工业纯钛	0.3~2.0 2.1~10.0	440~620	30 25	100 90	退火
	TA3	工业纯钛	0.3~2.0 2.1~10.0	540~720	25 20	90 80	退火

（续）

合金系和类型	牌号	名义化学成分	板厚δ/mm	R_m/MPa	A(%)	室温弯曲角度(°)(不小于)	热处理
钛铝合金（α型）	TA6	Ti-5Al	0.8~1.5 1.6~2.0 2.1~10.0	685	20 15 12	50 40 40	退火
钛铝锡合金（α型）	TA7	Ti-5Al-2.5Sn	1.0~1.5 1.6~2.0 2.1~10.0	735~930	20 15 12	50 50 40	退火
钛铝锰合金（α-β型）	TC1	Ti-2Al-1.5Mn	0.5~1.0 1.1~2.0 2.1~10.0	590~735	25 25 20	90 70 60	退火
	TC2	Ti-4Al-1.5Mn	1.0~2.0 2.1~10.0	685	15 12	60 50	退火
钛铝钒合金（α-β型）	TC4	Ti-6Al-4V	0.8~2.0 2.1~10.0	895	12 10	35 30	退火
	TC10	Ti-6Al-6V-2Sn-0.5Cu-0.5Fe	1.0~4.0	1058	10	25	退火
	TC3	Ti-5Al-4V	1.0~2.0 2.1~10.0	880	12 10	35 30	退火
钛铝钼铬合金（β型）	TB2	Ti-5Mo-5V-8Cr-3Al	1.0~3.5	≤980 1320	20 8	120 —	淬火 淬火+时效

（1）工业纯钛 工业纯钛有TA1、TA2和TA3等牌号（详见GB/T 3620.1—2016），它们之间的区别在于氧、氮、碳、氢等杂质的含量不同，按牌号尾数依次杂质增多，强度也依次增大，而塑性则依次下降。工业纯钛的常温强度较低，但塑性、韧性，特别是低温冲击韧性很好，而且有优良的耐蚀性能，很适用于工作在350℃以下、强度要求不高的耐蚀场合。又由于其焊接性能良好，在石油、化工、船舶等工业上被广泛应用，也常被用作焊接其他钛合金时的填充金属。工业纯钛一般只在退火状态下焊接，而不在冷作硬化状态下焊接。

工业纯钛的屈服强度和抗拉强度偏低，为了提高强度获得更高的比强度，在工业纯钛的基础上有目的地加入不同种类和数量的合金元素，就发展了以下所述的各种高强度钛合金。

（2）α型钛合金 α型钛合金是含有α稳定元素铝和中性强化元素锡等的钛合金。这类合金利用生成固溶体来达到强化目的，热处理不能强化。冷作硬化略能提高其强度，但会导致塑性降低。

钛合金TA7中加入$w(Sn)=2\%\sim3\%$的锡，用以提高合金的常温强度和热强性，具有较高的抗蠕变能力。此外，其低温冲击韧性、压力加工性能及焊接性能良好。

α型钛合金只能进行低温退火，目的是消除冷作硬化的影响和焊接应力。所以，α型钛合金具有优良的热稳定性、蠕变强度、组织稳定性、低温力学性能和焊接性能。

（3）β型钛合金 这类钛合金含有高比例的β稳定化元素，如Mo和V等，β↔α的转变进行得很缓慢，在一般的工艺条件下，其组织几乎全为β相。通过时效热处理，β型钛合金的强度增高，这主要是因为α相或化合物沉淀而得到强化。

β型钛合金在单一相条件下的可加工性良好，具有优良的加工硬化特性；其缺点是低温脆性大，焊接性能差。

(4) α-β 型钛合金　这类钛合金的组织是由 α 钛为基的固溶体和 β 钛为基的固溶体两相组织构成的。其特点是：①可以通过热处理强化获得高强度；②耐热性高，热稳定性好；③当 α 相比例高时，可加工性变差，而当 β 相比例高时，则焊接性能变差。

α-β 型钛合金的典型牌号是 TC4（即 Ti-6Al-4V），其综合性能良好，焊接性在 α-β 型钛合金中属最好的，是航空、航天工业中应用最多的一种钛合金。

6.3.2　钛及钛合金的焊接性

(1) 易受气体等杂质污染而脆化　常温下，钛及钛合金比较稳定，与氧生成致密的氧化膜，具有高的耐蚀性能。但在 540℃ 以上时生成的氧化膜则不致密，随着温度升高，容易被空气、水分、油脂等污染，吸收氧、氮、氢、碳等，降低焊接接头的塑性和韧性，在熔化状态下尤其严重。因此，焊接时对熔池及温度超过 400℃ 的焊缝和热影响区（包括熔池背面）都要妥善加以保护。

在焊接工业纯钛时，为了保证焊缝质量，一般认为焊缝最高允许 $w(O)=0.15\%$，$w(H)<0.015\%$，$w(C)<0.1\%$。

(2) 焊接接头晶粒易粗化　由于钛的熔点高、热容量大、导热性差，焊缝及近缝区容易产生晶粒长大，引起塑性和断裂韧度降低。因此，焊接时对焊接热输入要严格控制，一般宜用小电流、快速焊。

(3) 焊缝有形成气孔的倾向　气孔是较为常见的焊接缺陷。其形成原因很多，也很复杂，O_2、N_2、H_2、CO 和 H_2O 都可能引起气孔。但一般认为氢气是引起气孔的主要原因，气孔多集中在熔合线附近，有时也发生在焊缝中心线附近。

防止焊缝出现气孔的关键是杜绝有害气体的一切来源，防止焊接区被污染。

(4) 易形成冷裂纹　由于钛及钛合金中硫、磷、碳等杂质很少，低熔点共晶难以在晶界出现，而且结晶温度区窄、焊缝凝固时收缩量小，所以很少产生热裂纹。但是，焊接钛及钛合金时极易受到氧、氢、氮等杂质的污染，当这些杂质的含量较高时，焊缝和热影响区性能将变脆，在焊接应力作用下易产生冷裂纹。其中，氢是产生冷裂纹的主要原因。氢从高温熔池向较低温度的热影响区扩散，当该区氢富集到一定程度时，将从固溶体中析出 TiH_2 使之脆化；随着 TiH_2 的析出，将产生较大的体积变化而引起较大的内应力。这些因素促使了冷裂纹的生成，而且具有延迟性质。

防止钛和钛合金焊接裂纹的措施，主要是避免氢的有害作用，减小和消除焊接应力。

6.3.3　钛及钛合金的焊接工艺

钛及钛合金的性质非常活泼，与氧、氮、氢的亲和力大，普通焊条电弧焊、气焊及 CO_2 气体保护焊都不适用于钛及钛合金的焊接，应用最多的是惰性气体保护焊。近年来，等离子弧焊、真空电子束焊、电阻焊、钎焊和扩散焊都有应用。

1. 钨极氩弧焊（TIG 焊）

钨极氩弧焊最适用于厚度在 3mm 以下的钛及钛合金的焊接。

(1) 焊前准备

1) 接头形式和尺寸。选择接头形式的原则是在有利于气体保护和保证焊接质量的前提下，尽可能减少焊缝层数和填充金属量。例如，搭接接头因其背面保护困难，而且接头受力条件差，尽可能不用，一般也不采用永久性垫板对接。

母材厚度小于2.5mm的I形坡口对接接头可不加填充焊丝进行焊接。

对于更厚的母材，则需开坡口并加填充金属。尽量采用平焊位置施焊；用机械方法加工坡口，接头的装配要求必须比焊接其他金属时高，因为接头内可能残留空气。

钛及钛合金电弧焊时的典型接头形式和尺寸见表6-24。

表6-24 钛及钛合金电弧焊时的典型接头形式和尺寸

接头坡口形式	厚度 δ/mm	坡口角度(°)	根部间隙/mm	钝边/mm
I 型	0.25~2.3	—	0	—
	0.8~3.2	—	$(0~0.1)\delta$	—
V 型	1.6~6.4	30~60		
	3.0~13	30~90		
X 型	6.4~38	30~90	$(0~0.1)\delta$	$(0.10~0.25)\delta$
U 型	6.4~25	15~30		
双U型	19~51	15~30		

2）焊前清理。钛及钛合金的焊接质量在很大程度上取决于对母材和填充焊丝的焊前清理。

① 去氧化皮。焊前经轧制、锻造、模锻或非保护气氛热处理的工件，其表面在600℃以上形成的氧化皮较厚，往往需采用喷丸、喷砂等机械方法去除，然后再进行酸洗。

② 表面酸洗。表面酸洗的目的是去除表面氧化膜。用于钛和钛合金的酸洗液有多种配方，其中一种是硝酸40%+氢氟酸20%+水40%（质量分数），在室温下浸泡15~20min，然后用水冲洗干净并烘干。

焊丝酸洗后一般须经真空脱氢处理。焊前对焊丝和焊接坡口及其附近应再用丙酮或酒精擦洗脱脂。凡经清理后的焊件和焊丝必须在4h内焊完，否则需重新清理。

3）气体保护措施。因为钛及钛合金对空气中的氧、氮、氢等气体具有很强的亲和力，所以必须确保焊接熔池及温度超过400℃的热影响区（包括正、反面）与空气隔绝。表6-25列出了氩弧焊焊接钛及钛合金的保护措施及其适用范围。

表6-25 氩弧焊焊接钛及钛合金的保护措施及其适用范围

类型	保护位置	保护措施	用途及特点
局部保护	熔池及其周围	采用保护效果好的圆柱形或椭圆形喷嘴，相应增大氩气流量	适用于焊缝形状规则、结构简单的焊件。灵活性大，操作方便
	温度≥400℃的焊缝及热影响区	1）附加保护罩或双层喷嘴 2）焊缝两侧吹氩 3）适应焊件形状的各种限制氩气流动的挡板	
	温度≥400℃的焊缝背面及热影响区	1）通氩垫板或焊件内腔充氩 2）局部通氩 3）紧靠金属板	
充氩箱保护	整个工件	1）柔性箱体（尼龙薄膜、橡胶等），不抽真空多次充氩，提高箱内氩气纯度，焊接时仍需喷嘴保护 2）刚性箱体或柔性箱体带附加刚性罩，抽真空再充氩	适用于结构形状复杂的焊件，焊接可达性较差
增强冷却	焊缝及热影响区	1）冷却块（通水或不通水） 2）用适应焊件形状的工装导热 3）减小热输入	配合其他保护措施以增强保护效果

平薄板对接用局部保护焊时，焊枪喷嘴直径宜取得大些，一般为 16~18mm，喷嘴到工件的距离应小些。为提高保护效果和保证焊炬的可达性，可采用双层气体保护的焊炬；对于稍厚的焊件常采用带尾罩焊枪，焊缝背面全部用气体保护垫板进行保护。图 6-9 所示为钨极氩弧焊的焊炬尾罩和局部保护装置。

管子对接、T 形接头和角接头焊接时的局部气体保护可以采用图 6-9b、c、d 所示的装置。

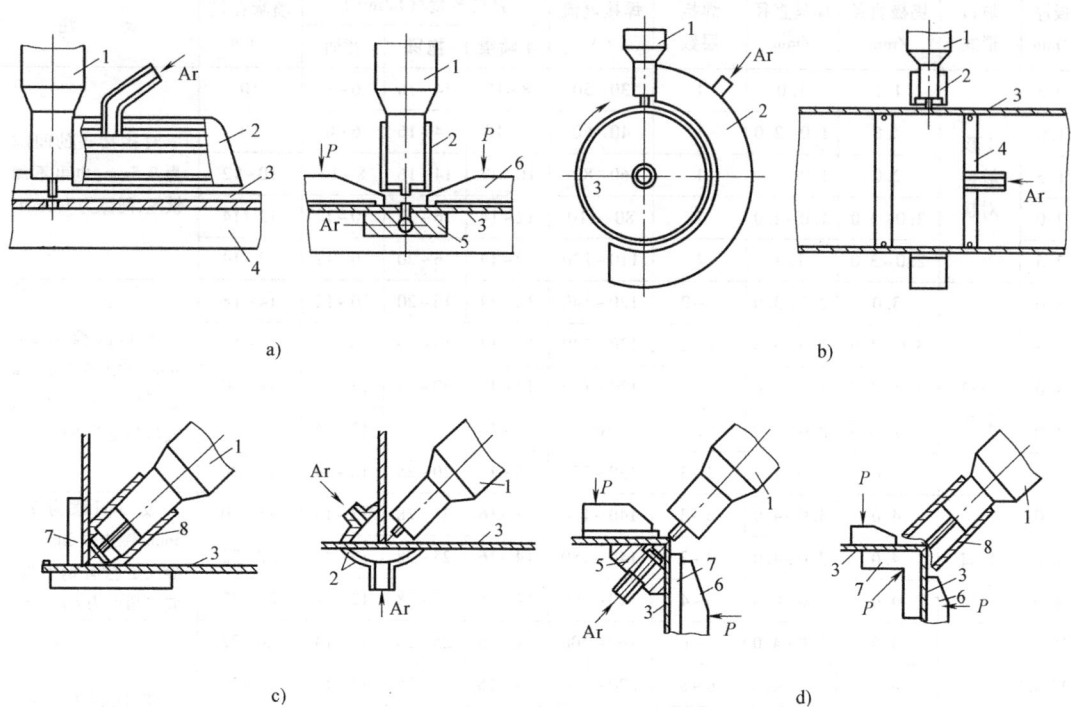

图 6-9 钨极氩弧焊的焊炬尾罩和局部保护装置
1—焊炬 2—气体保护罩 3—焊件 4—挡板 5—气体保护衬垫
6—压板 7—冷却块 8—玻璃罩

焊接时，评定氩气保护效果的最简单方法是用肉眼观察焊后焊缝及热影响区表面的颜色。一般银白色说明保护效果优良，几乎不存在有害气体的污染；淡黄色、金黄色焊缝对力学性能影响不大；紫蓝色、深蓝色表示已被有害气体污染，但在静载、低压结构中是允许的；如果表面呈灰黑色、灰色、灰白色，则表示保护效果不好，已被严重污染，这样的接头已变脆，不能使用。

（2）焊接工艺要点

1）焊接材料。焊接钛及钛合金用的氩气纯度必须不低于 99.99%。焊接过程中，当氩气瓶压力降至 1MPa 时应停止使用。

填充焊丝一般采用与母材同质的材料。为了改善接头的塑性，可以采用比母材合金化程度稍低的焊丝，如焊接 TC4 时可用 TC3 焊丝。当焊缝金属的塑性比强度更重要时，可用工业纯钛或强度较低的钛合金做填充金属。

注意：填充焊丝的夹杂及其表面的脏物、油污和拉丝润滑剂可能成为焊缝金属的污染源，而且焊丝的表面积和体积比率大，故焊前必须彻底清理。

2) 焊接参数。焊接钛及钛合金时，由于有晶粒粗化倾向，尤其是β钛合金的焊接，应尽量采用较小的焊接热输入，最好使温度刚好高于形成焊缝所需达到的最低温度。如果热输入过高，则焊缝被污染、变形和变脆的可能性将增大。钛及钛合金板手工钨极氩弧焊的参考焊接参数见表6-26。

表 6-26 钛及钛合金板手工钨极氩弧焊的参考焊接参数

板厚/mm	坡口形式	钨极直径/mm	焊丝直径/mm	焊接层数	焊接电流/A	氩气流量/(L/min) 主喷嘴	拖罩	背面	喷嘴孔径/mm	备注
0.5	I形坡口对接	1.5	1.0	1	30~50	8~10	14~16	6~8	10	对接接头的间隙为0.5mm；也可不加钛丝，间隙为1.0mm
1.0		2.0	1.0~2.0	1	40~60	8~10	14~16	6~8	10	
1.5		2.0	1.0~2.0	1	60~80	10~12	14~16	8~10	10~12	
2.0		2.0~3.0	1.0~2.0	1	80~110	12~14	16~20	10~12	12~14	
2.5		2.0~3.0	2.0	1	110~120	12~14	16~20	10~12	12~14	
3.0	V形坡口对接	3.0	2.0~3.0	1~2	120~140	12~14	16~20	12~14	14~18	坡口间隙为2~3mm，钝边0.5mm，焊缝反面衬有钢垫板，坡口角度为60°~65°
3.5		3.0~4.0	2.0~3.0	1~2	120~140	12~14	16~20	12~14	14~18	
4.0		3.0~4.0	2.0~3.0	2	130~150	14~16	20~25	12~14	18~20	
4.0		3.0~4.0	2.0~3.0	2	200	14~16	20~25	12~14	18~20	
5.0		4.0	3.0	2~3	130~150	14~16	20~25	12~14	18~20	
6.0	V形坡口对接	4.0	3.0~4.0	2~3	140~180	14~16	25~28	12~14	18~20	坡口间隙为2~3mm，钝边0.5mm，焊缝反面衬有钢垫板，坡口角度为60°~65°
7.0		4.0	3.0~4.0	2~3	140~180	14~16	25~28	12~14	20~22	
8.0		4.0	3.0~4.0	3~4	140~180	14~16	25~28	12~14	20~22	
10.0	对称双V形坡口	4.0	3.0~4.0	4~6	160~200	14~16	25~28	12~14	20~22	坡口角度为60°时，钝边1mm；坡口角度为55°时，钝边1.5~2.0mm，间隙1.5mm
13.0		4.0	4.0	6~8	220~240	14~16	25~28	12~14	20~22	
20.0		4.0	4.0	12	200~240	12~14	20	10~12	18	
22		4.0	4.0~5.0	6	230~250	15~18	18~20	18~20	20	
25		4.0	3.0~4.0	15~16	200~220	16~18	20~26	20~26	22	
30		4.0	3.0~4.0	17~18	200~220	16~18	20~26	20~26	22	

3) 操作技术。使用具有陡降（恒流）特性的直流弧焊电源。采用直流正接，与直流反接相比，它能获得较大的熔深和较窄的焊道。手工焊时不能用接触法引弧，以防止钨极对焊缝造成污染，故电源应有高频引弧装置。若在大气中焊接，则电源也应有熄弧控制，利用电流衰减的方法可以填满弧坑，利用氩气延时输送，可以在切断焊接电流后使焊枪继续供给保护气体，以防止空气污染热态的焊缝金属。

焊接过程有加焊丝和不加焊丝两种操作方法，多层焊时，第一层一般不加焊丝，从第二层起加焊丝。焊丝应平稳而均匀地送进，已烧热的一端必须总保持在气体喷嘴下面受到保护而不被污染。

在不影响视线和加焊丝的情况下，应尽量减小喷嘴与工件之间的距离，一般取6~10mm，最大弧长约等于钨极直径1.5倍。

焊接速度应控制在确保400℃以上的焊接高温区置于氩气的保护之下。焊炬尽量不做横向摆动，必须摆动时，其频率要低、幅度要小，以防止熔池脱离氩气保护。

焊接层数不宜多，必须多层焊时，层间温度应尽可能低，最好待前一层焊缝已冷至室温后再焊下一层焊缝，以防过热。

(3) 焊后处理　钛及钛合金焊后在接头上存在残余应力，会引发冷裂纹，使用过程中会降低尺寸的稳定性，增大接头对应力腐蚀开裂的敏感性和降低接头的疲劳强度。所以大多数钛及钛合金焊后都需进行消除应力处理。对于尚需大量焊接的和强力夹紧而受拘束的组件，在总装焊接前需要对已焊的那部分焊件进行中间性消除应力处理。

常用钛及钛合金焊后消除应力处理的工艺见表6-27。

表6-27　常用钛及钛合金焊后消除应力处理的工艺

材料	工业纯钛	TA7	TC4	TC10
温度/℃	482~593	533~649	538~593	482~649
保温时间/h	0.5~1	1~4	1~2	1~4

对于工业纯钛和α型钛合金，必须控制消除应力时的温度和时间，以防晶粒长大。

消除应力处理前，焊件表面必须无污垢、手印、油脂或其他残余物，而且经过彻底清除后要在惰性气氛中进行消除应力处理。如果在真空中进行热处理，还可以降低焊件中氢的含量。

2. 熔化极氩弧焊（MIG焊）

对于厚度为3mm或更厚的钛及钛合金，一般采用熔化极氩弧焊（MIG焊），其熔敷速度高于TIG焊。

熔化极氩弧焊时，熔滴是在高温下以细颗粒过渡的，因而会使填充金属在电弧气氛中受污染的机会增大。由于目前多在大气中焊接，故在焊枪设计和辅助保护方面要加强。因为焊接速度较快，焊道较宽且冷却速度较慢，所以所用的后拖保护装置必须比钨极氩弧焊的长得多，有时还需用水冷却。

焊接材料的选用与TIG焊相同。但气体的纯度和焊丝的清洁度与均匀性很重要，焊前必须将焊丝彻底清理干净。

在平焊和横焊位置焊接厚板时，最好采用喷射过渡，以充分利用其热输入和熔敷速度高的优点。脉冲喷射过渡属于热输入较低的喷射过渡，适于薄板和平焊以外的各种位置的焊接。短路过渡可用于各种位置的薄板焊接，但因其热输入低，焊接厚板时可能出现未熔合缺陷。不推荐粗滴过渡，因其飞溅过大且易产生未熔合缺陷。无论用哪一种过渡形式，都需要采用后拖罩气体保护，只是短路过渡时，拖罩尺寸可以短些和窄些。

钛及钛合金自动MIG焊的焊接参数见表6-28。

表6-28　钛及钛合金自动MIG焊的焊接参数

材料	焊丝直径/mm	焊接电流/A	电弧电压/V	焊接速度/(cm/min)	送丝速度/(mm/s)	焊枪至工件的距离/mm	坡口形式	氩气流量/(L/min)			根部间隙/mm
								焊枪	尾罩	背面	
纯钛	1.6	280~300	30~31	60	144	27	Y型70°	20	20~30	30~40	1
钛合金	1.6	280~300	31~32	50	144	25	Y型70°	20	20~30	30~40	1

3. 等离子弧焊

等离子弧焊非常适用于钛及钛合金的焊接，因为它具有能量集中，单面焊双面成形，弧长变化对熔透程度影响小，无钨夹杂、气孔少和接头性能好等优点。小孔法和熔透法等离子弧焊都可应用。由于钛及钛合金的密度小，重力作用也小，而且液态钛的表面张力大，所以有利于形成"小孔效应"。小孔法可获得较大的熔深，一次焊透的焊合厚度为2.5~15mm，特别适合焊接这种厚度而不开坡口的I型对接接头。熔透法等离子弧焊适用于各种厚度，但一次焊透的厚度较小。厚度在3mm以上时需开坡口并填丝多层焊。

等离子弧焊时，保护方式与氩弧焊相同。一般都使用类似于氩弧焊那样的拖罩（厚度小于0.5mm时可以不用拖罩），背面也须气体保护。当用小孔法焊接时，为了保证小孔的稳定，不能使用背面垫板，背面充气沟槽的宽和深一般各为20~30mm，背面保护气体流量要加大。

焊接厚度在15mm以上的钛板时，通常开V形或U形坡口，钝边取6~8mm，先用小孔法等离子弧焊封底，然后用TIG焊、埋弧焊或熔透法等离子弧焊填满坡口。这样比用TIG焊封底（其钝边仅1mm左右）可减少填充金属量和焊接变形，而生产率则大为提高且成本有所降低。

钛及钛合金等离子弧焊的焊接参数见表6-29。

表6-29 钛及钛合金等离子弧焊的焊接参数

板厚 /mm	喷嘴孔径 /mm	焊接电流 /A	电弧电压 /V	焊接速度 /(m/h)	焊丝直径 /mm	送丝速度 /(m/h)	氩气流量/(L/min)			
							离子气	保护气	拖罩	背面
0.2	φ0.8	5	16	7.5	—	—	0.25	10	—	2
0.4	φ0.8	6	16	7.5	—	—	0.25	10	—	2
1	φ1.5	35	18	12	—	—	0.5	12	15	4
3	φ3.0	150	24	23	1.6	60	4	15	20	6
6	φ3.0	160	30	18	1.6	68	7	25	25	15
8	φ3.0	170	30	18	1.6	72	7	25	25	15
10	φ3.5	230	38	9	1.6	42	6	25	25	15

4. 真空电子束焊

真空电子束焊非常适用于钛及钛合金的焊接。在真空中焊接，焊缝和近缝区不受空气、水分和粉尘等的污染；能量高度集中，焊缝窄，深宽比大，很厚的钛及钛合金板可一道焊成，且焊接角变形小；焊缝和热影响区晶粒细，接头性能好。其缺点是焊缝成形不如等离子弧焊，焊件尺寸受真空室限制等。

确保焊件清洁和接头装配良好是焊前重要的准备工作，表面污染物会使焊缝产生气孔。

焊接时使电子束摆动可以改善焊缝成形、细化晶粒和减少气孔。为了改善焊缝向母材的过渡，提高其疲劳强度，可以焊两道，第一道用高功率密度电子束保证熔深，第二道用低功率密度电子束进行修饰焊。对焊缝进行重熔可以预防或减少焊接气孔。

钛及钛合金真空电子束焊的焊接参数见表6-30。

表6-30 钛及钛合金真空电子束焊的焊接参数

板厚/mm	电压/kV	电子束流/mA	焊接速度/(mm/s)
0.7	90	4	25.2
1.3	100	5	53.2
3	60	28	11.2
5	60	16	5.6
10	60	50~70	16.7~19.4
13	40	100	17.7
20	40	150	20.2
55	60	390~480	16.7~19.4
75	60	480	6.7
80	55	400	4.6
150	60	800	4.2

6.4 非铁金属焊接工艺实例

1. 6A02 铝合金管的焊接工艺

图 6-10 上方所示为外径为 152.4mm，壁厚为 4.8mm 的铝合金管，用手工钨极氩弧焊进行对接。管线很长，并处于水平位置，必须在全位置焊接。接头是 U 形对接坡口，不留间隙，接头表面用焊剂擦净，用夹具对准接头后先进行定位焊。定位焊后，拆除夹具，接头分三层焊接，每层由三段组成（图 6-10 左下方）。再引燃电弧时，要再熔每段的起端和末端，以防止可能产生的缺陷。焊道截面如图 6-10 中 A—A 所示，其焊接顺序和方向如图中左下所示。焊工横卧在管子下面，在仰焊位置焊接 1、4、5 各段；其余各段采用立向上位置焊接。其焊接参数见表 6-31。

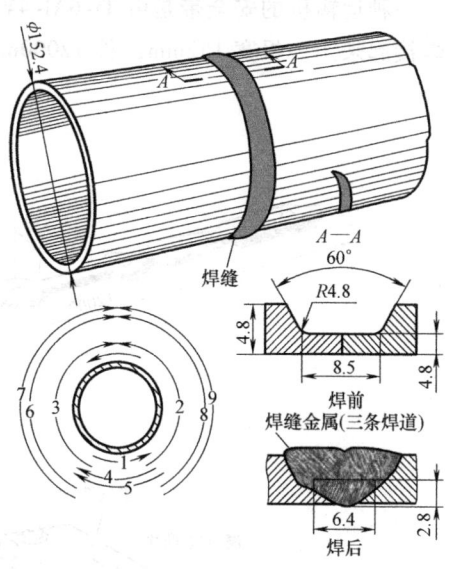

图 6-10 管线用大直径铝合金管的焊接

表6-31 大直径铝合金管的焊接参数

接头形式	U 形坡口无间隙对接	填充焊丝	SAlMg-2（φ3.2mm）
焊接位置	全位置	保护气流量	Ar，22L/min
电源	400A 交流弧焊机组	电流	交流，190A
焊枪	水冷式	焊缝层次	3
电极	铈钨极 φ4.8mm		

2. 纯铜管的火焰钎焊

图 6-11 所示为针对某空调厂空调四通阀管件焊接而设计的火焰钎焊设备。该设备由装件工位、检测工位、预热工位、焊接工位、冷却工位、卸件工位组成。焊接时，首先将四通阀及其管件在相应位置上装夹好，然后适当调整送丝位置后同时焊接四条焊缝。

由于该工件为纯铜管与纯铜管的插接，管子壁厚为1mm，插接深度为10mm，采用磷铜焊丝，直径为1mm，由送丝机自动送丝，送丝量由送丝速度和送丝时间来控制，该设备有四台送丝机，均可单独控制。预热工位是将被焊工件预热，预热时间为12s；焊接工位通过调整氧气和燃气的比例，使其火焰能在8s内将工件加热到所需焊接温度，此时送丝气缸下降，开始送丝，送丝时间一般为3s，3s后丝撤回，其间火焰一直在加热，12s后自动撤回。

图6-11 纯铜管火焰钎焊

焊后经检验，完全符合该厂要求。

3. 钛合金Ti-6Al-4V的焊接工艺

一种运输机的安全带是由Ti-6Al-4V制造的。安全带的长度为11~14m，需要两块或多块焊接起来。一根宽152mm，长12000mm的安全带的典型形状如图6-12a所示。

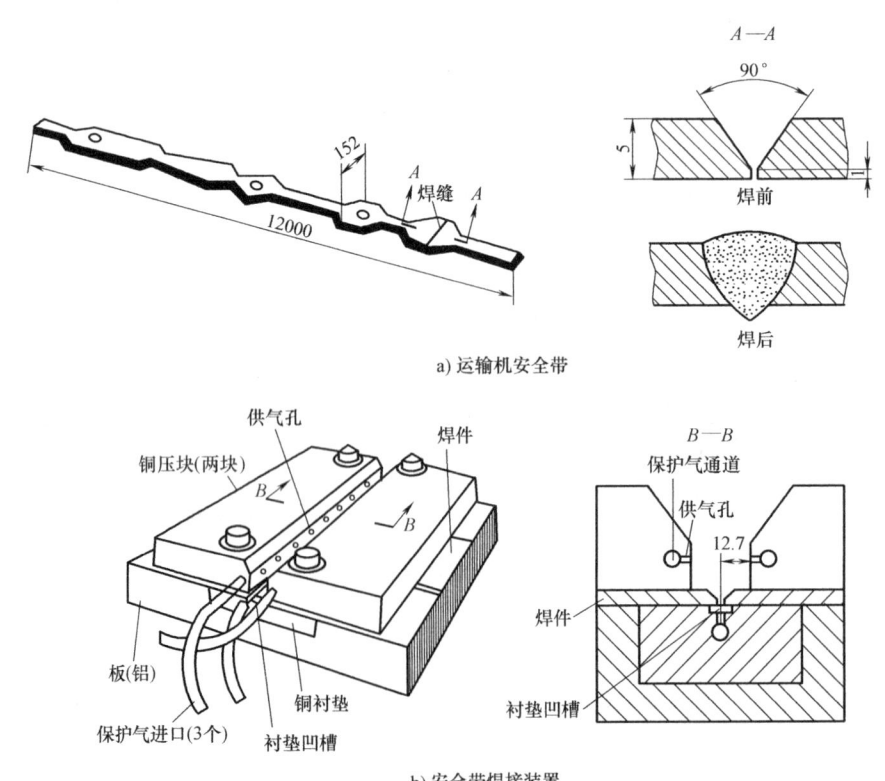

图6-12 运输机安全带的焊接

由于该安全带较长，无法在气密室中整体保护焊接。采用图6-12b所示的装置在152mm宽的焊缝区连续送进氩气，然后采用钨极氩弧焊，既易于操作，保护效果也好。在该装置中，板上面的两块铜压块用螺栓紧固于接头两侧12.7mm以上的位置，板下面加一开有成形凹槽的铜衬垫。如图6-12中的 B—B 视图所示，压块和衬垫上都钻有供气孔，以对接头的高温区加以保护。压块和衬垫除起保护和装夹作用之外，还有激冷作用。

焊接时要加引弧板和引出板，首先焊一定位焊缝，然后从引弧板一端开始焊接，以左焊法一道焊成。焊前需要先脱脂，再酸洗，最后冲洗。干燥后，在4h内焊接，焊接参数见表6-32。焊后从产品上取样进行弯曲和拉伸试验，弯曲试样未出现裂纹，而拉伸试样在1000MPa时断于母材处。

表 6-32 安全带（Ti-6Al-4V）焊接参数

焊丝牌号	焊丝直径/mm	焊接电流/A	电弧电压/V	氩气流量/(L/h)		
				焊枪	衬垫	压块
ERTi-6Al-4V	φ3.2mm	153~195	12~16	10	7.5	20

6.5 铝及铝合金焊接实训

1. 任务描述

以5A02铝合金管为实训载体，完成铝合金管件焊接工艺的制订和实施，再经评价等环节进一步优化焊接工艺。5A02铝合金管件如图6-13所示，管径为φ51mm，壁厚3mm，长150mm，共两件，用车床下料，I形坡口。

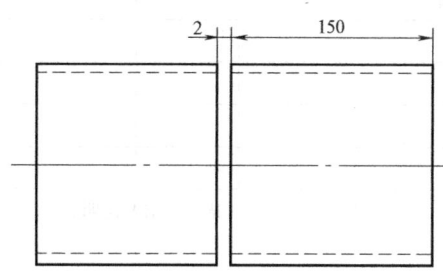

图 6-13 5A02 铝合金管件

2. 实训目标

【知识目标】
1) 熟悉铝及铝合金的化学成分、力学性能及焊接性特点。
2) 掌握铝及铝合金的焊接工艺要点。
3) 学会制订铝及铝合金的焊接工艺。

【能力目标】
1) 能够根据技术要求和产品特点，制订铝及铝合金的焊接工艺。
2) 具备实施铝及铝合金焊接工艺的基本能力。
3) 学会编写焊接工艺卡片。

【情感目标】
自学拓展、信息收集、严谨认真、规范操作及团队合作等。

3. 实训步骤及要求

【第一步】分析焊接性

在多媒体教室里，教师采用启发式、互动式等教学方法，借助工学结合教材、多媒体课件等，讲授铝及铝合金的成分、组织及焊接性等专业知识，使学生获取铝及铝合金焊接工艺基本知识。

【第二步】制订焊接工艺

在实训教师的指导下，学生小组在图书馆、资料室、网络机房等场所以自主查阅资料的方式获取铝及铝合金的焊接工艺知识，讨论并制订铝及铝合金焊接工艺，如焊前准备、焊接方法、焊接参数及焊后处理等，填写焊接工艺卡片（表 6-33）。

表 6-33 焊接工艺卡片

任务名称		铝及铝合金管件焊接		母 材	5A02	保护气体	
学生姓名（小组编号）				时 间		指导教师	
焊前准备 （如清理、坡口制备、预热等）							
焊后处理 （如清根、焊缝质量检测等）							

层次	焊接方法	焊接材料		电源及极性	焊接电流 /A	电弧电压 /V	焊接速度 /(cm/min)	热输入 /(J/cm)
		牌号	规格					

焊接层次、顺序示意图：	技术要求及说明：

【第三步】实施焊接工艺（选做）

如焊接实训室具备焊接工艺的实施条件，则在指导教师的帮助下，学生可按照自己所制订的焊接工艺现场施焊，观察焊接工艺执行过程，结合有关标准及技术要求检验自己所制订的焊接工艺是否合理可行。

通过铝及铝合金管件焊接实训，学生可熟悉铝及铝合金焊接工艺，进一步提高铝及铝合金焊接工艺实践的操作能力。

【第四步】评价焊接工艺

由指导教师和学生分别对焊接工艺的合理性和可行性进行评价，并将评价结果填入表 6-34 中。通过科学评价和考核，提升学生编制铝及铝合金焊接工艺的能力。

第6章 常用非铁金属的焊接

表6-34 任务记录及评价表

任务名称	铝及铝合金 5A02 管件焊接		时 间	
地　点		指导教师		
班　级		小组编号	小组成员	
工作过程记录	(1)准备情况： (2)分析焊接性情况： (3)制订焊接工艺情况： (4)实施焊接工艺情况： (5)操作规范及安全情况：			
学生自评			签名：	
组长评价			签名：	
教师评价			签名：	

【综合练习】

一、填空题

1. 纯铝具有_____组织，无_____转变。
2. 随着杂质的增加，纯铝的_____增加，而_____、_____和_____下降。
3. 焊接铝及铝合金用的惰性气体主要是_____和_____。
4. 自动熔化极氩弧焊焊接铝合金时，一般采用较低的_____和较大的_____，使熔滴呈_____过渡。
5. 基值电流主要用来维持_____稳定燃烧，在MIG焊中还可用以调节焊接_____，以控制预热和冷却速度。
6. 铜及铜合金具有优良的_____性能、_____性能以及在某些介质中优良的_____性能。
7. 铜及铜合金可分为_____、_____、_____和_____四大类。
8. 铜及铜合金熔焊方法的选择原则是尽量采用_____、_____的焊接方法。
9. 钛在885℃以下具有密排六方晶体结构，称为_____钛；高于885℃时将发生同素异构转变，成为体心立方晶体结构，称为_____钛。
10. α型钛合金具有优良的_____、_____、组织稳定性、低温力学性能和_____性能。

二、选择题

1. 焊接铝时，其表面生成氧化膜妨碍母材熔化和熔合，易出现（　　）缺陷。

A. 气孔　　　B. 未熔合　　　C. 未焊透　　　D. 裂纹

2.（　　）的电子逸出功低，易发射电子，使电弧漂移不定。
   A. Al　　　B. O　　　C. Al_2O_3　　　D. H

3. 在铝及铝合金焊接中，气焊和焊条电弧焊已经逐渐被（　　）取代，而仅用于补焊修复和焊接不重要的焊接结构。
   A. CO_2焊　　　B. 埋弧焊　　　C. 等离子弧焊　　　D. 氩弧焊

4. 纯铝焊丝中铁与硅之比应（　　），以防止产生热裂纹。
   A. 大于1　　　B. 小于1　　　C. 等于1

5.（　　）具有良好的清理氧化膜的作用，且引弧容易，适用于铝及铝合金的焊接。
   A. 氩弧　　　B. 氦弧　　　C. CO_2弧　　　D. 氮弧

6. 铝及铝合金在高温时强度低，液态流动性好，单面对接平焊时焊缝金属容易（　　）。
   A. 氧化　　　B. 下塌　　　C. 粗化　　　D. 细化

7. 焊接铝及铝合金时用得最多的是（　　）。
   A. 交流电　　　B. 直流电　　　C. 脉冲电　　　D. 整流电

8. 脉冲熔化极氩弧焊用的电源是（　　）。
   A. 交流电　　　B. 直流电　　　C. 脉冲交流电　　　D. 脉冲直流电

9. 黄铜是（　　）合金的总称，因其颜色是黄色而得名。
   A. 铜镍　　　B. 铜锡　　　C. 铜铝　　　D. 铜锌

10. 普通工业纯铜的牌号以（　　）为首，后接级别数字。
    A. J　　　B. P　　　C. T　　　D. L

11. 单面焊铜时，背面需使用（　　）等成形装置。
    A. 衬垫　　　B. 焊剂　　　C. 熔剂　　　D. 虎钳

12. 焊接铜及铜合金时，形成焊缝（　　）的倾向很大。
    A. 气孔　　　B. 未焊透　　　C. 夹渣　　　D. 层状撕裂

13. 为了减少铜及铜合金焊缝中的气孔，所有焊条均采用（　　）药皮直流反接。
    A. 钛型　　　B. 钛钙型　　　C. 钛铁矿型　　　D. 低氢型

14. 因铜的热导率高，焊前通常需预热（　　）以上。
    A. 100℃　　　B. 150℃　　　C. 200℃　　　D. 300℃

15. 纯铜的热导率高，一般用比焊碳钢大（　　）倍的火焰能量进行焊接。
    A. 1~2　　　B. 3~4　　　C. 5~6　　　D. 7~8

16. 铜及其合金软钎焊使用的钎料主要是（　　）软钎料。
    A. 银基　　　B. 锡铅　　　C. 铜锌　　　D. 铜磷

17. α型钛合金只能进行（　　），目的是消除冷作硬化的影响和焊接应力。
    A. 低温退火　　　B. 高温退火　　　C. 正火　　　D. 淬火

18. 焊接钛及钛合金时应用最多的是（　　）。
    A. 焊条电弧焊　　　B. 气焊　　　C. CO_2气体保护焊　　　D. 惰性气体保护焊

19. 钨极氩弧焊最适用于厚度在（　　）mm以下的钛及钛合金的焊接。
    A. 1　　　B. 3　　　C. 10　　　D. 12

20. 钛及钛合金钨极氩弧焊时，必须确保焊接熔池及温度超过（　　）℃的热影响区（包括正、反面）与空气隔绝。
A. 100　　　　　B. 150　　　　　C. 200　　　　　D. 400

三、**判断题**（正确的打√，错误的打×）

（　）1. 纯铝的化学性质活泼，与空气接触时，就会在其表面生成一层致密的 Al_2O_3 薄膜。

（　）2. 纯铝中所含杂质越多，形成氧化膜的能力越强。

（　）3. 液态铝可溶解大量氢气，固态时则几乎不溶解。

（　）4. 铝及铝合金从固态转变为液态时，有明显的颜色变化。

（　）5. 焊接厚铝板或仰焊或立焊时，常采用氩、氦混合气体或纯氦气作为保护气体。

（　）6. 当厚度相同，而坡口角度较小时，间隙就要增大。

（　）7. 脉冲 MIG 焊的一个重要优点是可用细焊丝焊接薄铝板。

（　）8. 铜磷钎料具有一定的自钎作用，润湿性良好。

（　）9. 纯钛的塑性、韧性很好，特别是低温韧性非常好。

（　）10. 防止钛和钛合金焊接裂纹的措施，主要是避免氢的有害作用，减小和消除焊接应力。

四、**简答题**

1. 铝及铝合金的焊接性特点有哪些？
2. 气焊铝及铝合金时，焊剂有哪些作用？
3. 纯铜具有哪些特点？
4. 铜及铜合金在焊接性方面存在哪些问题？
5. 铜及铜合金硬钎焊钎料有哪几种类型？
6. α+β 型钛合金具有哪些特点？
7. 钛及钛合金在焊接性方面存在哪些问题？
8. 钛及钛合金 TIG 焊时，如何评定氩气的保护效果？

部分综合练习答案

绪论

一、填空题

1. 现代平炉，转炉炼钢技术

2. 钢铁材料，非铁金属

3. 功能材料，结构材料

4. 形状记忆合金，超细金属隐身材料

5. 电弧，电阻，超声波，摩擦

二、选择题

1. C 2. B 3. C 4. D 5. A 6. B

三、判断题

1. √ 2. × 3. √

第1章

一、填空题

1. 施工，设计，预定服役

2. 焊接工艺，优良、致密、无缺陷

3. 使用性能

4. 材料因素，工艺因素，结构因素，使用条件

5. 分析，试验

6. 针对性，可比性，可靠性，经济性

7. 国家标准，行业标准，制造规程，国际通用制造法规

二、选择题

1. D 2. A 3. A 4. B 5. C 6. A 7. B 8. D 9. B 10. A 11. C 12. A

13. B

三、判断题

1. √ 2. × 3. √ 4. √ 5. × 6. √ 7. √

第2章

一、填空题

1. 铁，碳

2. 低碳钢，中碳钢，高碳钢

3. 沸腾钢，镇静钢，半镇静钢

4. 焊接热输入，母材板厚，环境温度

5. 拘束应力，热应力

6. 差，增加，差

7. 热裂纹，冷裂纹，气孔，接头脆性

8. 焊条电弧焊，气焊

二、选择题

1. D 2. A 3. A 4. C 5. B 6. C 7. B 8. C 9. B 10. A 11. A 12. D 13. A 14. A 15. A

三、判断题

1. √ 2. √ 3. × 4. √ 5. √ 6. × 7. ×

第 3 章

一、填空题

1. 低合金钢，中合金钢，高合金钢

2. 热轧及正火钢，低碳调质钢，中碳调质钢

3. 强度，韧性

4. 铁素体，珠光体

5. 高温强度，高温抗氧化

6. 脆化，裂纹

7. 断裂韧性，脆性转变温度

8. 冷裂纹，软化

9. 铬，钼

10. 冷裂纹，再热裂纹，回火脆性

二、选择题

1. B 2. A 3. A 4. C 5. D 6. A 7. D 8. B 9. C 10. B 11. A 12. B 13. D 14. A 15. C

三、判断题（正确的打√，错误的打×）

1. × 2. √ 3. √ 4. √ 5. √ 6. × 7. √ 8. √ 9. × 10. √

第 4 章

1. 空气，水，酸，碱，盐

2. 铁素体型，马氏体型，奥氏体型

3. 化学，电化学，均匀腐蚀，局部腐蚀

4. 奥氏体型，成分，加热温度，时间

5. 成分及组织，环境，拉应力

6. 焊接热裂纹，脆化，晶间腐蚀，应力腐蚀

7. 冷裂倾向，脆化

8. 奥氏体，马氏体

9. 预热，层间

10. 熔合比，稀释率

11. 过渡层，基层，覆层

二、选择题

1. C 2. A 3. B 4. B 5. A 6. B 7. C 8. D 9. D 10. C 11. D 12. A
13. C 14. B 15. D 16. A 17. A

三、判断题

1. √ 2. √ 3. × 4. √ 5. √ 6. √ 7. √ 8. × 9. √ 10. √ 11. √ 12. √ 13. ×

第 5 章

一、填空题

1. 强度，塑性

2. 补焊，修复

3. 白口铸铁，灰铸铁，可锻铸铁，球墨铸铁，蠕墨铸铁

4. 化学成分，冷却速度

5. 白口，淬硬组织

6. 冷裂纹，热裂纹

7. 焊缝质量，焊接方法

8. 耐火砖，铸造型砂+水玻璃，石墨块

二、选择题

1. B 2. D 3. A 4. B 5. A 6. B 7. D 8. A 9. B 10. B 11. A 12. D
13. A

三、判断题（正确的打√，错误的打×）

1. √ 2. √ 3. √ 4. × 5. √

第 6 章

一、填空题

1. 面心立方结构，同素异构

2. 强度，塑性，导电性，耐蚀性

3. 氩（Ar），氦（He）

4. 电弧电压，电流，亚喷射状

5. 电弧，热输入

6. 导电，导热，耐蚀

7. 纯铜，黄铜，青铜，白铜

8. 大功率，高能量密度

9. α，β

10. 热稳定性，蠕变强度，焊接

二、选择题

1. C 2. C 3. D 4. A 5. A 6. B 7. A 8. D 9. D 10. C 11. A 12. A
13. C 14. D 15. A 16. B 17. A 18. D 19. B 20. D

三、判断题（正确的打√，错误的打×）

1. √ 2. × 3. √ 4. × 5. √ 6. √ 7. √ 8. × 9. √ 10. √

参 考 文 献

［1］ 陈裕川．焊接工艺设计与实例分析［M］．北京：机械工业出版社，2009．
［2］ 王洪光．实用焊接工艺手册［M］．北京：化学工业出版社，2010．
［3］ 文申柳．金属材料焊接［M］．北京：化学工业出版社，2008．
［4］ 张连生．金属材料焊接［M］．北京：机械工业出版社，2004．
［5］ 葛国政．金属材料焊接［M］．北京：中国劳动社会保障出版社，2011．
［6］ 陈祝年．焊接工程师手册［M］．北京：机械工业出版社，2002．
［7］ 邓洪军．金属熔焊原理［M］．北京：机械工业出版社，2009．
［8］ 李荣雪．金属材料焊接工艺［M］．北京：机械工业出版社，2016．
［9］ 宋小龙，安继儒．新编中外金属材料手册［M］．北京：化学工业出版社，2008．